计算机应用案例教程系列

Java开发案例教程

王晓娟　王　超　刘　涛◎编著

清华大学出版社

北　京

内 容 简 介

本书以通俗易懂的语言、翔实生动的案例全面介绍 Java 基础知识和相关技术。全书共分 13 章，内容包括 Java 语言概述，Java 基础语法，分支结构，循环结构，方法的使用，数组的概念和应用以及如何将数组作为方法的参数使用，字符串的定义及操作方法，类和对象的概念及使用，继承、多态与接口，Applet 编程，GUI 编程，I/O 编程，线程的概念以及 Java 多线程程序的创建和使用。

本书提供配套的素材文件以及云视频教学平台等资源的 PC 端下载地址，以方便读者扩展学习。本书具有很强的实用性和可操作性，可作为高等院校计算机相关专业的教材，同时也是广大初中级计算机用户的首选参考书。

本书对应的电子课件和实例源文件可以到 http://www.tupwk.com.cn/teaching 网站下载，也可以通过扫描前言中的二维码推送配套资源到邮箱。

图书在版编目(CIP)数据

Java 开发案例教程 / 王晓娟，王超，刘涛编著. —北京：清华大学出版社，2021.2
计算机应用案例教程系列
ISBN 978-7-302-57521-4

Ⅰ. ①J… Ⅱ. ①王… ②王… ③刘… Ⅲ. ①JAVA 语言－程序设计－高等学校－教材 Ⅳ. ①TP312.8
中国版本图书馆 CIP 数据核字(2021)第 025247 号

责任编辑：胡辰浩
封面设计：高娟妮
版式设计：妙思品位
责任校对：成凤进
责任印制：丛怀宇

出版发行：清华大学出版社
网　　址：http://www.tup.com.cn，http://www.wqbook.com
地　　址：北京清华大学学研大厦 A 座　　**邮　　编：**100084
社 总 机：010-62770175　　**邮　　购：**010-62786544
投稿与读者服务：010-62776969，c-service@tup.tsinghua.edu.cn
质 量 反 馈：010-62772015，zhiliang@tup.tsinghua.edu.cn
印 装 者：小森印刷霸州有限公司
经　　销：全国新华书店
开　　本：185mm×260mm　　**印　　张：**18.25　　**字　　数：**467 千字
版　　次：2021 年 4 月第 1 版　　**印　　次：**2021 年 4 月第 1 次印刷
定　　价：79.00 元

产品编号：076400-01

前言

熟练使用计算机已经成为当今社会不同年龄段人群必须掌握的一门技能。为了使读者在短时间内轻松掌握计算机各方面应用的基本知识，并快速解决生活和工作中遇到的各种问题，清华大学出版社组织了一批教学精英和业内专家特别为计算机学习用户量身定制了这套“计算机应用案例教程系列”丛书。

丛书和配套资源

选题新颖，结构合理，内容精炼实用，为计算机教学量身打造

本丛书注重理论知识与实践操作的紧密结合，同时贯彻“理论+实例+实战”3 阶段教学模式，在内容选择、结构安排方面更加符合读者的认知规律，从而达到老师易教、学生易学的目的。丛书采用双栏紧排的格式，合理安排图与文字的占用空间，在有限的篇幅内为读者提供更多的计算机知识和实战案例。丛书完全以高等院校及各类社会培训学校的教学需要为出发点，紧密结合学科的教学特点，由浅入深地安排章节内容，循序渐进地完成各种复杂知识的讲解，使学生能够一学就会、即学即用。

配套资源丰富，全方位扩展知识能力

本丛书配套的素材文件和云视频教学平台等资源，可通过在 PC 端的浏览器中下载后使用。用户也可以通过扫描下方的二维码推送配套资源到邮箱。

(1) 本书配套素材和云视频教学平台的下载地址如下。

http://www.tupwk.com.cn/teaching

(2) 本书配套资源的二维码如下。

扫码推送配套资源到邮箱

在线服务，疑难解答，贴心周到，方便老师定制教学课件

便捷的教材专用通道(QQ：22800898)为老师量身定制实用的教学课件。老师也可以登录本丛书的信息支持网站(http://www.tupwk.com.cn/teaching)下载图书对应的电子课件。

本书内容介绍

《Java 开发案例教程》是本丛书中的一种，该书从读者的学习兴趣和实际需求出发，合理安排知识结构，由浅入深、循序渐进，通过图文并茂的方式讲解 Java 语言的相关知识和编

程技术。全书共分 13 章，各章主要内容如下。

第 1 章介绍 Java 语言的概况。

第 2 章介绍 Java 语言的基础语法，解释变量及基本数据类型的含义。

第 3 章介绍分支结构及 Java 语言对应的实现语句。

第 4 章介绍循环结构及 Java 语言对应的实现语句。

第 5 章介绍方法的使用、递归算法以及变量的作用域。

第 6 章介绍数组的概念和应用以及如何将数组作为方法的参数使用。

第 7 章介绍字符串的定义以及 String 和 StringBuffer 类型字符串的操作方法。

第 8 章介绍面向对象技术中的类、对象以及包的概念和使用。

第 9 章介绍类的继承、多态以及抽象类和接口。

第 10 章介绍 Java Applet 的开发和 HTML 的知识。

第 11 章介绍图形用户界面技术以及 AWT 组件集。

第 12 章介绍基于流的 Java 输入输出技术。

第 13 章介绍线程的概念以及 Java 多线程程序的创建和使用。

读者定位和售后服务

本丛书为所有从事计算机教学的老师和自学人员而编写，是一套适合于高等院校及各类社会培训机构的优秀教材，也可作为广大初中级计算机用户的首选参考书。

如果您在阅读图书或使用计算机的过程中有疑惑或需要帮助，可以登录本丛书的信息支持网站(http://www.tupwk.com.cn/teaching)，本丛书的作者或技术人员会提供相应的技术支持。

本书由佳木斯大学的王晓娟编写第 1～3、11、12 章，王超编写第 4～6、10、13 章，刘涛编写第 7～9 章。由于作者水平有限，本书难免有不足之处，欢迎广大读者批评指正。我们的邮箱是 huchenhao@263.net，电话是 010-62796045。

“计算机应用案例教程系列”丛书编委会

2020 年 11 月

目录

第1章

初识 Java

本章将对Java进行初步的介绍，使读者对Java的特点有所了解，并通过一个 Java 程序对 Java 的开发环境和开发步骤进行具体的讲解，帮助初学者建立学好Java语言的信心。

1.1 程序设计语言

Java 语言是目前使用最为广泛的编程语言之一，是一种简单、面向对象、分布式、解释、健壮、安全、与平台无关且性能优异的多线程动态语言。

1.1.1 Java 语言的发展历程

Java 语言的前身是 Oak 语言。1991 年 4 月，Sun 公司(已被 Oracle 公司收购)以 James Gosling 为首的绿色计划项目组(Green Project)计划开发一种分布式系统结构，使其能够在各种消费类电子产品上运行。项目组成员在使用 C++编译器时发现了 C++的很多不足之处，于是研发出 Oak 语言来替代 C++，但仅限于 Sun 公司内部使用。

1994 年下半年，由于 Internet 的迅速发展和 Web 的广泛应用，工业界迫切需要一种能够在异构网络环境下使用的语言，James Gosling 项目组在对 Oak 语言进行小规模改造的基础上于 1995 年 3 月推出了 Java 语言，并于 1996 年 1 月发布了包含开发支持库的 JDK 1.0 版本。该版本包括 Java 运行环境(JRE)和 Java 开发工具箱(Java Development Kit，JDK)，其中 JRE 包括核心 API、集成 API、用户界面 API、发布技术及 JVM(Java 虚拟机)5 个部分，而 JDK 包括编译 Java 程序的编译器(javac)。在 JDK 1.0 版本中，除 AWT 外，其他的库并不完整。

1997 年 2 月，Sun 公司发布了 JDK 1.1 版本，为 JVM 增加了即时编译器(JIT)。与传统的编译器编译一条指令并等待其运行完之后再将其释放掉不同的是，JIT 将常用的指令保存在内存中，这样在下次调用时就没有必要再编译了。继 JDK 1.1 版本后，Sun 公司又推出了数个 JDK 1.x 版本。

虽然在 1998 年之前，Java 被众多的软件企业采用，但由于当时硬件环境和 JVM 技术尚不成熟，Java 的应用很有限。那时 Java 主要应用于前端的 Applet 以及一些移动设备。然而这并不等于 Java 的应用只限于这些领域。1998 年是 Java 迅猛发展的一年，在 1998 年，Sun 发布了 JSP/Servlet、EJB 规范并且将 Java 分成了 J2EE、J2SE 和 J2ME，还标志着 Java 已经吹响了向企业、桌面和移动 3 个领域进军的号角。

1998 年 12 月，Sun 公司发布了 JDK 1.2 版本。JDK 1.2 版本是 Java 语言发展过程中的一个关键阶段，从此 Sun 公司将 Java 更名为 Java 2。

JDK 1.2 版本可分 J2EE、J2SE 和 J2ME 三大应用平台。JDK 1.2 版本的 API 分成了核心 API、可选 API 和特殊 API 三大类。其中核心 API 是由 Sun 公司制定的基本的 API，所有的 Java 平台都应该提供；可选 API 是 Sun 为 JDK 提供的扩充 API；特殊 API 是用于满足特殊要求的 API。同时，JDK 1.2 版本增加了 Swing 图形库，其中包含各式各样的组件。

从 JDK 1.2 版本开始，Sun 以平均每两年一个版本的速度推出新的 JDK。Java 在发展的 20 多年时间里，经历了无数的风风雨雨，现在 Java 已经成为一种相当成熟的语言。Java 平台吸引了数百万的开发者，在网络计算遍及全球的今天，Java 已被广泛应用于移动电话、桌面计算机、蓝光光碟播放器、机顶盒甚至车载，有 30 多亿台设备使用了 Java 技术。

1.1.2 Java 语言的特点

作为一种面向对象且与平台无关的多线程动态语言，Java 具有以下特点。

1. 语法简单

Java 语言的简单性主要体现在以下三个方面。

(1) Java 的风格类似于 C++，C++程序员可以很快掌握 Java 编程技术。

(2) Java 摒弃了 C++中容易引发程序错

误的地方，如指针和内存管理。

(3) Java 提供了丰富的类库。

2. 面向对象

面向对象编程是一种先进的编程思想，更加容易解决复杂的问题。面向对象可以说是 Java 最重要的特性。Java 语言的设计完全是面向对象的，不支持类似 C 语言那样的面向过程的程序设计技术。Java 支持静态和动态风格的代码继承及重用。单从面向对象的特性看，Java 类似于 SmallTalk，但其他特性，尤其是适用于分布式计算环境的特性远远超越了 SmallTalk。

3. 分布式

Java 从诞生起就与网络联系在一起，它强调网络特性，内置 TCP/IP、HTTP 和 FTP 协议栈，便于开发网上应用系统。因此，Java 应用程序可凭借 URL 打开并访问网络上的对象，访问方式与访问本地文件系统完全相同。

4. 安全性

Java 的安全性可从两个方面得到保证。一方面，在 Java 语言里，像指针和释放内存等 C++中的功能被删除，避免了非法内存操作。另一方面，当 Java 用来创建浏览器时，语言功能和一些浏览器本身提供的功能结合起来，使 Java 更安全。Java 程序在机器上执行前，要经过很多次测试。Java 的三级安全检验机制可以有效防止非法代码入侵，阻止对内存的越权访问。

5. 健壮性

Java 致力于检查程序在编译和运行时的错误。除了运行时异常检查之外，Java 还提供了广泛的编译时异常检查，以便尽早发现可能存在的错误。类型检查可帮助用户检查出许多早期开发中出现的错误。Java 自己操纵内存减少了内存出错的可能性。Java 还实现了真数组，避免了覆盖数据的可能，这项功能大大缩短了开发 Java 应用程序的周期。同时，Java 中对象的创建机制(只能使用 new 操作符)和自动垃圾收集机制大大减少了因内存管理不当引发的错误。

6. 解释运行效率高

Java 解释器(运行系统)能直接运行目标代码指令。Java 程序经编译器编译，生成的字节码已经过精心设计并进行了优化，因此运行速度较快，克服了以往解释性语言运行效率低的缺点。Java 使用直接解释器可在 1 秒内调用 300000 个进程。翻译目标代码的速度与 C/C++相比没什么区别。

7. 与平台无关

Java 编译器会将 Java 程序编译成二进制代码，也就是字节码。字节码有统一的格式，不依赖于具体的硬件环境。

平台无关类型包括源代码级和目标代码级两种类型。C 和 C++属于源代码级，与平台无关，还意味着用它们编写的应用程序不用修改，只需要重新编译就可以在不同平台上运行。Java 属于目标代码级，与平台无关，主要靠 Java 虚拟机(Java Virtual Machine，JVM)来实现。

8. 多线程

Java 提供的多线程功能使得在一个 Java 程序里可同时执行多个小任务。线程有时也称作小的进程，是从一个大的进程里分出来的小且独立的进程。Java 由于实现了多线程技术，因此相比 C 和 C++更健壮。多线程带来的更大的好处是更好的交互性能和实时控制性能。当然实时控制性能还取决于系统本身(UNIX、Windows、Macintosh 等)，在开发难易程度和性能上都比单线程好。比如在上网时，大家都会觉得为调一幅图片而等待是一件令人烦恼的事情，而在 Java 里，可使用单线程来调一幅图片，同时可以访问 HTML 里的其他信息而不必等待。

9. 动态性

Java 的动态性是 Java 面向对象设计方法

的进一步发展。Java 允许程序动态装入运行过程中所需的类，这是 C++语言进行面向对象程序设计时无法实现的功能。在 C++程序设计过程中，每当在类中增加一个实例变量或一种成员函数后，引用该类的所有子类都必须重新编译，否则将导致程序崩溃。Java 编译器不是将对实例变量和成员函数的引用编译为数值引用，而是将符号引用信息在字节码中保存下来传递给解释器，再由解释器在完成动态链接后，将符号引用信息转换为数值偏移量。这样一来，存储器中生成的对象不是在编译过程中确定的，而是延迟到运行时由解释器确定，因此在对类中的变量和方法进行更新时不至于影响现存的代码。解释执行字节码时，这种符号信息的查找和转换过程仅在新的名字出现时才进行一次，随后代码便可以全速执行。在运行时确定引用的好处是可以使用已更新的类，而不必担心影响原有代码。如果程序引用了网络上另一系统中的某个类，那么该类的所有者也可以自由地对该类进行更新，而不会使任何引用该类的程序崩溃。如果系统在运行 Java 程序时遇到了不知道怎样处理的功能程序，Java 能自动下载所需的功能程序。

1.1.3 Java 虚拟机(JVM)

虚拟机是一种对计算机物理硬件计算环境的软件实现。虚拟机是一种抽象机器，内部包含解释器(Interpreter)，可以将其他高级语言编译为虚拟机的解释器可以执行的代码[我们称这种代码为中间语言(Intermediate Language)]，从而实现高级语言程序的可移植性与平台无关性(System Independence)，无论是运行在嵌入式设备上还是包含多个处理器的服务器上，虚拟机都执行相同的指令，使用的支持库也具有标准的 API 和完全相同或相似的行为。

Java 虚拟机依附于具体的操作系统，本身具有一套虚拟的机器指令，并且有自己的栈、寄存器等运行 Java 程序必不可少的机制。编译后的 Java 指令并不直接在硬件系统的 CPU 上执行，而是在 JVM 上执行。JVM 提供了解释器来解释 Java 编译器编译后的程序。任何一台机器只要配备了解释器，就可以运行这个程序，而不管这种字节码是在何种平台上生成的。

JVM 是编译后的 Java 程序和硬件系统之间的接口，程序员可以把 JVM 看作虚拟处理器。JVM 不仅解释执行编译后的 Java 指令，而且还进行安全检查，JVM 是 Java 程序能在多平台间进行无缝移植的可靠保证，同时也是 Java 程序的安全检查引擎，如下图所示。

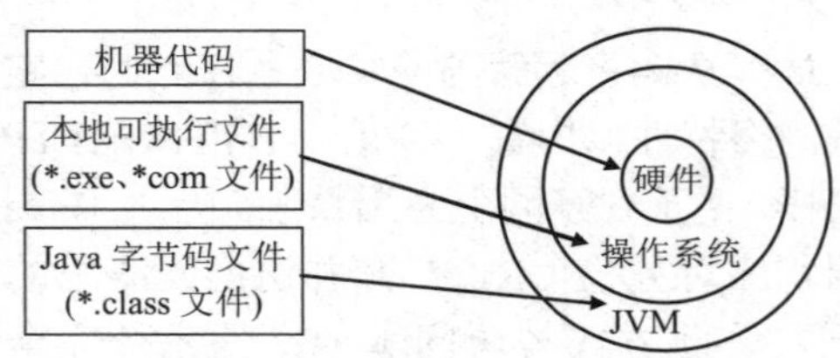

JVM 由多个组件构成，包括类装载器(Class Loader)、字节码解释器(Bytecode Interpreter)、安全管理器(Security Manager)、垃圾收集器(Garbage Collector)、线程管理(Thread Management)及图形(Graphics)，如下图所示。

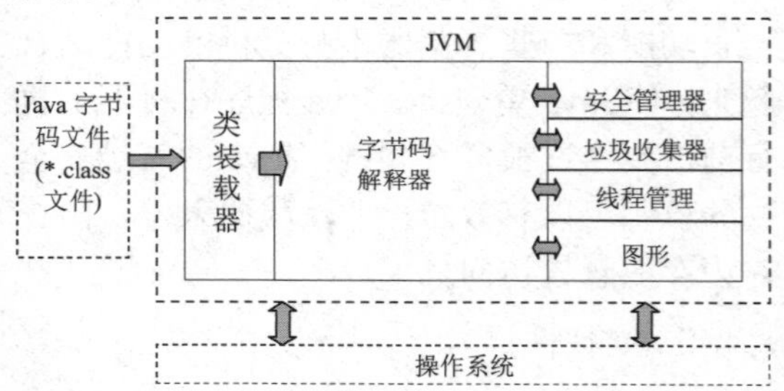

(1) 类装载器：负责加载类的字节码文件，并完成类的链接和初始化工作。类装载器首先将要加载的类名转换为类的字节码文件名，并在环境变量 CLASSPATH 指定的每个目录中搜索字节码文件，把字节码文件读入缓冲区。其次将类转换为 JVM 内部的数据结构，并使用校验器检查类的合法性。如果类是第一次被加载，就对类中的静态数据进行初始化。最后加载类中引用的其他类，把类中的某些方法编译为本地代码。

(2) 字节码解释器：字节码解释器是整个 JVM 的核心组件，负责解释执行由类装载器加载的字节码文件中的字节码指令集合，并通过 Java 运行环境(JRE)由底层的操作系统实现操作。可通过使用汇编语言编写解释器，重组指令流以提高处理器的吞吐量，在最大程度上使用高速缓存及寄存器等措施来优化字节码解释器。

(3) 安全管理器：根据一定的安全策略对 JVM 中指令的执行进行控制，主要包括那些可能影响底层操作系统的安全性或完整性的 Java 服务调用，每个类装载器都与某个安全管理器相关，安全管理器负责保护系统不受由加载器载入系统的类企图执行的违法操作的侵害。默认的类装载器使用信任型安全管理器。

(4) 垃圾收集器：垃圾收集器用于检测不再使用的对象，并将它们占用的内存回收。Java 语言并不是第一种使用垃圾收集技术的语言。垃圾收集是一种成熟的技术，早期的面向对象语言 LISP、SmallTalk 等已经提供了垃圾收集机制。理想的垃圾收集应该回收所有形式的垃圾，如网络连接、I/O 路径等。在 JVM 中，垃圾收集的启动方式可分为请求式、要求式和后台式。请求式是通过调用 System.gc( )方法请求 JVM 进行垃圾收集的。要求式是指当使用 new( )方法创建对象时，如果内存资源不足，则请求 JVM 进行垃圾收集。后台式是指通过一个独立的线程检测系统的空闲状态，如果发现系统空闲了多个指令周期，就进行垃圾收集。

1.2 第一个 Java 程序

Java 程序有两种类型：Java 应用程序(Java Application)和 Java 小程序(Java Applet)。虽然二者的编程语法完全一样，但后者需要客户端浏览器的支持才能运行，并且在运行前必须先嵌入 HTML 文件的<applet>和</applet>标签对中。当用户浏览 HTML 页面时，将首先从服务器端下载 Java 小程序，进而被客户端的 Java 虚拟机解释和运行。由于 Java 小程序与 HTML 联系紧密，且编程相对复杂，因而放在后面章节中进行介绍，这里只以 Java 应用程序为例进行说明。下面就来看看第一个完整的 Java 程序。

```
public class Hello {
    public static void main(String args[])
    {
        System.out.println("Hello,welcome to Java programming.");
    }
}
```

Java 源程序是以文本格式存放的，文件扩展名必须为.java，对于上面的程序，我们将其保存为 Hello.java 文件，这里有个非常细小但必须注意的问题：文件名必须与(主)类名一致，包括字母大小写也要一致，通常在定义类时，类名的第一个字母大写，所以在正确编辑以上代码后，存储时也要确保文件名正确，否则后面就不能编译通过，也就运行不了了。所有的 Java 语句必须以英文的“;”结束，编写程序时千万注意别误输入中文的“；”，二者的意义是截然不同的，中文的“；”是不能被编译器识别的。另外，Java 是大小写敏感的，编写程序时也要注意区分其他关键字和标识符中的大小写字母。

下图对上述 Java 示例程序的组成做了简要描述，此时，大家可能还不太理解，但这没有关系，硬着头皮看下去，后面还会详细地对各个要素进行剖析。

类名：用户自定义

```
public class Hello {
    public static void main(String args[])
    {
      System. Out.println("Hello, welcome to Java programming.");
    }
}
```

程序中唯一的一条语句，功能是将括号中的字符串原样输出

注意：Java 语言是大小写敏感的(a 和 A 是不同的！)

图解第一个 Java 程序

在上面的图中，除了类名的定义和唯一的一条程序语句之外，其他部分可以被看作模板，照抄即可，注意其中的配对大括号以及字母的大小写。下面对整个程序稍作解释，读者不必完全理解，只要了解并注意模仿即可。

上述程序首先使用关键字 class 声明了一个新类，类名为 Hello，这是一个公共类，整个类定义已用大括号{}括起来。Hello 类中有一个 main()方法，其中 public 表示访问权限，表示所有的类都可以调用(使用)这个方法；static 指明这是一个静态的类方法，可以通过类名直接调用；void 则指明 main()方法不返回任何值。对于 Java 应用程序来说，main()方法是必需的，而且必须按照如上格式定义。Java 解释器在没有生成任何实例的情况下，将以 main()方法作为程序入口。Java 程序中可以定义多个类，每个类中也可以定义多个方法，但是最多只能有一个公共类，main()方法也只能有一个。在 main()方法的定义中，圆括号中的 String args[ ]是传递给 main()方法的参数，参数名为 args，它是 String 类的一个实例，参数可以为零个或多个，每个参数以“类名 参数名”的形式指定，多个参数之间用逗号分隔。在 main()方法的实现部分(大括号中的代码)，只有一条语句：System.out.println("Hello,welcome to Java programming.");，它用来实现字符串的输出，这条语句与 C 语言中的 printf 语句和 C++中的 cout<<语句具有相同的功能。

比较简单的 Java 应用程序的模板如下：

```
public class 类名 {
    public static void main(String args[])
    {
        //你的程序代码！
    }
}
```

在此，我们总结一下初学者应注意的事项：

(1) 用类名后面的大括号标识类定义的开始和结束，而 main()方法后面的大括号则用来标识方法体的开始和结束。Java 程序中的大括号都是成对出现的，因而在写左大括号时，最好也把右大括号写上，这样可以避免漏掉，否则可能会给程序的编译和调试带来不便。有些初学者经常在这方面犯错，花了很多时间查错，最后才发现原来是大括号不配对。

(2) 通常，我们习惯将类名的首字母大写，而变量则以小写字母打头，变量名由多个单词组成时，除第一个单词外的每个单词的首字母应大写。

(3) 应适当使用空格符和空白行来对

程序的语句元素进行间隔，从而增强程序的可读性。一般在定义方法的大括号中，将整个方法体的内容部分缩进，使程序结构清晰，一目了然。编译器会忽略这些间隔用的空格符及空白行，也就是说，它们仅仅起到增强程序可读性的作用，而不对程序产生任何影响。

(4) 在编辑程序时，最好一条语句占一行。另外，虽然 Java 允许一条长语句分开写在几行中，但前提是不能从标识符或字符串的中间进行换行。另外，文件名与 public 类名在拼写和大小写上必须保持一致。

(5) 一个 Java 应用程序必须包含且仅包含一个 main()方法，以控制程序的运行。对于复杂的程序，除了 main()方法之外，可能还会有其他方法，这将在后面章节中介绍。

1.3 Java 程序开发工具

能用来编写 Java 源程序的工具软件有很多，只要是能编辑纯文本(注意：Word 文档不是纯文本)的都可以，比如 notepad(记事本)、wordpad(写字板)、UltraEidt、EditPlus 等。对于 Java 软件开发人员来说，一般倾向于使用一些 IDE(集成开发环境)来编写程序，以提高效率、缩短开发周期。下面我们给大家介绍一些比较流行的 IDE(尽管本书讲解的知识并不一定都用到，但将来大家可能会用到)。

1) Borland 的 JBuilder

有人说 Borland 的开发工具都是里程碑式的产品，从 Turbo C、Turbo Pascal 到 Delphi、C++ Builder 等都十分经典。JBuilder 是第一个可以开发企业级应用的跨平台开发环境，它支持最新的 Java 标准，它的可视化工具和向导使得应用程序的快速开发变得非常轻松。

2) IBM 的 Eclipse

Eclipse 是一种可扩展、开放源代码的 IDE，由 IBM 出资组建。Eclipse 框架灵活、易扩展，因此深受开发人员的喜爱，目前它的支持者越来越多，大有成为 Java 第一开发工具之势。

3) Oracle 的 JDeveloper

JDeveloper 的第一个版本采用的设计方案购自 JBuilder，不过后来已经完全没有 JBuilder 的影子了，现在的 JDeveloper 不仅是很好的 Java 编程工具，而且是 Oracle Web 服务的延伸。

4) Symantec 公司的 Visual Cafe

很多人都知道 Symantec 公司的安全产品，但很少有人知道 Symantec 的另一项堪称伟大的产品：Visual Cafe。有人认为 Visual Cafe 如同当年 Delphi 超越 Visual Basic 一样，今天，它也同样超越了 Borland 的 JBuilder。

5) IBM 的 Visual Age

Visual Age 是一款非常优秀的集成开发工具，但用惯了微软开发工具的读者在开始时可能会感到非常不适应，因为 Visual Age 采取与微软截然不同的设计方式，为什么会这样呢？那是因为蓝色巨人 IBM 怎么能跟着微软的指挥棒转呢！

6) Sun 公司的 NetBeans 与 Sun Java Studio

以前称为 Forte for Java，现在 Sun 公司将其统一称为 Sun Java Studio，出于商业考虑，Sun 将这两个工具合在一起推出，不过它们的侧重点是不同的。

7) Sun 公司的 Java WorkShop

Java WorkShop 是完全使用 Java 语言编写的，并且是当今市场上销售的第一个完整的 Java 开发环境。目前 Java WorkShop 支持 Solaris 操作环境的 SPARC 和 Intel 版以及 HP UX 等操作系统。

综上所述，可以用来进行 Java 开发的工具有很多。在计算机开发语言的历史中，从来没有哪种语言像 Java 这样受到如此众多厂商的支持，有如此多的开发工具，Java 初学者就如初入大观园的刘姥姥，看花了眼，不知该如何选择。的确，这些工具各有所长，没有绝对完美的，让人很难做出选择。但是需要记住的是，它们仅仅是集成的开发环境，而在这些环境中，有一样东西是共同的，也是最核心和最关键的，那就是 JDK(Java Development Kit)，中文意思是 Java 开发工具集。JDK 是整个 Java 的核心，包括了 Java 运行环境(Java Runtime Envirnment)、一堆 Java 工具和 Java 基础类库(rt.jar)等，所有的开发环境都需要围绕 JDK 来进行。事实上，对于初学者而言，我们的建议是：JDK + 记事本就足够了，因为掌握 JDK 是学好 Java 的第一步，也是最重要的一步。首先用记事本编辑源程序，然后用 JDK 编译、运行 Java 程序。这种开发方式虽然简陋，但却是学好 Java 语言的最好途径。

1.4 Java 程序开发步骤

在学习 Java 语言之前，必须了解并搭建好所需的开发环境。要编译和执行 Java 程序，JDK 是必需的。下面具体介绍下载和安装 JDK、配置环境变量以及编译和运行程序的方法。

1.4.1 下载和安装 JDK

Java 运行平台主要分为以下 3 个版本。

(1) Java SE：Java 标准版或 Java 标准平台。Java SE 提供了标准的 JDK 开发平台。

(2) Java EE：Java 企业版或 Java 企业平台。

(3) Java ME：Java 微型版或 Java 小型平台。

自 JDK 6.0 开始，Java 的 3 个应用平台被称为 Java SE、Java EE 与 Java ME(之前的旧名称是 J2SE、J2EE、J2ME)。

最新的JDK需要从Oracle公司的官网进行下载。用户可以打开浏览器，输入网址 https://www.oracle.com/java/technologies /javase-downloads.html，在打开的下载界面上单击 JDK Download 链接，见下图。

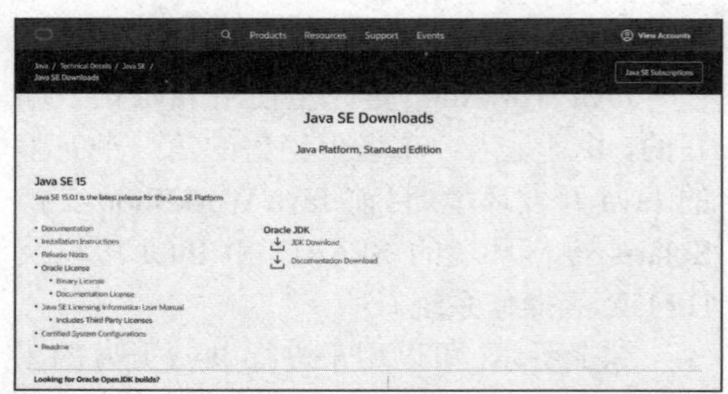

然后在 JDK 的下载列表中根据操作系统选择适当的 JDK 版本，在弹出的对话框中勾选许可协议复选框后，即可下载 JDK。

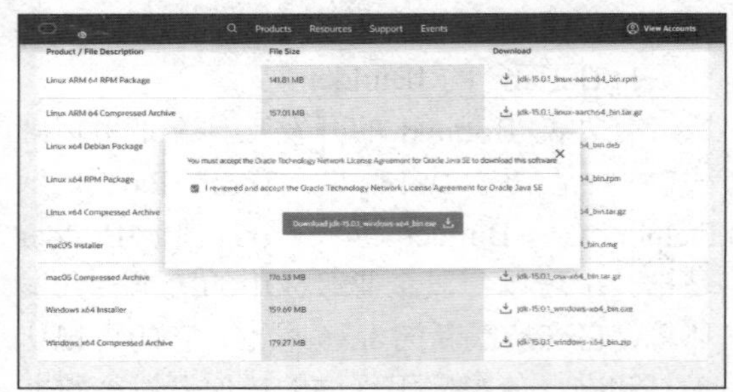

JDK 的版本更新速度比较快，用户在下载 JDK 时选择最新版本的 JDK 即可。

下面我们讲解在 Windows 10 中安装 JDK 的方法。

(1) 双击已下载完毕的 JDK 安装文件，将打开如下图所示的欢迎对话框，此时单击【下一步】按钮。

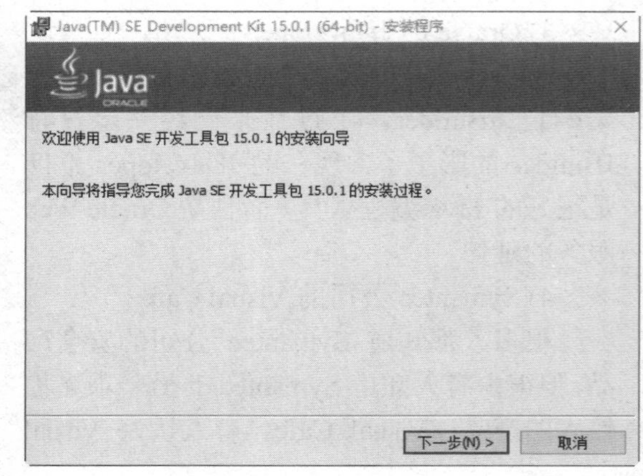

(2) 在打开的【目标文件夹】对话框中，建议用户不要更改 JDK 的安装路径，其他设置保持默认选项，然后单击【下一步】按钮。

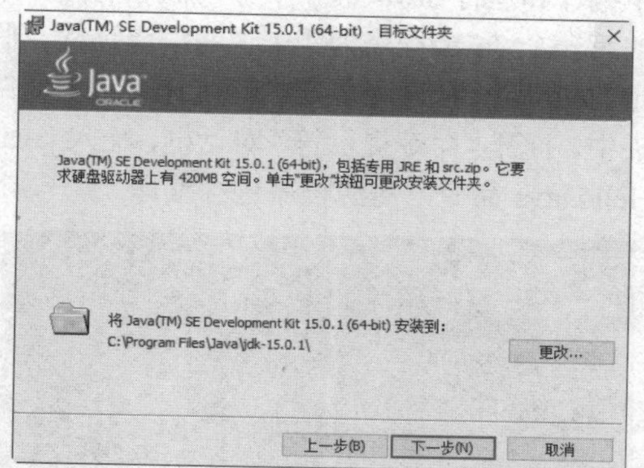

(3) 成功安装 JDK 后，将打开如下图所示的【完成】对话框，单击【关闭】按钮完成安装操作。

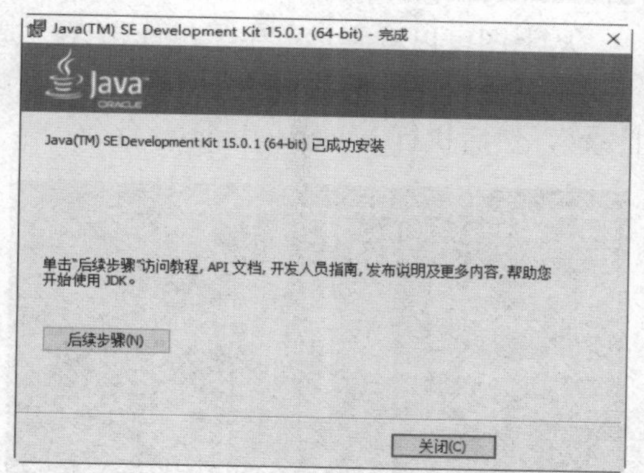

在安装 JDK 时，不要同时运行其他安装程序，以免出现错误。

1.4.2　配置环境变量

配置环境变量主要是为了“寻径”，也就是让程序能够找到它需要的文件，所以设置的内容就是一些路径。在 Windows 操作系统中，配置环境变量的具体操作如下。

(1) 右击桌面上的【此电脑】图标，在弹出的快捷菜单中选择【属性】命令，在打开的【系统】对话框的左侧单击【高级系统设置】链接，将打开如右上图所示的【系统属性】对话框，单击对话框右下角的【环境变量】按钮。

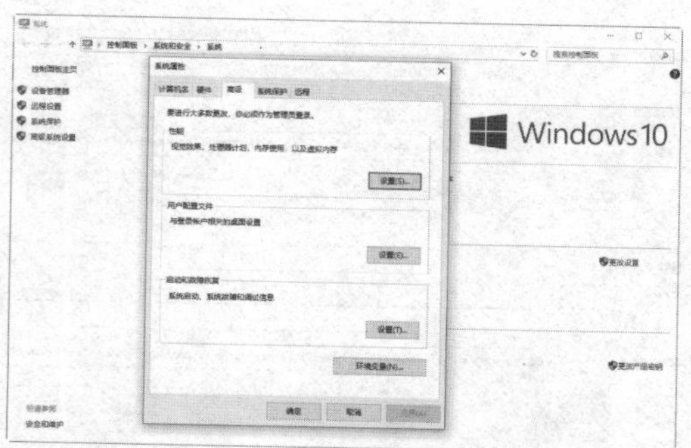

(2) 在打开的【环境变量】对话框中，在【系统变量】列表框中双击 Path 变量，如下图所示。

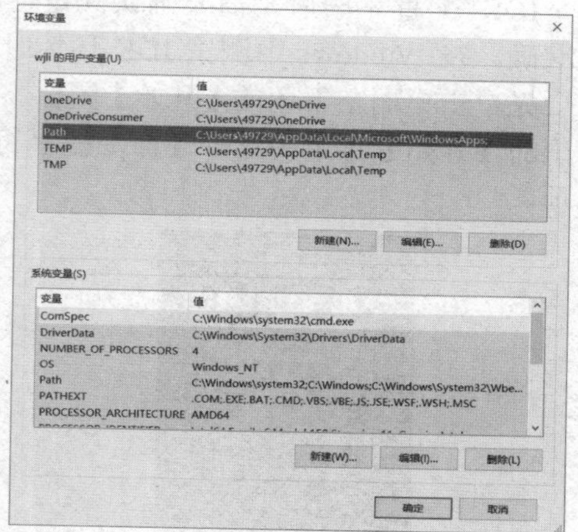

(3) 在打开的【编辑环境变量】对话框中，单击【编辑文本】按钮，对 Path 变量的值进行修改。先删除原变量值最前面的“C:\Program Files\Common Files\Oracle\Java\javapath;”，再输入“C:\Program Files\Java\jdk-15.0.1\bin;”(也就是已安装的 JDK 的 bin 文件夹目录)，修改前后的效果如下页左上两图所示。

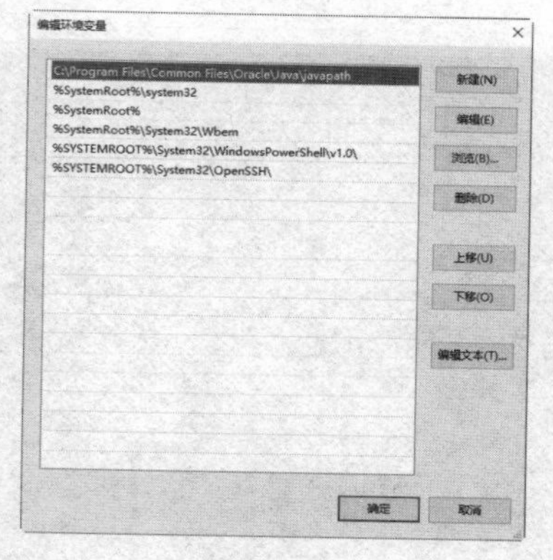

编辑系统变量
变量名(N): Path
变量值(V): C:\Program Files\Common Files\Oracle\Java\javapath;%SystemRoot%\system32;%Syst
浏览目录(D)... 浏览文件(F)... 确定 取消

编辑系统变量
变量名(N): Path
变量值(V): C:\Program Files\Java\jdk-15.0.1\bin;%SystemRoot%\system32;%SystemRoot%;%Syste
浏览目录(D)... 浏览文件(F)... 确定 取消

(4) 修改完毕后，逐步单击对话框中的【确定】按钮，依次退出上述对话框后，即可完成在 Windows 中配置 JDK 的相关操作。

JDK 配置完毕后，需要确认其是否匹配准确。在 Windows 中测试 JDK 环境时，需要先单击桌面左下角的【开始】图标，在弹出的【开始】菜单中选择【命令提示符】选项。

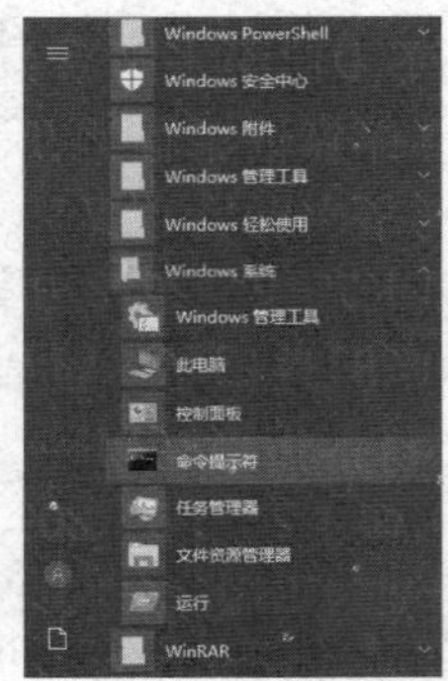

在打开的【命令提示符】对话框中输入 javac，按 Enter 键，将显示如下图所示的 JDK 编译器信息，其中包括修改命令的语法和参数选项等内容，这说明 JDK 环境已经搭建成功。

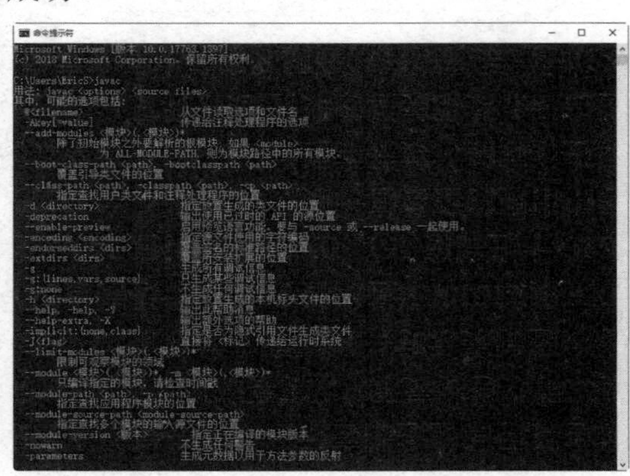

1.4.3 编译和运行程序

配置好环境变量后，就可以在命令行模式下编译和运行 Java 程序了。下面以前面介绍的第一个 Java 程序为例来说明编译过程。假定 Hello.java 程序存放在“F:\工作目录”文件夹中。打开“命令提示符”对话框，输入 javac Hello.java 命令，对源程序进行编译。

```
C:\Documents and Settings\cm>javac Hello.java
error: cannot read: Hello.java
1 error

C:\Documents and Settings\cm>
```

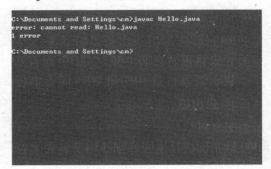

从上图可以看到，产生了编译错误，提示找不到源程序，解决办法是切换到“工作目录”，然后执行 javac Hello.java 命令。

```
C:\Documents and Settings\cm>javac Hello.java
error: cannot read: Hello.java
1 error

C:\Documents and Settings\cm>F:

F:\>cd 工作目录

F:\工作目录>javac Hello.java

F:\工作目录>
```

此时，源程序编译成功，系统将在“工作目录”下生成字节码文件 Hello.class，这是一个二进制格式的文件，供解释运行时使用。由于程序一般都不太可能一次编写成功，尤其对于初学者更是如此；因此，当试图编译编写有错误(主要是语法错误)的源程序时，系统将在“命令提示符”对话框中用^符号将可能出错的地方指示出来，并给出适当的提示信息，方便程序员查找错误并改正。下页左上图显示了程序编译失败时的情形。

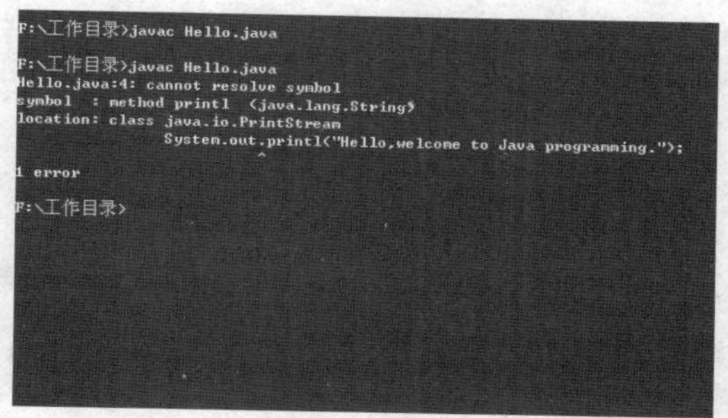

上图中的出错信息提示我们，方法名 printl 不能被识别，原因是在编辑源程序时，println 方法在录入时漏掉了最后一个字符 n。有些初学者可能会问，“我刚学 Java，怎么知道是 println 还是 printl 呢？”其实这也没什么理由，系统就是这么命名的，大家记住就行了。事实上，学习一门新的编程语言时，语法和一些常用的方法(功能)都是需要适当记忆的。另外，有时候，一个错误可能会引发后续一系列连锁错误，因此当大家在编译程序的过程中出现非常多的错误时，不要灰心，正确的做法是从第一个错误开始，逐个查找并改正，很可能仅修改了几处后，程序就已经编译通过了。

编译成功后，就可以运行 Java 程序了，命令为 java Hello。注意：java 命令和字节码文件名(不含扩展名.class)之间至少要有一个空格符，然后按回车键，如下图所示。

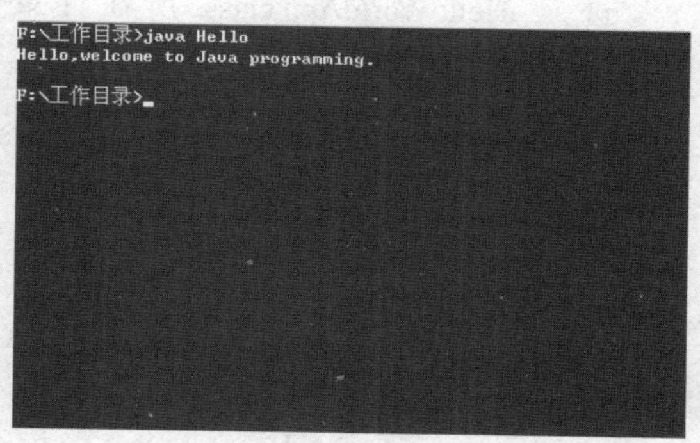

上图显示已成功执行了字节码文件，程序中只有一条 System.out.println()输出语句，输出内容为“Hello,welcome to Java programming.”。

另外，有些初学者还经常碰到这样的情形：上次编译和运行成功的程序，后来再次运行时却失败了，如下图所示。

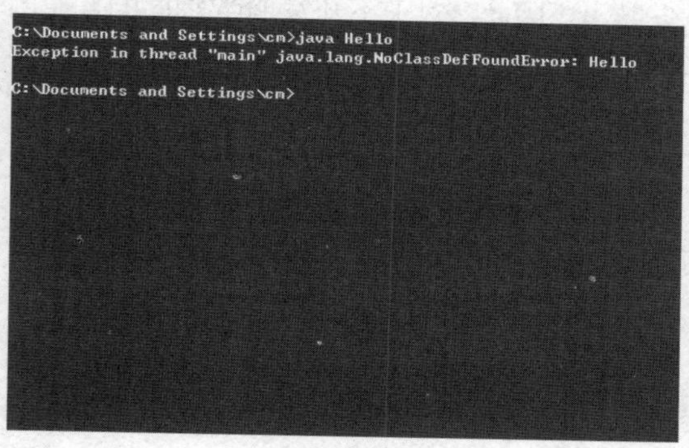

在上图中，当试图运行 Hello 字节码文件时，运行失败了。细心的读者会发现，这次命令的执行路径是 C:\Documents and Settings\cm，与原来的“F:\工作目录”不一样了。原来的路径保证了可以找到字节码文件，而现在路径不一样了，当然就找不到了，因此系统提示：

Exception in thread "main" java.lang.NoClassDefFoundError: Hello

解决上述问题的办法就是将“工作目录”的路径也添加到 classpath 环境变量中，这样，不管当前路径是什么，都能找到相应的字节码文件。这一点在前面已经提到过，对于初学者来说，务必注意。

至此，可以对 Java 程序的开发步骤做一次简单总结，主要步骤如下：

(1) 下载 JDK 软件并安装。

(2) 配置相应的环境变量(Path 和 ClassPath)。

(3) 编写 Java 源程序(使用文本编辑器或集成开发环境 IDE)。

(4) 编译 Java 源程序，得到字节码文件(javac *.java)。

(5) 执行字节码文件(.java 字节码文件名)。

下面列举一下有助于初学者排除困惑的几个注意事项：

- 开发 Java 程序时，开发人员必须用到 JDK，而运行或使用 Java 程序时，只需要有

JRE(Java Runtime Environment，Java 运行时环境)即可。一般在安装 JDK 时，JRE 也跟着一起安装了。因此，对于不开发 Java 程序的普通用户来说，只要从网络上下载专门的 JRE 软件并进行安装，即可运行 Java 程序。

- 编译型语言 C/C++可以将源程序直接编译成操作系统可以识别的可执行文件，不需要经过二次编译。但是对于 Java，第一次编译后生成的是 Java 自己的可执行文件(.class 文件)，在执行时，需要使用 Java 虚拟机读取.class 文件中的代码，一行一行加以解释。

- Java 虚拟机可以理解为以字节码为机器指令的虚拟计算机，对于不同的运行平台，有不同的虚拟机。Java 的虚拟机机制屏蔽了底层运行平台之间的差异，真正实现了“一次编译，随处运行”。

1.5 上机练习

目的： 掌握 Java 语言的上机环境配置，学会编写简单程序。

内容： 按以下步骤进行上机练习。

(1) 安装 JDK 集成环境，安装成功后，配置 Path、ClassPath 环境变量，让用户在任何目录下均可使用 Java 的系统资源。创建工作目录 C:\java，Java 源程序、编译后的字节码文件都将存放在这个目录中。

(2) 在 Windows 中启动记事本。

(3) 用记事本编辑如下源程序。

```
//   HelloWorldApp.java
public class HelloWorldApp{
    public static void main(String args[]){
    System.out.println("Hello World!");
  }
}
```

(4) 保存源程序。需要注意的是，保存源程序时，程序名要与主类名一致。因此，这里使用 HelloWorldApp.java 作为源程序的文件名。记事本默认的扩展名是.txt，因此要给文件名加引号。把源程序保存到目录 C:\java 中。

(5) 编译程序。打开“命令提示符”对话框，键入如下命令：

```
C:\WINDOWS>cd \java <CR>
```

进入源程序所在目录 C:\java。其中<CR>表示回车。

键入如下命令，把 HelloWorldApp.java 编译成字节码文件。

```
C:\JAVA>javac HelloWorldApp.java <CR>
```

如果编译成功，将在 C:\java 目录中生成字节码文件 HelloWorldApp.class。

(6) 运行程序。

进入 HelloWorldApp.class 所在目录 C:\java，键入如下命令就可以运行程序了。

```
C:\JAVA>java HelloWorldApp <CR>
```

(7) 查看程序的运行结果。

第 2 章

Java 基础语法

本章的学习目标是掌握 Java 程序的基本组成元素及语法，这是编程的起点和基础，虽然内容不难，但掌握好也不容易，尤其需要理解变量的含义以及不同数据类型之间的差异。对于初学者而言，学习一门编程语言就好比学习一门新的外语，首先要掌握的就是语法，因此很多学好外语的规律同样也适用于学习编程语言，比如记忆、模仿、循序渐进等。

2.1 引言

每个 Java 程序都是按照一定规则编写的，这些规则称为语法，只有语法正确了，程序才能通过编译，进而才能被计算机加以执行，因此本章重点介绍 Java 程序的基本组成和语法。

2.1.1 符号

1. 基本符号元素

字母：A～Z、a～z、美元符号$和下画线(_)。

数字：0～9。

算术运算符：+、-、*、/、%。

关系运算符：>、>=、<=、!=、==。

逻辑运算符：!、&&、||。

位运算符：~、&、|、^、<<、>>、>>>。

赋值运算符：=。

其他符号：()、[]、{}等。

2. 标识符

本书中的标识符特指用户自定义的标识符。在 Java 中，标识符必须以字母、美元符号或下画线开头，由字母、数字、下画线或美元符号组成。另外，Java 语言对标识符的有效字符个数不作限定。

以下是合法的标识符：

a、b、c、x、y、z、result、sum、value、a2、x3、_a、$b。

下面的标识符都是非法的：

2a、3x、byte、class、&a、x-value、new、true、@www。

为了提高程序的可读性，以下特别列举了几种较为流行的标识符命名约定：

(1) 一般标识符的定义应尽可能“达意”，如 value、result、number、getColor、getNum、setColor、setNum 等。

(2) final 变量的标识符一般全部用大写字母，如 final double PI=3.1415。

(3) 类名一般以大写字母开头，如 Test、Demo。

3. 关键字

关键字是 Java 语言本身使用的标识符，有着特定的作用和含义。所有的 Java 关键字都不能用作用户的标识符，关键字都用英文小写字母表示。

Java 关键字如下：

abstract	else	interface	super
boolean	extends	long	switch
break	false	native	synchronized
byte	final	new	this
case	finally	null	throw
catch	float	package	throws
char	for	private	transient
class	if	protected	true
countinue	implements	public	try
default	import	return	void
do	instanceof	short	while
double	int	static	

初学者不必刻意记忆这些关键字，在以后学习 Java 的过程中，你会逐步掌握。

2.1.2 分隔符

Java 中的分隔符大致可以分为两大类：空白符和可见分隔符。

1. 空白符

空白符在程序中主要起间隔作用，没有其他意义，因此编译系统在利用空白符区分完程序元素后，就会将它们忽略掉。空白符包括空格符、制表符、回车和换行符等，程序的各基本元素之间通常用一个或多个空白符进行间隔。

2. 可见分隔符

可见分隔符也是用来间隔程序基本元素

的，这一点同空白符类似。但是，不同的可见分隔符又有不同的用法。在 Java 语言中，主要有 6 种可见分隔符。

(1) “//”：用于注释程序，这种符号以后的同一行内容均为注释，用于辅助程序员阅读程序，注释内容将被编译系统忽略，没有其他意义。“//”也称单行注释符。

(2) “/* ”和“*/”：“/*”和“*/”是配对使用的多行注释符，从“/*”开始至“*/”结束的部分均为注释内容。

(3) “;”：分号用来标识一条语句的结束，因此在编写完一条语句后，一定要记得添加语句结束标志——分号，这一点多数初学者容易遗忘。

(4) “,”：逗号一般用于间隔同一类型的多个变量的声明，或者用于间隔方法中的多个参数。

(5) “:”：冒号可以用来说明语句标号，或者用于 switch 语句中的 case 子句。

(6) “{”和“}”：花括号也是成对出现的，“{”标识开始，“}”标识结束，可以用来定义类体、方法体、复合语句或者对数组进行初始化等。

2.1.3 常量

Java 程序中使用的直接量称为常量，常量是用户在程序中“写死”的量，这种量在程序执行过程中不会改变，也称为最终量(用 final 标识的量)。下面分别介绍各种基本数据类型的常量。

1. 布尔值

布尔类型只有 true 和 false 两个取值，因而其常量值只能是 true 或 false，而且 true 或 false 只能赋值给布尔类型的变量。不过，Java 语言还规定：布尔表达式的值为 0 可以代表 false，值为 1(或其他非零值)可以代表 true。

2. 整数值

整数常量在程序中是经常出现的，一般习惯上以十进制表示，如 10、100 等，但同时也可用其他进制表示，如八进制或十六进制。用八进制表示时，需要在数字前加 0；用十六进制表示时，则需要在数字前加 0x(或 0X)；例如 010(十进制值 8)、070(十进制值 56)、0x10(十进制值 16)、0Xf0(十进制值 240)。程序中出现的整数值一般默认分配 4 字节的空间进行存储，数据类型为 int，但是当整数值超出 int 数据类型的取值范围(详见后面的表 2-2)时，系统则自动分配 8 字节空间来存储，变为 long 类型。如果要将数值不大的整数常量也用 long 类型存储，可以在数值的后面添加 L(或小写 l)后缀，如 22L。

3. 浮点数

浮点数即通常所说的实数，包含小数点，可以用两种方式进行表示：标准式和科学记数式。标准式由整数部分、小数点和小数部分构成，如 1.5、2.2、80.5 等都是标准式的浮点数。科学记数式由一个标准式跟上一个以 10 为底的幂构成，两者之间用 E(或 e)间隔开，如 1.2e+6、5e−8 和 3E10 等都是以科学记数式表示的浮点数。在程序中，一般浮点数的默认数据类型为 double，当然也可以使用 F(或 f)后缀来限定类型为 float，如 55.5F、22.2f 等。

4. 字符常量

字符常量是指用一对单引号括起来的字符，如'A'、'a'、'1'和'*'等。事实上，所有的可见 ASCII 字符都可以用单引号括起来作为字符常量。此外，Java 语言还规定了一些转义字符，这些转义字符以反斜杠开头，如表 2-1 所示。需要注意的是，反斜杠后面的数字表示 Unicode 字符集字符而不是 ASCII 字符集字符。

表 2-1 Java 转义字符

转 义 字 符	描　述
\xxx	使用 1～3 位八进制数表示的字符(xxx)
\uxxxx	使用 1～4 位十六进制数表示的字符(xxxx)
\'	单引号字符
\"	双引号字符
\r	回车
\\	反斜杠
\n	换行
\b	退格
\f	换页
\t	跳格

5. 字符串常量

字符串常量其实我们早在第 1 章中就接触过了，大家还记得 Java 提供的标准输出语句吗？如下所示：

```
System.out.println("Hello,welcome to Java programming.");
```

上述语句中，用双引号括起来的"Hello,welcome to Java programming."就是一个字符串常量。再比如：

```
"Nice to meet you! "
"Y\b-"   (￥)
"1\n2\n3 " (1、2、3 各占一行)
```

以上都是字符串常量。尤其需要注意的是，单个字符加上双引号也是字符串常量，比如：

```
"N" (字符串常量)
```

字符串常量一般用于给字符串变量赋初值。关于字符串的知识，后面会有专门的章节进行介绍，在这里，读者只要有个大概的认识就可以了。字符串实际上就是多个连续的字符(包括控制字符)。

2.1.4　变量

在程序执行过程中，值可以改变的量称为变量。每个变量都必须有唯一的名称，称为变量名。变量名由程序设计者自行命名，但注意必须是合法的标识符。另外，为了提高程序的可读性，一般都会根据变量的意义或特征，使用对应的英文单词或简写进行命名。可根据变量的数据特点来决定其数据类型。在 Java 中，一个变量只能属于某种确定的数据类型，并且在定义该变量时就要给出声明，这就确定了该变量的取值范围，同时也确定了对该变量所能执行的操作或运算。Java 语言提供了 8 种基本的数据类型——byte、short、int、long、char、boolean、float 和 double，因此可以像下面这样定义变量：

```
byte   age; //存放某人的年龄
short   number; //存放某大学的人数
char   gender; //存放某人的性别
double   balance; //存放某账户的余额
boolean   flag; //存放布尔值
```

从上面的语句可以看出，变量的定义方式非常简单：在数据类型后加上变量名，并在结尾添加分号“;”即可。需要注意的是，数据类型和变量名之间至少要间隔一个空格。如果要同时定义同一类型的多个变量，可以在变量名之间用逗号分隔，例如：

```
byte my_age,his_age,her_age;
```

需要注意的是，不同类型的变量一般不能互相串用。

> **知识点滴**
>
> 变量一经定义，系统就会为其分配一定大小的存储空间。在程序中用到变量时，就需要在对应的内存中进行读数据或写数据的操作，通常称这种操作为对变量进行访问。

2.1.5　final 变量

final 变量的定义与普通变量类似，但 final 变量所起的作用却类似于前面讲过的常量。定义 final 变量的方式有两种：定义的同时进行初始化以及先定义后初始化。

(1) 定义的同时进行初始化，例如：

```
final double PI = 3.14;
```

(2) 先定义后初始化，例如：

```
final double PI ;
…
PI = 3.14;
…
```

一般建议将程序中经常用到的常量值定义为 final 变量，这样在程序中就可以通过 final 变量名来引用常量值，以减少程序的出错概率。这样做的另一个好处就是：如果将来常量值发生了变化，那么只修改一处即可。final 变量与普通变量的本质区别在于：后者在初始化后仍可以再次赋值，而前者在初始化后就不能再修改。

2.1.6　变量类型转换

一般情况下，不同数据类型的变量之间最好不要互相串用。但是在特定的情况下，存在转换变量类型的需要，比如将一个 int 类型的值赋给一个 long 类型的变量，或者将一个 double 类型的值赋给一个 float 类型的变量。对于前者，转换不会破坏变量的原有值，系统会自动进行这种转换；但是对于后者，转换很可能会破坏变量的原有值，这种转换需要程序员在程序中明确指出，从而进行强制转换。

对于变宽转换，如 byte 到 short 或 int、short 到 int、float 到 double 等，系统都能自动进行转换；而对于变窄转换(如 long 到 short、double 到 float)以及一些不兼容转换(如 float 到 short、char 到 short 等)，则需要进行强制类型转换；如下所示：

```
long a = 10;   //常量 10 的默认类型为 int，系统会自动将类型转换为 long 并存放到变量 a 中
float f = 11.5;
short b ;
b = (short)f; //强制类型转换
```

在上述语句中，b 为短整型，f 为单精度浮点型，(short)用于告诉编译器你想要把单精度浮点型变量 f 的值转换为短整型，然后赋值给变量 b。需要指出的是，强制类型转换仅在一些特定情况下使用，而且前提是必须符合程序的需求。

2.2　基本数据类型

数据类型指定了数据的存储格式和处理方式，虽然严格地讲，计算机只能识别 0 和 1，但是有了数据类型之后，计算机的识别能力就被人为扩展了，计算机还能够识别整数、实数以及字符等，比如整数 55、实数 75.5、字符'a'或'A'等。Java 提供了 8 种基本数据类型，它们在内存中占据的存储空间如表 2-2 所示。这 8 种基本数据类型可以分为以下 4 组。

布尔型：boolean。

整型：byte、short、int、long。

浮点型(实型)：float、double。

字符型：char。

表 2-2 Java 的基本数据类型

数据类型名称	数据类型标识	占据的存储空间	取 值 范 围
布尔型	boolean	1 位	true(非零值)或 false(0)
整型	byte	8 位(1 字节)	- 128 ~ 127
	short	16 位(2 字节)	- 32768 ~ 32767
	int	32 位(4 字节)	$-2^{31} \sim 2^{31}-1$
	long	64 位(8 字节)	$-2^{63} \sim 2^{63}-1$
浮点型	float	32 位(4 字节)	$1.4013e^{-45} \sim 3.4028e^{38}$
	double	64 位(8 字节)	$4.9e^{-324} \sim 1.7977e^{308}$
字符型	char	16 位(2 字节)	Unicode 字符

下面就对这 8 种基本数据类型分别进行介绍。

2.2.1 布尔型

布尔类型(简称布尔型)是最简单的数据类型，用关键字 boolean 标识，取值只有两个：true(逻辑真)和 false(逻辑假)。布尔类型的数据可以参与逻辑运算，并构成逻辑表达式，结果也是布尔值，常用来作为分支、循环结构中的条件表达式。本书第 4 章将对此进行详细介绍。

例如：

```
boolean flag1 = true;
boolean flag2 = 3>5;
boolean flag3 = 1;
```

上面的语句定义了 3 个布尔类型的变量 flag1、flag2 和 flag3，其中 flag1 直接被初始化为 true，而 flag2 的值为 false(因为关系运算 3>5 的结果为假)，flag3 的值为 true(因为 Java 语言规定 0 代表假，非零值代表真)。

2.2.2 整型

使用关键字 byte、short、int 和 long 声明的数据类型都是整数类型，简称整型。整型值可以是正整数、负整数或零，例如 222、- 211、0、2000、- 2000 等都是合法的整型值，而 222.2、2a2 则是非法的。222.2 有小数点，不是整型值；2a2 含有非数字字符，也不是整型值。在 Java 语言和其他大多数编程语言中，整型值一般默认以十进制形式表示。另外，初学者应该注意的是，由于数据类型的存储空间大小是有限的，因此它们所能表达的数值大小也是有限的。每一种数据类型都有取值范围(值域)，一般存储空间大的，值域也大。比如整型的 4 种数据类型中，byte 类型的取值范围最小，而 long 类型的取值范围最大。下面分别对整型中的每种数据类型进行介绍。

1. byte

byte 类型只占用 1 字节的存储空间，由于采用补码方式，取值范围为 - 128 ~ 127，适合用来存储如下几类数据：人的年龄、定期存款的存储年限、图书馆的借书册数、楼层数等。如果试图使用 byte 变量存放较大的数，就会产生溢出错误，例如：

```
byte rs = 10000;  //定义 rs 变量以存放清华大学
                  //的学生人数
```

以上代码就会产生溢出错误，因为 byte 类型的变量无法存放(表达)10 000 这么大的数，解决的办法是使用更大的空间来存放，也就是将 rs 变量定义为较大的数据类型，如 short 类型。

2. short

short 类型可以存放的数值的范围为

−32768～32767，因而如下语句是正确的：

```
short rs = 10000; //正确
```

short 类型的变量占据 2 字节的存储空间，占据的存储空间比 byte 类型大，因而表示能力(取值范围)自然也就大。同样，假如变量rs要用来存放当前全国高校在读大学生的人数，short 类型就不够用了，你需要使用更大的数据类型，如 int 类型。

3. int

int 类型占用 4 字节的存储空间，可以存储的数值的范围为 $-2^{31} \sim 2^{31}-1$，int 类型在程序设计中是较常用的数据类型之一，且程序中整型常量的默认数据类型就是 int。一般情况下，int 类型就够用了，但是在现实生活中，还是有不少情况需要用到更大的数值，比如世界人口、某银行的存款额、世界巨富的个人资产、某股票的市值等，因此 Java 还提供了更大的类型 long。

4. long

long 类型占用 8 字节的存储空间，可以存储的数值的范围为 $-2^{63} \sim 2^{63}-1$。一般如果应用不需要，应尽量少用 long 类型，从而减少存储空间的支出。当然，long 类型也不是无限的，在一些特殊领域中，如航空航天，long 类型也可能会不够用，这时可以通过定义多个整型变量来组合表示这样的数据，也就是对数据进行分段表示。不过，在实践中，这些领域的计算任务一般由支持更大数据类型的计算机系统来完成，例如大型机、巨型机。

需要注意的是，变量的类型并不直接影响变量的存储方式，而只决定变量的数学特性和合法的取值范围。如果为变量赋予超出其取值范围的值，Java 编译系统会给出错误提示，尽管如此，大家在进行程序设计时，还是应主动加以避免，请看下面的例 2-1。

【例 2-1】数据溢出演示。 素材

```
public class Test
{
    public static void main(String[] args)
    {
        byte   a = 20;
        short b = 20000;
        short c = 200000;
        System.out.println("清华大学的院系数量："+a);
        System.out.println("清华大学的在校生人数："+b);
        System.out.println("海淀区高校在校生总人数："+c);
    }
}
```

编译程序，将出现如下错误信息：

```
Test.java:7: possible loss of precision
found     : int
required: short
        short c = 200000;
                  ^
1 error
```

解决的办法是将变量 c 的数据类型改为 int，此时程序编译成功，运行结果如下：

```
清华大学的院系数量：20
清华大学的在校生人数：20000
海淀区高校在校生总人数：200000
```

前面我们讲过，程序中的常量值一般默认以十进制形式表示，但同时也可以用八进制或十六进制形式表示，如例 2-2 所示。

【例 2-2】演示整型常量的不同进制表示形式。 素材

```
public class Test
{
    public static void main(String[] args)
    {
        byte a = 10;        //十进制
        short b = 010;      //八进制
        int c = 0x10;       //十六进制
```

```
            System.out.println("a 的值："+a);
            System.out.println("b 的值："+b);
            System.out.println("c 的值："+c);
    }
}
```

程序的运行结果如下：

```
a 的值：10
b 的值：8
c 的值：16
```

2.2.3 浮点型

浮点型有两种，可分别使用关键字 float 和 double 来标识，其中 double 类型的精度较高，表示范围也更广。

1. float

float 类型又称为单精度浮点型，float 类型的用法如例 2-3 所示。

【例 2-3】演示单精度浮点型的使用。素材

```
public class Test
{
    public static void main(String[] args)
    {
        float   pi = 3.1415f;
        float   r   =6.5f;
        float   v   = 2*pi*r;
        System.out.println("该圆周长为:"+v);
    }
}
```

2. double

double 类型又称为双精度浮点型，程序中出现的浮点数默认情况下为 double 类型，如例 2-4 所示。

【例 2-4】演示双精度浮点型的使用。素材

```
public class Test
{
    public static void main(String[] args)
    {
        double   pi = 3.14159265358;
        double   r   =6.5;
        double   v   = 2*pi*r;
        System.out.println("该圆周长为:"+v);
    }
}
```

2.2.4 字符型

Java 语言使用 Unicode 字符集来定义字符型常量，因此一个字符需要 2 字节的存储空间，这点与 C/C++不同。前面已经介绍过字符常量，下面再来看看字符型变量的定义。

```
char ch;   //定义字符型变量 ch
ch = '1';  //给 ch 赋初值'1'
```

字符型变量在程序中经常被用作代号。例如，ch 为'1'表示成功，为'0'表示失败；为'F'表示女性，为'M'表示男性；等等。在进行程序设计时，可以灵活应用。

2.3 程序语句

到目前为止，我们接触到的程序语句有输出语句 System.out.println()以及变量声明语句。每条程序语句的末尾都必须有分号结束标志。本节将介绍其他一些常用的程序语句。

2.3.1 赋值语句

赋值语句的一般形式如下：

```
variable = expression;
```

这里的=不是数学中的等号，而是赋值运算符，这点初学者务必牢记，其功能是将表达式右边的值(通过传递或存入)赋给左边的变量，例如：

```
int  i, j;
char c;
i = 100;
c = 'a';
j = i +100;
i = j * 10;
```

在以上代码中，第一条赋值语句将整数 100 存入变量 i。第二条赋值语句将字符常量'a'存入字符变量 c。第三条赋值语句首先计算表达式 i+100 的值，变量 i 此时存放的值为 100，因此该表达式的值为 100+100，结果是 200，然后将值 200 存入变量 j。第四条赋值语句同样先计算表达式右边的值，计算结果为 2000，然后将值 2000 存入变量 i。注意：此时变量 i 的值变为 2000，原来的值 100 也就不存在了，或者说旧值被新值覆盖了。

特别地，对于形如"i=i+1;"这样的赋值语句，可以将其简写为"i++;"或"++i;"，我们称之为自增语句。同样，还有自减语句"i--;"或"--i;"，它们等价于"i = i - 1;"。运算符++和--分别叫作自增和自减运算符，它们可以写在变量的前面或后面，但效果是有区别的，请看例 2-5。

【例 2-5】自增赋值语句。 素材

```
public class Test
{
    public static void main(String[] args)
    {
        int i, j , k = 1;
        i = k++;
        j = ++k;
       System.out.println("i="+i);
       System.out.println("j="+j);
    }
}
```

程序运行结果如下：

```
i = 1
j = 3
```

当自增运算符++写在变量的后面时，将先访问后自增，"i = k++;"语句等价于"i=k;"和"k++;"两条语句；而当自增运算符++写在变量的前面时，将先自增后访问，即"j = ++k;"语句等价于"++k;"和"j=k;"两条语句。相应地，自减语句也是一样的。

下面再介绍一下复合赋值语句，常用的复合赋值运算如下：

```
+=    加后赋值
-=    减后赋值
*=    乘后赋值
/=    除后赋值
%=    取模后赋值
```

例 2-6 演示了复合赋值语句的使用。

【例 2-6】复合赋值语句。 素材

```
public class Test
{
    public static void main(String[] args)
    {
        int i=0, j=30 , k = 10;
        i += k;           //相当于 i = i+k;
        j -= k;           //相当于 j=j-k;
        i *= k;           //相当于 i=i*k;
        j /= k;           //相当于 j=j/k;
        k %=i+j;          //相当于 k=k%(i+j);
       System.out.println("i="+i);
       System.out.println("j="+j);
       System.out.println("k="+k);
    }
}
```

程序运行结果如下：

```
i=100
j=2
k=10
```

在上述程序中，“k%=i+j;”语句等价于“k=k%(i+j);”语句，初学者常犯的错误是将前者等价于没有小括号的“k=k%i+j;”语句，显然，二者的运算结果是截然不同的。事实上，复合赋值语句仅仅是程序的一种简写方式，因此，建议初学者等到熟练掌握编程后再使用。

2.3.2 条件表达式

条件表达式的一般格式如下：

```
Exp1 ? Exp2:Exp3
```

首先计算表达式 Exp1，当表达式 Exp1 的值为 true 时，计算表达式 Exp2 并将结果作为整个表达式的值；当表达式 Exp1 的值为 false 时，计算表达式 Exp3 并将结果作为整个表达式的值；请看例 2-7。

【例 2-7】条件表达式示例。素材

```
public class Test
{
    public static void main(String[] args)
    {
        int i, j=30 , k = 10;
        i = j==k*3?1:0;
        System.out.println("i="+i);
    }
}
```

程序运行结果如下所示：

```
i=1
```

在例 2-7 中，表达式 Exp1 为 j==k*3，值为 true，因此整个条件表达式的值为 1(Exp2 的值)。

2.3.3 运算符

1. 算术运算符

Java 的算术运算符有加(+)、减(－)、乘(*)、除(/)和取模(%)运算。前 3 种运算比较简单，但后两种需要注意：当除运算符两边的操作数均为整数时，结果也为整数，否则为浮点数，例如：

```
3/2      //结果为 1
3/2.0    //结果为 1.5
```

尤其当参与运算的操作数为变量时，更需要注意数据类型对结果的影响。此外，% 为取模运算符，也就是求余数运算符，例如：

```
5%2     //结果为 1
11%3    //结果为 2
```

取模运算要求参与运算的操作数都必须为整数类型。

2. 关系运算符

关系运算的结果为布尔值 true 或 false，Java 语言提供了 6 种关系运算符：>(大于)、≥(大于或等于)、<(小于)、≤(小于或等于)、= =(等于)、! =(不等于)，如例 2-8 所示。

【例 2-8】关系运算符示例。素材

```
public class Test
{
    public static void main(String[] args)
    {
        int i=0, j=30 , k = 10;
        boolean b1,b2,b3;
        b1 = i>k;
```

```
            b2 = i<=j;
            b3 = j/3!=k;
            System.out.println("b1="+b1+",b2="+b2+",b3="+b3);
    }
}
```

程序运行结果如下：

```
b1=false,b2=true,b3=false
```

3. 逻辑运算符

Java 语言有 3 种逻辑运算符：&&(与)、||(或)、!(非)。参与逻辑运算的操作数为布尔值，最终结果也为布尔值，逻辑运算的真值表如表 2-3 所示。

表 2-3　逻辑运算的真值表

x	*y*	*x*&&*y*	*x*||*y*	!*x*
true	false	false	true	false
true	true	true	true	false
false	true	false	true	true
false	false	false	false	true

对于逻辑与运算，只要左边表达式的值为 false，整个逻辑表达式的值即为 false，此时不再对右边的表达式进行计算。同样，对于逻辑或运算，只要左边表达式的值为 true，整个逻辑表达式的值即为 true，而不再计算右边的表达式。

4. 位运算符

位运算指的是对操作数的二进制位进行计算，操作数必须为整数类型或字符类型。Java 提供的位运算符如表 2-4 所示。

表 2-4　位运算符

位 运 算 符	用　　法	功　　能
&	ope1&ope2	按位与
|	ope1|ope2	按位或
~	~ope1	按位取反
^	ope1^ope2	按位异或
<<	ope1<<ope2	左移
>>	ope1>>ope2	带符号右移
>>>	ope1>>>ope2	不带符号右移

按位与、按位或以及按位取反运算都相对简单。按位异或运算的规则为：0^0=0，0^1=1，1^0=1，1^1=0。左移运算是指将一个二进制数的各位全部左移若干位，高位溢出丢弃，低位补 0。带符号右移运算是指将低位移出丢弃，高位补上操作数的符号位，

正数补 0，负数补 1；不带符号右移运算是指将低位丢弃，高位一概补 0。另外，需要特别说明的是，当今绝大多数计算机的操作数都是以补码形式表示的，因此在进行位运算时需要注意这一点。

5. 运算符的优先级

其实，赋值和条件表达式也是一种运算，各运算符按照优先级递增排序后依次为赋值运算、条件运算、逻辑运算、按位运算、关系运算、移位运算以及算术运算。

2.3.4 复合语句

语句是程序的基本元素，任何一条单独的语句都可以称为简单语句，而复合语句是指由一条或多条语句构成的语句块。在 Java 语言中，复合语句是用大括号括起来的，可以将其从整体上看成一条语句。复合语句主要用在流程控制结构中，如选择结构、循环结构等，体现的是程序的一种结构性。复合语句中包含的简单语句要么都执行，要么都不执行，也可都被重复执行若干次。另外，复合语句的概念几乎在所有程序设计语言中都存在。实际上，所有程序语言的本质都是类似和相通的，掌握了其中一种，再学习其他程序语言就容易多了。

2.4 应用举例

本节将针对本章所讲内容给出几个应用实例。

【例 2-9】分析下面的程序有哪些错误。素材

```
public class Test
{
    public static void main(String[] args)
    {
        short i, j;
        i = 50000;
        j = 2.5;
        System.out.println("i="+i+", j="+j);
    }
}
```

编译程序，将出现如下错误信息：

```
Test.java:6: possible loss of precision
found    : int
required: short
        i = 50000;
            ^
Test.java:7: possible loss of precision
found    : double
required: short
        j = 2.5;
            ^
2 errors
```

出现上述错误的原因是变量赋值时溢出或类型不匹配，解决的办法是：将变量 i 定义为 int 或 long 类型，将变量 j 定义为 double 类型。当然，变量 j 也可以定义为 float 类型，但要在 2.5 的后面添加 f 标识，或者使用(float)进行强制类型转换，如下所示：

```
float j;
j = 2.5f;
```

或者

```
j = (float)2.5;
```

例 2-10 演示了复合赋值语句的用法。

【例 2-10】假设整型变量 x 的当前值为 2，则复合赋值语句 x/=x+1 执行后，x 的值是多少？

复合赋值语句 x/=x+1 等价于 x=x/(x+1)，由于 x 为 2，因此这条复合赋值语句执行后，x 的值应该为 0。

例 2-11 演示了条件表达式的用法。

【例 2-11】分析以下代码片段的功能。

```
int x,y,z,result;
… //x、y、z 分别被赋值
result = (x>y)?x:y;
result =(result>z)?result:z;
```

例 2-11 主要考查你对条件表达式的掌握情况，通过分析，很容易知道上述代码片段的功能是获取 x、y、z 三者中的最大者。

2.5　上机练习

目的：掌握数据类型和变量的定义。

内容：按以下步骤进行上机练习。

(1) 思考变量的作用是什么。

(2) 运行如下程序：

```
import java.io.*;
public class Test{
    public static void main(String args[]){
        byte b=022;
        short s=0x22dd;
        int i=73000000;
        long l=18951896707L;
        char c='a';
        float f=0.22F;
        double d=0.2E-2;
        boolean bool=true;
        System.out.println("b="+b);
        System.out.println("s="+s);
        System.out.println("i="+i);
        System.out.println("l="+l);
        System.out.println("c="+c);
        System.out.println("f="+f);
        System.out.println("d="+d);
        System.out.println("bool="+bool);
    }
}
```

(3) 将以上程序中的

```
long l=18951896707L;
```

改为

```
long l=18951896707;
```

会出现什么情况？为什么？

提示：默认的整型常量为 int 类型，long 类型的常量在后面要加 l 或 L。

(4) 将程序中的

```
float f=0.22F;
```

改为

```
float f=0.22;
```

会出现什么情况？为什么？

提示：默认的浮点型常量为 double 类型，float 类型的常量在后面要加 f 或 F。

(5) 假如 Java 语言只保留 long 类型，而将其他几种整型去掉，可以吗？请考虑。

第 3 章

分支结构

本章将介绍简单语句和复合语句的区别，并着重对 Java 语言的分支结构详细地进行讲述，同时提供了实例分析，请读者注意掌握各种不同的分支结构及相应的实现语句。

3.1 复合语句

语句是程序的基本组成单元，在 Java 语言中，有简单语句和复合语句之分。一条简单语句总是以分号结束，代表一项想要执行的操作，可以是赋值、判断或跳转等，甚至可以是只有分号的空语句，空语句表示不执行任何操作；而复合语句是用大括号括起来的语句块，一般由多条语句组成，但也允许只有一条简单语句。复合语句的基本格式如下：

```
{
 简单语句 1;
 简单语句 2;
 …
 简单语句 n;
}
```

例如，下面的例子均为复合语句：

```
{
 a = 1;
 b = 2;
}
```

或

```
{
        S = 0;
}
```

复合语句在后面的流程控制结构中会经常用到，当多条语句需要作为整体出现时，就必须用大括号将它们括起来形成一条复合语句。一般情况下，Java 程序的语句流程可以分为以下 3 种基本结构：顺序结构、分支(选择)结构和循环结构。对于分支结构和循环结构，当条件语句或循环体语句多于一条时，必须采用复合语句，也就是用大括号将它们括起来，否则系统将默认条件语句或循环体语句仅包含一条语句，也就是最近的那一条语句。反过来讲，当条件语句或循环体语句只有一条时，可以使用也可以不使用大括号，请初学者学习时一定要注意。

知识点滴

复合语句一般包含多条语句，但是当条件语句块或循环体仅有一条语句时，建议初学者也采用复合语句的形式将这条语句用大括号括起来。一般情况下，复合语句体现了程序的层次结构，因而在编写程序时，应尽量按标准格式编排，以体现结构的层次关系，提高程序的可读性。

下面分别介绍这 3 种基本流程结构。

3.2 顺序结构

由赋值语句和输入输出语句构成的程序，只能按语句的书写顺序自上而下、从左到右依次执行，此类程序结构称为顺序结构，这是最简单的程序结构，也是计算机程序中最常见的执行流程。下面举几个例子，首先看一下例 3-1。

【例 3-1】交换两个变量的值。素材

```
public class Test
{
        public static void main(String[] args)
        {
            int a=5,b=8,c;
            System.out.println("a 和 b 的初始值");
            System.out.println("a="+a);
            System.out.println("b="+b);
            c = a;
            a = b;
            b = c;
            System.out.println("a 和 b 的新值");
            System.out.println("a="+a);
```

```
        System.out.println("b="+b);
    }
}
```

编译并运行以上程序，输出结果如下：

```
a 和 b 的初始值
a=5
b=8
a 和 b 的新值
a=8
b=5
```

通过运行结果可以看出，a、b 两个整型变量的值发生了对调，其中起关键作用的是如下 3 条语句：

```
c = a;
a = b;
b = c;
```

这里的变量 c 起到辅助空间的作用，首先将变量 a 的值保存到变量 c 中，然后将变量 b 的值赋给变量 a，最后通过变量 c 将变量 a 的值赋给变量 b。在程序设计中，经常引入 c 这类临时变量来达到互换变量值的目的。

事实上，不使用辅助空间也可以实现对调两个变量值的效果，比如下面的代码：

```
a = a + b;
b = a – b;
a = a – b;
```

这 3 条语句与之前 3 条语句的作用其实是一样的，都实现了变量值的对调，并且这 3 条语句“似乎”还更好，因为节省了存储空间。但是，这些语句的可读性很差，尤其对于初学者，可能不太容易理解，更何况现在的硬件发展如此之快，内存容量已经很大，根本不在乎这区区 4 字节的空间。另外，软件的规模也越来越大，程序员之间的协作越来越多，让对方轻松看懂自己所写的程序也是一种良好的编程能力的体现。因此，我们提倡的优秀代码应该既简洁又明了。

例 3-2 演示了如何求三角形的面积。

【例 3-2】已知三角形的三条边长，求三角形的面积。 素材

提示：面积 $= \sqrt{s(s-a)(s-b)(s-c)}$。

其中，$s = \dfrac{a+b+c}{2}$。

```
public class Test
{
    public static void main(String[] args)
    {
        double a=3,b=4,c=5,s;    //三角形的三条边
        double area;              //三角形的面积
        s = (a+b+c)/2;
        area = Math.sqrt(s*(s-a)*(s-b)*(s-c));
        System.out.println("三角形的面积为："+area);
    }
}
```

编译并运行程序，结果如下：

```
三角形的面积为：6.0
```

从这个例子可以看出，利用 Java 编写程序可以让计算机帮助我们解决包括数学问题在内的很多事情，不过针对例 3-2，读者可能会有这样的期望：要是三角形的三条边长在程序中能随意改动就好了。其实，只要利用 Java 提供的标准输入输出功能，就可以解决这个问题，如例 3-3 所示。

【例 3-3】交互式地输入三角形的三条边长，然后计算三角形的面积。 素材

```
//导入 java.io 包中的类，其实就是标明标准输入类的位置，以便能够找到它们
import java.io.*;
public class Test
{
    //输入输出异常必须被捕获或进行抛出声明
    public static void main(String[] args) throws IOException
    {
        double a,b,c,s;
        double area;
        //以下代码的作用是通过控制台交互式地输入三角形的三条边长
        InputStreamReader reader=new InputStreamReader(System.in);
        BufferedReader input=new BufferedReader(reader);
        System.out.println("请输入三角形的边长 a：");
        //readLine( )方法用于读取用户从键盘输入的一行字符并赋值给字符串对象 temp
        String temp=input.readLine();
        a = Double.parseDouble(temp);   //字符串转换为双精度浮点型
        System.out.println("请输入三角形的边长 b：");
        temp=input.readLine();     //以字符串形式读入边长 b
        b = Double.parseDouble(temp);
        System.out.println("请输入三角形的边长 c：");
        temp=input.readLine();     //以字符串形式读入边长 c
        c = Double.parseDouble(temp);
        //以上代码的作用是通过控制台交互式地输入三角形的三条边长
        s = (a+b+c)/2;
        area = Math.sqrt(s*(s-a)*(s-b)*(s-c));
        System.out.println("三角形的面积为："+area);
    }
}
```

上述程序的运行结果如下：

```
请输入三角形的边长 a：
3(回车)
请输入三角形的边长 b：
4(回车)
请输入三角形的边长 c：
5(回车)
三角形的面积为：6.0
```

关于这个程序，有以下几点需要说明：

(1) import 语句的作用是告诉程序到哪里寻找类。因此，当程序中用到一些系统提供的或用户自定义的类时，就需要添加相应

的 import 语句，否则就可能出现下面这样的编译错误(以例 3-3 缺少 import 语句为例)。

```
F:\工作目录>javac Test.java
Test.java:8: cannot resolve symbol
symbol: class InputStreamReader
location: class Test
        InputStreamReader reader=new InputStreamReader(System.in);
        ^
Test.java:8: cannot resolve symbol
symbol: class InputStreamReader
location: class Test
        InputStreamReader reader=new InputStreamReader(System.in);
                                     ^
Test.java:9: cannot resolve symbol
symbol: class BufferedReader
location: class Test
        BufferedReader input=new BufferedReader(reader);
        ^
Test.java:9: cannot resolve symbol
symbol: class BufferedReader
location: class Test
        BufferedReader input=new BufferedReader(reader);
                                 ^
4 errors
```

一共出现了 4 个编译错误，每个地方都用^进行标识。可见，import 语句是非常重要的，缺少了编译时就会报告找不到类。

(2) 对于有些方法，调用时需要进行相应异常的抛出声明或者捕获异常，比如 BufferedReader 类的 readLine()方法。如果不这么做的话，编译时将会出现如下错误(仍以例 3-3 为例)。

```
F:\工作目录>javac Test.java
Test.java:15: unreported exception java.io.IOException; must be caught or declared to be thrown
        String temp=input.readLine();    //使用 readLine( )方法读取用户从键盘输入的一行字符并赋值
                                         //给字符串对象 temp
                    ^
Test.java:18: unreported exception java.io.IOException; must be caught or declared to be thrown
        temp=input.readLine();    //以字符串形式读入边长 b
                    ^
Test.java:21: unreported exception java.io.IOException; must be caught or declared to be thrown
        temp=input.readLine();    //以字符串形式读入边长 c
                    ^
3 errors
```

(3) 在语句 InputStreamReader reader=newInputStreamReader(System.in);和 BufferedReaderinput=new BufferedReader(reader);中，System.in 代表系统默认的标准输入(键盘)。可首先转换成 InputStreamReader 类的对象 reader，然后转换成 BufferedReader 类的对象 input，使原来的流输入变成缓冲字符输入，从而用来接收字符串。现在并不要求大家能够理解，只要知道并能记住写法就行了。

(4) 语句 String temp=input.readLine();的作用是从控制台获取一个字符串，当然这个字符串可能对于编程者来说，也可以是其他数据类型，比如整型或浮点型等，不过这时候需要进行类型转换。语句 a = Double.parseDouble(temp);用来实现从字符串类型转换为双精度浮点型，然后赋值给边长变量 a。parseDouble()方法是在 Double 类中定义的，因此前面要加 Double.。后面在给边长变量 b 和 c 赋值时，使用的也是这种方法。

大家可能觉得 Java 的交互式输入输出挺麻烦的，原本较短的程序到了这里，突然增加了不少，其实也不完全是这样的，本书第 12 章会对输入输出进行较为详细的讲解，到时大家就会明白。这里，对于初学者而言，只要求学会模仿即可。

例 3-1～例 3-3 没有任何分支结构，这些程序都是按照先后顺序，一句接一句往下执行的。接下来我们将学习分支结构。

3.3 分支结构的分类

有些教材也把分支结构称为选择结构，分支结构表示程序中存在分支语句，这些语句根据条件的不同，将被有选择地加以执行，既可能执行，也可能不执行，这完全取决于条件表达式的取值情况。例如，大家熟悉的银行系统，存取款程序就是一种分支结构，当取款人输入的密码正确时，程序将进入正常的取款流程，如果密码不正确，那么系统可能会提示重新输入或者干脆实施锁卡或吞卡操作。再比如某学校的图书管理系统是这样设计的：教职工最多只能借 12 本书，借期为 6 个月；研究生最多借 10 本书，借期为 4 个月；而本科生最多只能借 8 本书，借期为 3 个月；那么当请求借书时，系统需要根据借书人的不同身份进行相应的处理操作。这些都是分支结构的适用情形，根据分支的多少，可以分为单分支结构、双分支结构以及多分支结构。Java 语言的单分支语句是 if 语句，双分支语句是 if-else 语句，多分支语句是 switch 语句。当然，实现时，也可以用 switch 语句构成双分支结构，或者用嵌套的 if-else 语句构成多分支结构。

3.3.1 单分支条件语句

单分支条件语句的一般格式如下：

```
if (布尔表达式)
{
        语句;
}
```

其流程图如右图所示。

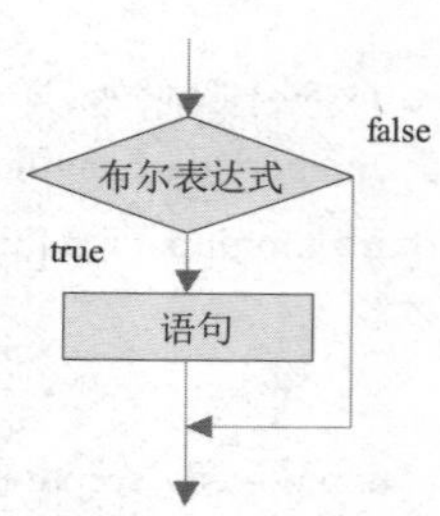

当分支结构中的语句仅为一条时，大括号可以省略，但如果有多条语句，则必须有

大括号，否则程序的含义就变了，这在之前已经做过说明。观察下面的程序段：

```
int i=0,j=0;
if (i!=j)
{    i++;
     j++;
}
```

以上程序段执行后，i 和 j 的值显然仍为 0。但是，如果将 if 条件语句的大括号省掉，如下所示：

```
int i=0,j=0;
if (i!=j)
   i++;
   j++;
```

那么执行后 i 的值仍为 0，而 j 的值则变为 1。也就是说，“j++;”语句被执行了，因为没有了大括号，if 条件语句只由“i++;”单条语句构成，即使条件表达式取值为 false，语句“j++;”也会被执行。另外，这种情况下的程序编排最好采用如下缩进格式，以体现程序的层次结构、提高可读性：

```
int i=0,j=0;
if (i!=j)
   i++;
j++;
```

例 3-4 演示了单分支条件语句的用法。

【例 3-4】乘坐飞机时，每位顾客可以免费托运 20 千克以内的行李，超过部分将按每千克 1.2 元收取费用，试编写计算收费的程序。素材

为了帮助初学者形成良好的程序设计风格，下面详细介绍程序的设计步骤。

(1) 数据变量。

w：行李重量(单位：千克)

fee：收费(单位：元)

根据数据的特点，变量的数据类型应为浮点型，不妨设定为 float 类型。

(2) 算法。

$$fee = \begin{cases} 0 & w \leqslant 20 \\ 1.2 \times (w - 20) & w > 20 \end{cases}$$

(3) 使用“System.out.println();”语句提示用户输入行李重量，然后通过前面介绍的交互式输入方法给变量 w 赋值。

(4) 使用单分支结构对用户输入的数据进行判断，并按收费标准计算收费金额，部分程序段如下：

```
fee = 0;
if(w>20)
 fee = 1.2 * (w-20);
```

首先将 fee 变量赋值为 0，当重量超出 20 千克时，执行条件语句“fee = 1.2 * (w - 20);”，从而更改收费金额；如果重量小于或等于 20 千克，则条件语句“fee = 1.2 * (w - 20);”不会被执行，从而保持 fee 变量的值为 0，表示免费托运。

完整的程序代码如下：

```
import java.io.*;
public class Test
{
    public static void main(String[] args) throws IOException
    {
        float   w,fee;
        //通过控制台交互式地输入行李重量
        InputStreamReader reader=new InputStreamReader(System.in);
        BufferedReader input=new BufferedReader(reader);
        System.out.println("请输入旅客的行李重量：");
        String temp=input.readLine();
        w = Float.parseFloat(temp);   //将字符串转换为单精度浮点型
        fee = 0;
        if ( w > 20)
            fee = (float)1.2 * (w-20);
        System.out.println("该旅客需要交纳的托运费用："+fee+"元");
    }
}
```

编译并运行程序，结果如下：

```
F:\工作目录>javac Test.java
    (第一次执行)
F:\工作目录>java Test
请输入旅客的行李重量：
22.5(回车)
该旅客需要交纳的托运费用：3.0 元
(第二次执行)
F:\工作目录>java Test
请输入旅客的行李重量：
18(回车)
该旅客需要交纳的托运费用：0.0 元
(第三次执行)
F:\工作目录>java Test
请输入旅客的行李重量：
50.8(回车)
该旅客需要交纳的托运费用：36.96 元
```

用户可根据程序提示，输入对应旅客的行李重量，计算机在 Java 程序的控制下完成收费金额的计算并进行信息的输出。在上述程序代码中，对于“fee = (float)1.2 * (w - 20);”语句有一点需要注意：虽然 w 是 float 类型，但由于常量 1.2 的默认数据类型是 double，因此表达式 1.2 * (w－20)最后的数据类型为 double，在将该表达式的计算结果赋值给 float 类型的变量 fee 时，需要进行强制类型转换。如果读者不进行强制类型转换，则在编译时会出现如下错误信息：

```
F:\工作目录>javac Test.java
Test.java:15: possible loss of precision
found: double
required: float
                fee = 1.2 * (w-20);
                          ^
1 error
```

系统提示用户从 double 类型到 float 类型可能会有精度损失，但由于本例对数据精度的要求并不高，使用 float 类型就足够了，因此我们可以通过进行强制类型转换来消除这种“错误”。

此外，从上述程序的三次执行过程中读者可能发现如下问题：每次执行程序时，只能对一名旅客的行李进行收费计算，要对多名旅客的行李进行收费计算，就需要反复启动程序。这个问题留待引出循环结构时再予以解决，详见例 4-3。

下面再来看两个演示单分支结构的例子，如例 3-5 和例 3-6 所示。

【例 3-5】根据年龄，判断某人是否成年。 素材

```
public class Test
{
    public static void main(String[] args)
    {
        byte age=20;
        if (age>=18)
            System.out.println("成年");
        if (age<18)
            System.out.println("未成年");
    }
}
```

【例 3-6】已知鸡和兔的总数量以及鸡脚、兔脚的总数，求鸡和兔的数量各为多少。 素材

```
public class Test
{
    public static void main(String[] args)
    {
        double chick,rabbit;
        short heads=10,feet=32;
        chick = (heads*4-feet)/2.0;
        rabbit = heads - chick;
        if (chick==(short)chick &&
            chick>=0 && rabbit>=0)
            {
                System.out.println("鸡有"
                  +chick+"只");
                System.out.println("兔有"
                  +rabbit+"只");
            }
    }
}
```

编译并运行程序，结果如下：

```
F:\工作目录>javac Test.java
F:\工作目录>java Test
鸡有 4.0 只
兔有 6.0 只
```

为了简化程序，本例直接将数据写在程序中，总数量 heads 为 10，总脚数 feet 为 32。计算结果显示，鸡有 4.0 只，兔有 6.0 只，读者也可以改写本例，使得能够交互式地输入数据。现在假设某人在录入数据时，不小心将 32 写成了 33，那么程序会有什么反应呢，如下所示：

```
F:\工作目录>javac Test.java
F:\工作目录>java Test
F:\工作目录>
```

可见，上述程序没有任何执行结果，但这时我们却期望程序能给出一点提示，如“请确认您输入的数据是否正确”。该如何改写程序呢？这便用到了双分支结构。

3.3.2 双分支条件语句

单分支结构决定了例 3-5 不得不引用两个 if 语句来解决问题，采用单分支结构使得程序需要进行两次布尔表达式的计算和判断。在例 3-6 中，当数据输入有误，导致求不出结果时，系统也无法给用户发出提示信息。本小节将介绍双分支结构，使程序只需要进行一次布尔表达式的计算和判断，即可决定执行两个语句中的哪一个。由此可见，双分支结构的引入可以给程序设计带来很大的便利。Java 语言的双分支结构由 if-else 语句实现，一般格式如下：

```
if (布尔表达式)
    {
      语句 1;
    }
else
    {
      语句 2;
    }
```

其流程图如右上图所示。

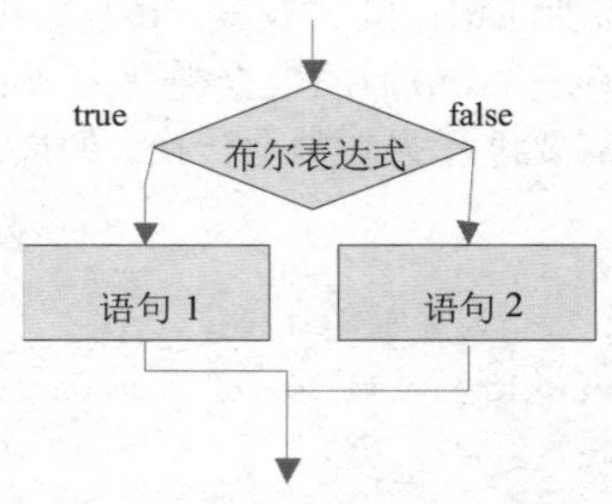

双分支条件语句在单分支条件语句的基础上增加了 else 部分，当布尔表达式为真时，执行语句 1，否则执行语句 2。不管布尔表达式的结果如何，两部分语句中必然有一部分语句被执行，语句 1 和语句 2 可以是多条语句，也可以是单条语句。当它们是多条语句时，必须使用{}将它们括起来作为一条复合语句；而当它们是单条语句时，建议初学者最好也写上大括号，等使用熟练了，再将大括号省略掉。请看下面的程序段：

```
int i=0,j=0;
if (i==j)
{    i++;
     j++;
}
else
{   i--;
    j--;
}
```

以上程序段执行后，i、j 的值均为 1，如果将 else 分支的大括号省略掉：

```
int i=0,j=0;
if (i==j)
{    i++;
     j++;
}
else
   i--;
j--;
```

程序段的执行结果就变为：i 的值为 1，而 j 的值仍为 0。由此可见大括号的重要性。

顺便指出，if 后面的大括号绝对不能省略掉，否则程序变成：

```
int i=0,j=0;
if (i==j)
    i++;
    j++;
else
{   i--;
    j--;
}
```

这将会产生如下编译错误：else 找不到配对的 if。请读者细细体会。

下面看一下如何对例 3-6 进行改进，如例 3-7 所示。

【例 3-7】鸡兔问题的改进。 素材

```
public class Test
{
    public static void main(String[] args)
    {
            double chick,rabbit;
            short heads=10,feet=33;
            chick = (heads*4-feet)/2.0;
            rabbit = heads - chick;
            if (chick==(short)chick&&
               chick>=0&&rabbit>=0)
               {
                    System.out.println("鸡有"
                       +chick+"只");
                    System.out.println("兔有"
                       +rabbit+"只");
               }
            else
            {
                    System.out.println("数据输
                              入可能有误!");
            }
    }
}
```

编译并运行程序，结果如下：

```
F:\工作目录>javac Test.java
F:\工作目录>java Test
数据输入可能有误!

F:\工作目录>
```

下面使用 if-else 结构对例 3-5 进行改写，如例 3-8 所示。

【例 3-8】根据年龄，判断某人是否成年，改用双分支结构来实现。 素材

```
public class Test
{
    public static void main(String[] args)
    {
            byte age=20;
            if (age>=18)
               System.out.println("成年");
            else
               System.out.println("未成年");
    }
}
```

在本例中，双分支结构中的语句 1 和语句 2 均为单条语句，所以可以省略大括号。

下面再看两个演示双分支条件语句的例子，如例 3-9 和例 3-10 所示。

【例 3-9】判断数字2020的奇偶性并输出结果。 素材

```
public class Test
{
    public static void main(String[] args)
    {
            short   n = 2020;
            if (n%2==0)
               System.out.println("2020 是偶数。");
            else
               System.out.println("2020 是奇数。");
    }
}
```

编译并运行程序，结果如下：

```
F:\工作目录>javac Test.java
F:\工作目录>java Test
2020 是偶数。
```

【例 3-10】判断并输出 2020 年是否为闰年。素材

闰年的判定条件是能被 4 整除但又不能被 100 整除，或者能被 400 整除即为闰年，因此闰年的判定条件可以用一个布尔表达式来实现。

```
public class Test
{
    public static void main(String[] args)
    {
        boolean leapYear;
        short year = 2020;
        leapYear = (year%4==0&&
         year%100!=0) || (year%400==0);
        if (leapYear)
         System.out.println("2020 年是闰年。");
         else
         System.out.println("2020 年不是闰年。");
    }
}
```

编译并运行程序，结果如下：

```
F:\工作目录>java Test
2020 年是闰年。
```

可以使用交互式输入改写上述程序，将程序中“写死”的数字改由用户输入。

3.3.3 分支结构的嵌套

Java 语言允许对 if-else 条件语句进行嵌套使用。分支结构的语句部分可以是任何语句(包括分支语句本身)，我们把分支结构的语句部分仍为分支结构的情况称为分支结构的嵌套。对分支结构进行嵌套的主要目的是解决条件判断较多、较复杂的问题。常见的嵌套形式如下：

```
if (布尔表达式 1)
 if (布尔表达式 2)
    语句 1;
```

或

```
if (布尔表达式 1)
   语句 1;
 else if (布尔表达式 2)
    语句 2;
 else
     语句 3;
```

或

```
if (布尔表达式 1)
 if (布尔表达式 2)
       语句 1;
  else
     语句 2;
else
       语句 3;
```

当然，根据具体问题的不同，嵌套结构也可以设计成其他形式。例 3-7 中的分支条件语句如下：

```
if (chick==(short)chick&&chick>=0&&rabbit>=0)
    {
            System.out.println("鸡有"+chick+"只");
            System.out.println("兔有"+rabbit+"只");
    }
```

我们可以将其改写成如下嵌套结构：

```
            if (chick==(short)chick)
                if (chick>=0&&rabbit>=0)
                {
                    System.out.println("鸡有"+chick+"只");
                    System.out.println("兔有"+rabbit+"只");
                }
```

接下来，我们分析一下如下程序段执行后的输出结果。

```
int i=1,j=2;
if (i!=j)                --------①
{
   if (i>j)              --------②
      i--;               --------③
   else
      j--;               --------④
   System.out.println("i="+i+",j="+j);     --------⑤
}
else
   System.out.println("i="+i+",j="+j);     --------⑥
. . .          --------⑦
```

在以上程序段中，if 条件表达式①成立，执行流程进入该 if 语句分支，而与该 if 配对的 else 分句⑥将不会被执行；if 条件表达式②不成立，所以语句③不被执行，但与该 if 配对的 else 语句④将被执行，接着执行输出语句⑤；最后程序流程转移至语句⑦处，继续往下执行。因此，上述程序段的输出结果应为：

```
i=1，j=1
```

下面再举几个例子进行具体分析。

【例 3-11】根据分数对学生划分等级：优秀(90 分以上)、良好(80 分以上 90 分以下)、中等(70 分以上 80 分以下)、及格(60 分以上 70 分以下)、不及格(60 分以下)。 素材

```
import java.io.*;
public class Test
{
    public static void main(String[] args) throws IOException
    {
        float score;
        InputStreamReader reader=new InputStreamReader(System.in);
        BufferedReader input=new BufferedReader(reader);
        System.out.println("请输入分数：");
        String temp=input.readLine();
        score = Float.parseFloat(temp);
```

```
        if (score < 90)
            if (score < 80)
                if (score < 70)
                    if (score < 60)
                        System.out.println("该同学的分数等级为：不及格");
                    else
                        System.out.println("该同学的分数等级为：及格");
                else
                    System.out.println("该同学的分数等级为：中等");
            else
                System.out.println("该同学的分数等级为：良好");
        else
            System.out.println("该同学的分数等级为：优秀");
    }
}
```

编译并执行程序，结果如下：

```
F:\工作目录>javac Test.java
(第一次执行)
F:\工作目录>java Test
请输入分数：
98(回车)
该同学的分数等级为：优秀
(第二次执行)
F:\工作目录>java Test
请输入分数：
87(回车)
该同学的分数等级为：良好
(第三次执行)
F:\工作目录>java Test
请输入分数：
77(回车)
该同学的分数等级为：中等
(第四次执行)
F:\工作目录>java Test
请输入分数：
65(回车)
该同学的分数等级为：及格
(第五次执行)
F:\工作目录>java Test
```

```
请输入分数：
56(回车)
该同学的分数等级为：不及格
```

上述程序中的嵌套较多，因此在编写程序时，一定要适当地进行缩进，以体现 if-else 之间的配对和层次结构。Java 规定，else 总是与离它最近的 if 进行配对，但不包括大括号中的 if，如例 3-12 所示。

【例 3-12】用一个字符代表性别：'m'代表男性；'f'代表女性；'u'代表未知。试编写程序，根据输入的字符判断并输出某人的性别。素材

```
import java.io.*;
public class Test
{
    public static void main(String[] args) throws IOException
    {
        char sex;
        System.out.println("请输入性别代号：");
        sex = (char)System.in.read();
        if ( sex != 'u' )          //①
            {
                    if ( sex == 'm' )
                        System.out.println("男性");
                    if ( sex == 'f' )          //②
                        System.out.println("女性");
            }
        else      //③
            System.out.println("未知");
    }
}
```

编译并运行程序，结果如下：

```
F:\工作目录>java Test
请输入性别代号：
m(回车)
男性
```

在本例中，③处的 else 并不是与离它最近的②处的 if 进行配对，而是与①处的 if 进行配对，从程序的编排上可以清晰地看出这一配对关系。

【例 3-13】假设个人收入所得税的计算方式如下：当个人收入小于或等于 1800 元时，免征个人所得税；超出 1800 元但在 5000 元以内的部分，以 20%的税率征税；超出 5000 元但在 10000 元以内的部分，按 35%的税率征税；超出 10000 元的部分一律按 50%的税率征税。试编写相应的征税程序。素材

```
import java.io.*;
public class Test
{
```

```
    public static void main(String[] args) throws IOException
    {
        double    income,tax;
        InputStreamReader reader=new InputStreamReader(System.in);
        BufferedReader input=new BufferedReader(reader);
        System.out.println("请输入个人收入所得：");
        String temp=input.readLine();
        income = Double.parseDouble(temp);
        tax = 0;
        if ( income <= 1800)
            System.out.println("免征个税。");
        else if (income<=5000)
            tax = (income-1800)*0.2;
        else if (income<=10000)
            tax = (5000-1800)*0.2+(income-5000)*0.35;
        else
            tax = (5000-1800)*0.2+(10000-5000)*0.35+(income-10000)*0.5;
        System.out.println("您的个人收入所得税额为："+tax);
    }
}
```

编译并运行程序，结果如下：

```
F:\工作目录>javac Test.java
(第一次运行)
F:\工作目录>java Test
请输入个人收入所得：
1500(回车)
免征个税。
您的个人收入所得税额为：0.0
(第二次运行)
F:\工作目录>java Test
请输入个人收入所得：
3600(回车)
您的个人收入所得税额为：360.0
(第三次运行)
F:\工作目录>java Test
请输入个人收入所得：
8000(回车)
您的个人收入所得税额为：1690.0
(第四次运行)
```

```
F:\工作目录>java Test
请输入个人收入所得：
16000(回车)
您的个人收入所得税额为：5390.0
```

以上程序的分支结构其实并不复杂：根据收入情况，分为 4 个档次，按照不同的税率计算税收。不过对于初学者，通常会犯如下错误：

```
if (income <= 1800)
        System.out.println("免征个税。");
    else if (income<=5000)
        tax = (income-1800)*0.2;
    else if (income<=10000);
        tax = (5000-1800)*0.2+(income-5000)*0.35;
    else
        tax = (5000-1800)*0.2+(10000-5000)*0.35+(income-10000)*0.5;
```

以上程序段中有一个细微的错误，就是在第 5 行的末尾多了一个分号，编译时将出现如下错误信息：

```
F:\工作目录>javac Test.java
Test.java:19: 'else' without 'if'
        else
        ^
1 error
```

通过分析，可以发现程序结构被这个分号改变了：

```
if (income <= 1800)
        System.out.println("免征个税。");
    else if (income<=5000)
        tax = (income-1800)*0.2;
    else if (income<=10000);
```

以上程序段其实已经变为使用完整的 if-else 结构，我们只要将书写格式变动一下，就一目了然了，如下所示：

```
if (income <= 1800)
        System.out.println("免征个税。");
    else if (income<=5000)
        tax = (income-1800)*0.2;
    else
        if (income<=10000)
            ;
```

在以上程序段中，最后那个单独的分号是一条空语句，而 else 的语句部分则是嵌套的单分支结构。到这里，程序在语法上还不会出错，但是接下来的语句显然就有语法错误了：

```
    tax = (5000-1800)*0.2+(income-5000)*0.35;
else
    tax = (5000-1800)*0.2+(10000-5000)*0.35+(income-10000)*0.5;
```

在上述语句中，第 2 行的 else 找不到与之对应的 if 进行配对。这类错误是初学者最容易犯的(即便是 Java 高手，有时也会一不小心犯错)，而且往往花费很多时间才能找出错误，这需要引起大家特别注意。

3.3.4 switch 语句

前面已经介绍了单分支和双分支结构，下面再来看一下多分支结构。Java 语言的多分支选择语句是 switch 语句，switch 语句的一般语法格式如下：

```
switch(表达式)
{case 判断值 1：语句 1；
 case 判断值 2：语句 2；
   ...
 case 判断值 n：语句 n；
 [default：语句 n+1；]
}
```

其中，表达式的值必须为有序数值(如整数或字符等)，不能为浮点数；case 子句中的判断值必须为常量值，有的教材称之为标号，代表 case 分支的入口，每个 case 分支后面的语句可以是单条语句，也可以是多条语句，并且当有多条语句时，不需要使用大括号括起来；default 子句是可选的，并且必须在 switch 结构的末尾，当表达式的值与任何 case 常量值都不匹配时，就执行 default 子句，然后退出 switch 结构。如果表达式的值与任何 case 常量值均不匹配，且无 default 子句，则程序不执行任何操作，直接跳出 switch 结构，继续执行后续语句。

【例 3-14】在控制台输入一个介于 0 和 6 之间的数字，输出对应的是星期几(0 对应星期日，1 对应星期一，2 对应星期二，以此类推)。素材

```
import java.io.* ;
class Test
{
public static void main(String args[])throws IOException
  {int day;
   System.out.print("请输入一个介于 0 和 6 之间的数字：") ;
   day=(int)(System.in.read())-'0';
   switch(day)
   {case 0: System.out.println(day +"表示星期日");
    case 1: System.out.println(day +"表示星期一");
    case 2: System.out.println(day +"表示星期二");
    case 3: System.out.println(day +"表示星期三");
    case 4: System.out.println(day +"表示星期四");
    case 5: System.out.println(day +"表示星期五");
    case 6: System.out.println(day +"表示星期六");
```

```
    default:  System.out.println(day+"是无效数字!") ;
  }
 }
}
```

编译并运行程序，结果如下：

```
F:\工作目录>javac Test.java
    (第一次运行)
F:\工作目录>java Test
请输入一个介于 0 和 6 之间的数字：0(回车)
0 表示星期日
0 表示星期一
0 表示星期二
0 表示星期三
0 表示星期四
0 表示星期五
0 表示星期六
0 是无效数字!
(第二次运行)
F:\工作目录>java Test
请输入一个介于 0 和 6 之间的数字：5(回车)
5 表示星期五
5 表示星期六
5 是无效数字!
```

上述程序的运行结果并不符合我们的期望。当输入 0 时，应该只输出“0 表示星期日”才对；而当输入 5 时，应该只输出“5 表示星期五”才对。通过分析，我们发现原来的 switch 结构存在如下特点：当表达式的值与某个 case 常量值匹配时，相应的 case 子句就成为整个 switch 结构的执行入口，并且执行完起入口作用的 case 子句后，程序会接着执行后续所有语句，包括 default 子句(若有的话)。为了解决这个问题，就需要用到 break 语句。break 语句是 Java 提供的流程跳转语句，可以使程序跳出当前的 switch 结构或循环结构。下面对例 3-14 进行改进，如例 3-15 所示。

【例 3-15】在例 3-14 中引入 break 语句。素材

```
import java.io.* ;
class Test
{
public static void main(String args[])throws IOException
  {int day;
   System.out.print("请输入一个介于 0 和 6 之间的数字：") ;
   day=(int)(System.in.read())-'0';
```

```
   switch(day)
   {case 0: System.out.println(day +"表示星期日");
        break;
    case 1: System.out.println(day +"表示星期一");
        break;
    case 2: System.out.println(day +"表示星期二");
        break;
    case 3: System.out.println(day +"表示星期三");
        break;
    case 4: System.out.println(day +"表示星期四");
        break;
    case 5: System.out.println(day +"表示星期五");
        break;
    case 6: System.out.println(day +"表示星期六");
        break;
    default: System.out.println(day+"是无效数字!") ;
   }
  }
}
```

改进后，程序的运行结果如下：

```
F:\工作目录>java Test
请输入一个介于 0 和 6 之间的数字：0
0 表示星期日
(第二次运行)
F:\工作目录>java Test
请输入一个介于 0 和 6 之间的数字：5
5 表示星期五
```

从运行结果可以看出，引入 break 语句后，程序的运行结果正是我们所期望的。在例 3-15 中，最后的 default 子句没有必要添加 break 语句，因为这里已经到达 switch 结构的末尾了。一般情况下，switch 结构与 break 语句是配套使用的。此外，使用 switch 结构时请注意以下两个问题：

(1) 系统允许多个不同的 case 标号执行相同的一段程序，比如：

```
  ...
  case  常量 i:
  case  常量 j:
语句;
break;
  ...
```

(2) 每个case子句的常量值必须各不相同。

其实，switch 结构通常也可以使用 if-else 语句来实现，读者可以试着将上述程序改写为 if-else 结构，并对比二者之间的差别。但反过来，if-else 结构则不一定能使用 switch 结构来实现。例 3-7～例 3-11 以及例 3-13 都不能使用 switch 结构来改写，但例 3-12 却可以，改写后的程序如例 3-16 所示。

【例 3-16】使用 switch 结构改写例 3-12。素材

```
import java.io.*;
public class Test
```

```
{
    public static void main(String[] args) throws IOException
    {
        char sex;
        System.out.println("请输入性别代号：");
        sex = (char)System.in.read();
        switch (sex)
            {
              case 'm':     System.out.println("男性");
                                    break;
              case 'f':     System.out.println("女性");
                                    break;
              case 'u':     System.out.println("未知");
            }
    }
}
```

使用switch结构改写后的程序通常更简练，可读性也更好，程序执行效率也较高。因此，读者在设计程序时一定要注意不同分支结构的选用。下一章将继续介绍程序的第三种流程结构：循环。

知识点滴

对于能使用switch语句改写的分支嵌套结构，应尽量采用switch结构，这样可以提高程序的执行效率。

3.4 上机练习

目的：掌握if-else语句和switch语句的用法。

内容：按以下步骤进行上机练习。

(1) 运行如下Test1程序。

```
public class Test1
{
    public static void main (String args[])
    {
      double d1=22.2;
      double d2=33.3;
      if (d2>=d1)
            System.out.println(d2+">="+d1);
      else
            System.out.println(d1+">="+d2);
    }
}
```

(2) 观察以上程序的运行结果，思考 else 关键字能否去掉。
(3) 运行如下 Test2 程序。

```
public class Test2{
        public static void main(String args[]) {
            int c=18;
            switch (c<11?1:c<22?2:c<33?3:4) {
            case 1:
               System.out.println(" "+c+"℃  有点冷！ ");
            case 2:
               System.out.println(" "+c+"℃  很舒适！ ");
            case 3:
               System.out.println(" "+c+"℃  有点热！ ");
            default:
              System.out.println(" "+c+"℃  太热了！ ");
            }
        }
}
```

(4) 改变变量 c 的初始值，观察以上程序的输出结果。
(5) 将 Test1 程序改用 switch 语句来实现。
(6) 将 Test2 程序改用 if-else 语句来实现。
(7) if 语句和 switch 语句都可以实现多分支，它们之间的区别是什么？

第 4 章

循环结构

本章将对 Java 语言的循环结构详细地进行介绍并做实例分析，此外还会介绍跳转语句 break 和 continue 的用法。学习本章的关键是掌握不同程序结构及其实现语句的具体执行流程，程序的执行是严格按照一定规则进行的，读者一定要学会一步一步地对其进行跟踪、分析。只有这样，当程序的运行结果与预期出现不符时，才能找出其中的语义错误(语法错误通常能被编译器检测到并进行提示，但编译器对于语义错误还做不到)，因此熟练掌握程序的流程结构，对于编写正确的程序至关重要，同时也是本章学习的核心目标之一。

4.1 循环结构的分类

在进行程序设计时，经常会遇到一些计算虽然不是很复杂，但却要重复进行相同的处理操作的问题。例如：

(1) 计算累加和，1+2+3+…+100。

(2) 计算阶乘，如 10!。

(3) 计算一笔钱在银行存了若干年后，连本带息共多少？

由于上述问题本身的特点，导致我们到目前为止所学的语句都无法表示这种结构。如问题(1)，如果只使用一条语句(sum = 1+2+3+…+100)来求解，赋值表达式就太长了，改成多条赋值语句(sum +=1; sum +=2; sum +=3; …; sum +=100;)也不行，即便只加到 100，也仍有 100 条语句，程序过于臃肿，不利于编辑、存储和运行。因此，Java 语言引入了另外三种语句——while、do-while 以及 for 语句来解决这类问题。我们把用手解决这类问题的程序结构称为循环结构，把这三种用于实现循环结构的语句称为循环语句。这三种循环语句的流程图如下图所示。

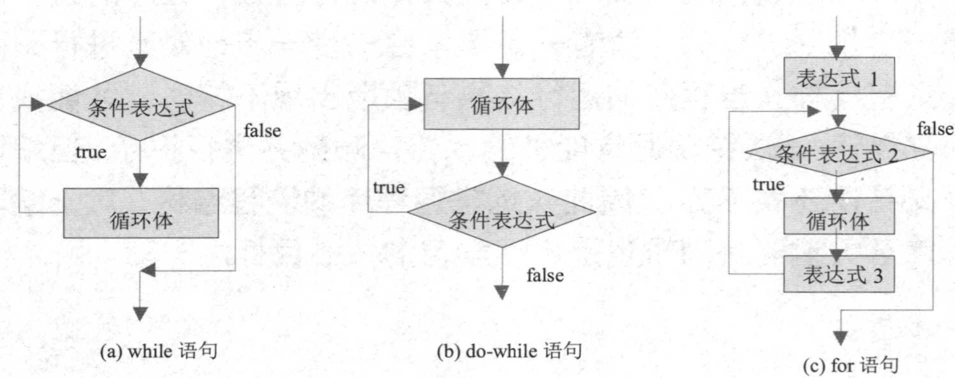

(a) while 语句　(b) do-while 语句　(c) for 语句

4.1.1 while 语句

while 语句的一般语法格式如下：

```
while(条件表达式)
{  循环体; }
```

其中，while 是关键字。首先计算条件表达式的值，如果为 true，则执行循环体。然后再次计算条件表达式的值，只要为 true，就循环往复一直执行下去，直到条件表达式的值为 false 时才退出 while 结构。其中，循环体可以是复合语句、简单语句甚至是空语句，但一般情况下，循环体中应包含能修改条件表达式取值的语句，否则就容易出现“死循环”(程序毫无意义地无限循环下去)。例如 while(1);，这里的循环体为空语句，而条件表达式为常量 1(在 Java 语言中，0 代表 false，非零值代表 true)，因此这是一个死循环。例 4-1 演示了 while 循环的用法。

【例 4-1】利用 while 语句计算 1～100 的累加和。

素材

```
public class Test
{
    public static void main(String[] args)
    {
```

```
            int sum=0;        //累加和变量 sum
            int i=1;          // 控制变量 i
            while(i<=100)
            {
                sum+=i;
                i++;
            }
          System.out.println("累加和为："+sum);
      }
}
```

编译并运行程序，结果如下：

```
F:\工作目录>javac Test.java
F:\工作目录>java Test
累加和为：5050
```

以上该程序中有以下几点需要注意：

(1) 存放累加和的变量初始值一般赋值为 0。

(2) 变量 i 既是累加数，同时又是控制循环条件的表达式。

(3) 循环体语句可以合并简写为 sum+=i++;。对于初学者而言，不建议这么写。

(4) while 循环体语句多于一条，因而必须以复合语句的形式出现，千万别漏掉大括号。关于这一点，前面已多次说明。

下面再来看一个计算阶乘的例子，如例 4-2 所示。

【例 4-2】利用 while 语句求 10 的阶乘。素材

```
public class Test
{
public static void main(String[] args)
   {
       long jc=1;
       int i=1;
       while(i<=10)
       {
           jc*=i;
           i++;
       }
       System.out.println((i-1)+"!结果："+jc);
   }
}
```

编译并运行程序，结果如下：

```
10!结果：3628800
```

对于以上程序需要注意以下两点：

(1) 求阶乘的值时，变量 jc 的初始值应为 1。

(2) 由于阶乘的值往往比较大，因此还要注意防止溢出，应尽量选用取值范围大的长整型 long。

例 4-3 使用 while 语句对前面第 3 章的例 3-4 做了改进。

【例 4-3】改进前面第 3 章的例 3-4。 素材

```
import java.io.*;
public class Test
{
    public static void main(String[] args) throws IOException
    {
        float   w,fee;
        char c;
        c = (char)System.in.read();  //等待用户输入
        while(c!='x')
        {
            //通过控制台交互式地输入行李重量
            InputStreamReader reader=new InputStreamReader(System.in);
            BufferedReader input=new BufferedReader(reader);
            System.out.println("请输入旅客的行李重量：");
            input.readLine();                    //滤掉无用输入
            String temp=input.readLine();//等待用户输入
            w = Float.parseFloat(temp);  //将字符串转换为单精度浮点型
            fee = 0;
            if ( w > 20)
                fee = (float)1.2 * (w-20);
            System.out.println("该旅客需要交纳的托运费用："+fee+"元");
            System.out.println("*****************************");
            System.out.println("    *按 x 键退出，按其他键继续*");
            System.out.println("*****************************");
            c = (char)System.in.read();  //等待用户输入
        }
    }
}
```

改进后的程序的运行结果如下：

```
F:\工作目录>java Test
(按回车键进入费用计算程序)
```

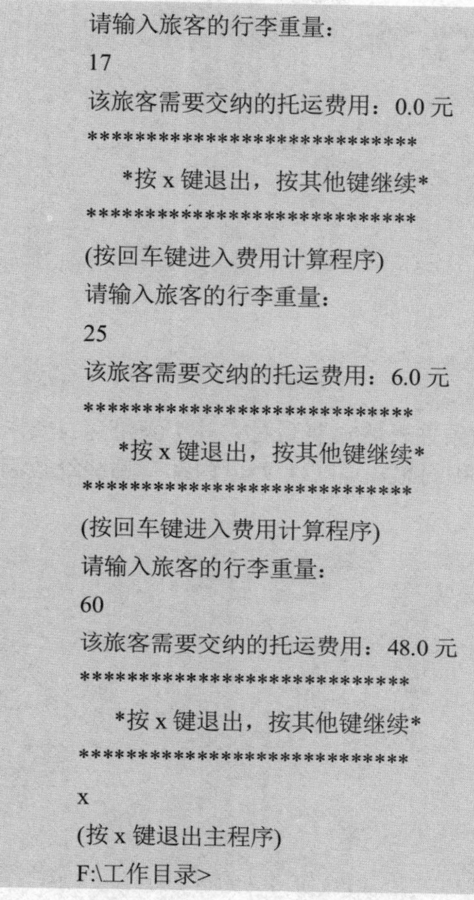

```
请输入旅客的行李重量：
17
该旅客需要交纳的托运费用：0.0 元
****************************
   *按 x 键退出，按其他键继续*
****************************
(按回车键进入费用计算程序)
请输入旅客的行李重量：
25
该旅客需要交纳的托运费用：6.0 元
****************************
   *按 x 键退出，按其他键继续*
****************************
(按回车键进入费用计算程序)
请输入旅客的行李重量：
60
该旅客需要交纳的托运费用：48.0 元
****************************
   *按 x 键退出，按其他键继续*
****************************
x
(按 x 键退出主程序)
F:\工作目录>
```

改进后，程序不需要重新运行，即可反复对不同旅客的行李进行收费计算，这主要得益于循环结构的引入。首先，程序等待用户输入，只要不是 x 键，就进入计费程序，并等待用户输入旅客的行李重量，然后进行收费计算，并提示用户按 x 键退出。如果用户输入非 x 键(如回车键)，则系统继续运行收费计算程序，并等待输入下一位旅客的行李重量，如此循环往复下去，直至用户按 x 键退出主程序为止。那么，现在的程序是不是就完美了？试想一下，假如用户在输入旅客的行李重量时，出现了失误(在现实生活中，这种情况经常发生)，比如将原本的数字输入成了 3s，结果会怎样呢？这个问题又将如何处理？暂且留给大家作为思考题，后面的章节将会对此进行讲解。

【例 4-4】有一条长长的阶梯，每步 2 阶则最后剩 1 阶，每步 3 阶则剩 2 阶，每步 5 阶则剩 4 阶，每步 6 阶则剩 5 阶，每步 7 阶则刚好走完，一阶不剩，请问这条阶梯最少有多少阶？ 素材

```
public class Test
{
public static void main(String[] args)
   {
      int i=1;
```

```
        while(!(i%2==1&&i%3==2&&i%5==4&&i%6==5&&i%7==0))
            {
                i++;
            }
            System.out.println("这条阶梯最少有"+i+"阶");
        }
    }
```

编译并运行程序，结果如下：

```
这条阶梯最少有 119 阶
```

在以上程序中，最关键的是 while 结构的条件表达式要写对。其实满足题目要求的阶数有无限多个，119 只是其中最小的阶数。如果我们想知道在 1 万以内都有哪些阶数满足题意的话，可以这样改写程序中的 while 结构：

```
while(i<=10000)
{
 if(i%2==1&&i%3==2&&i%5==4&&i%6==5&&i%7==0)
    System.out.print(i+"阶  ");
 i++;
}
```

改写后的程序的运行结果如下：

```
119 阶  329 阶  539 阶  749 阶  959 阶  1169 阶  1379 阶  1589 阶  1799 阶  2009 阶  2219 阶  2429 阶
2639 阶  2849 阶  3059 阶  3269 阶  3479 阶  3689 阶  3899 阶  4109 阶  4319 阶  4529 阶  4739 阶  4949 阶
5159 阶  5369 阶  5579 阶  5789 阶  5999 阶  6209 阶  6419 阶  6629 阶  6839 阶  7049 阶  7259 阶  7469 阶
7679 阶  7889 阶  8099 阶  8309 阶  8519 阶  8729 阶  8939 阶  9149 阶  9359 阶  9569 阶  9779 阶  9989 阶
```

利用计算机求解以上问题时，所需时间非常短，但如果让人手动计算这个问题，即便世界上反应最快的人，也需要不少的时间。假如不是求 1 万以内，而是求 100 万以内呢，有兴趣的读者可以自行编写程序，并上机尝试一下。其实，从这个程序也可以看出，计算机相对于人类来说，最大的优势就在于速度快、精度高。

4.1.2 do-while 语句

do-while 语句的一般语法格式如下：

```
do
 {
  循环体;
 }while(条件表达式);
```

以上结构首先执行一次循环体，然后判断条件表达式的值，如果为 true，则返回继续执行循环体，直至条件表达式的值为 false 为止。其流程图如下页左上图所示。

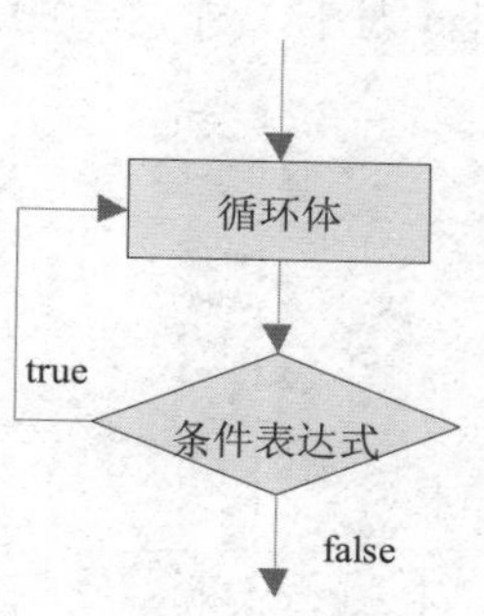

(b) do-while 语句

do-while 语句与 while 语句比较接近，通常情况下，它们之间可以互相转换。例如，可以将例 4-1 改用 do-while 语句来实现，代码如下：

```
do
    {
        sum+=i;
        i++;
    } while(i<=100);
```

使用 do-while 语句时，常犯的错误是在 while 判断的后面漏掉分号，而这个分号在前面的 while 结构中是没有的。下面再举一个利用 do-while 语句实现循环结构的例子。

【例 4-5】假定你在银行有存款 5000 元，按 6.25%的年利率计算，试问过多少年后能连本带利翻一番？

素材

```
public class Test
{
public static void main(String[] args)
   {
      double m=5000.0;          //初始存款额
      double s=m;               //当前存款额
      int count=0;              //存款年数
      do
       {
          s=(1+0.0625)*s;
          count++;
      }while(s<2*m);
      System.out.println(count+"年后连本带利翻一番！");
   }
}
```

编译并运行程序，结果如下：

```
12 年后连本带利翻一番！
```

在本例中，我们定义了整型变量 count 作为计数器，用来记录存款年数。事实上，在很多应用中，都需要用到这种看似简单却很有用的计数器，大家(尤其是初学者)要注意学习模仿。记得曾经有人说过这样一句话：好的程序都是模仿出来的！这句话是否绝对正确，其实并不重要，重要的是它为我们指出了一条学习编程的途径——模仿。笔者的个人体会是：多参考并模仿好的程序，如一些著名软件公司提供的源代码或者编译系统自带的库函数(方法)等。

虽然 do-while 语句与 while 语句的结构

比较接近，但有一点需要注意：while 语句的循环体有可能一次也不执行，而 do-while 语句的循环体则至少要执行一次，这是二者之间最大的区别。

4.1.3 for 语句

for 语句的一般语法格式如下：

```
for(表达式 1; 条件表达式 2; 表达式 3)
{  循环体; }
```

每个 for 语句都有用于控制循环开始和结束的变量，称为循环控制变量。表达式 1 一般用来给循环控制变量赋初值，仅在刚开始时执行一次，以后就不再执行。条件表达式 2 根据取值的不同，决定循环体是否执行。若为 true，则执行循环体，然后执行表达式 3。表达式 3 通常用于修改循环控制变量，以避免陷入死循环，接着再次判断条件表达式 2 的值，若为 true，则继续上述循环，直至变为 false 为止。for 语句的流程图如下图所示。

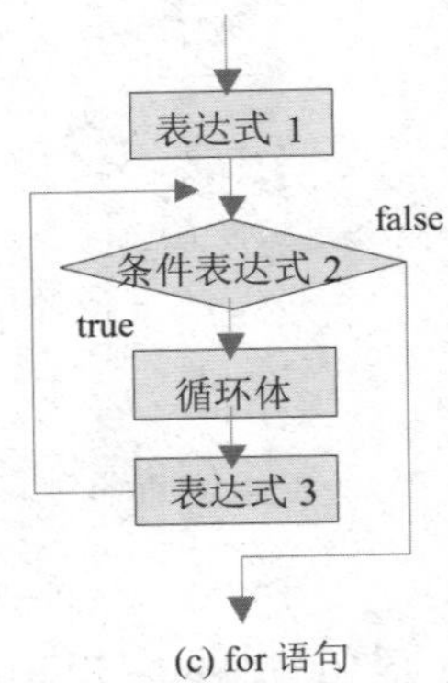

(c) for 语句

for 语句是 Java 语言提供的 3 种循环语句中功能较强且使用也较广泛的一种，例 4-6 演示了 for 语句的用法。

【例 4-6】利用 for 语句计算 1～100 的累加和。 素材

```
public class Test
{
    public static void main(String[] args)
    {
        int sum=0;                    //累加和变量 sum
        for(int i=1; i<=100;i++)   // 控制变量 i
        {
            sum+=i;
        }
       System.out.println("累加和为："+sum);
    }
}
```

编译并运行程序，结果如下：

```
累加和为：5050
```

在上述程序中，for 语句的执行流程如下：首先声明循环控制变量 i，并为其赋初值 1，接着判断出条件表达式 i≤100 的值为 true，因此进入循环体并执行累加操作，执行完循环体后再执行修改控制变量的表达式 3，使得 i 自增变为 2，接着继续判断条件表达式 2，仍为 true，如此循环下去，直至条件表达式 2 的值变为 false，退出 for 结构。此时，sum 变量的值即为所求结果，可以通过标准输出语句进行输出，而此时的控制变

量 i 的值又是多少呢？通过分析，不难知道 for 语句执行完毕时，i 的值应为 101，但 i 却不可以与 sum 一起输出，为什么呢？这涉及变量作用域的问题：变量 i 在 for 语句中定义，其作用域仅限于 for 语句，离开 for 结构后便无效。解决的办法是扩大变量 i 的作用域，把变量 i 放到 for 结构的外面进行定义。

另外，由于 for 语句的循环体中仅有一条语句，因此可以将大括号省略掉。

```
for(int i=1; i<=100;i++)   // 控制变量 i
    sum+=i;
```

根据 for 语句的执行流程，还可以将上述语句改写为下面的形式：

```
for(int i=1; i<=100; sum+=i++);
```

一定不要忘记最后的分号，它代表循环体为一条空语句。

【例 4-7】 假定你在银行有 5000 元存款，按 6.25%的年利率计算，试问多少年后就会连本带利翻一番？改用 for 语句编程实现之。素材

```
public class Test
{
public static void main(String[] args)
   {
        double m=5000.0;            //初始存款额
        double s=m;                  //当前存款额
        int count=0;                //存款年数
        for(;s<2*m;s=(1+0.0625)*s)
              count++;
         System.out.println(count+"年后连本带利翻一番！");
   }
}
```

本例将 for 语句中赋初值的表达式 1 拿到 for 结构的上面去了，这是允许的。我们甚至还可以将 for 语句改写为如下形式：

```
for(;s<2*m;)
{    count++;
     s=(1+0.0625)*s
}
```

此时，for 结构的表达式 1 和表达式 3 均为空。其实不管怎么改写，只要程序遵循 for 语句的执行流程，执行后能得出正确的结果即可。

在此，提醒大家注意以下几点：

(1) 计算机其实就是一台机器而已，擅长机械性地执行操作。比如，人们给它一系列指令，它只懂得把这些指令逐条加以执行，后来人们又设计了跳转指令，使得有些机器指令并不一定执行(跳过)，而有些机器指令又被不止一次地执行(跳回)，这就是程序流程控制结构中的分支及循环结构的由来。如果读者将来学习汇编语言，将会对此有更进一步的理解。

(2) 一般来说，while 循环和 do-while 循环结构可以互相转换，但要注意关键的一点区别：do-while 循环的循环体至少会执行一次。另外，对于循环次数已知或比较明显的循环问题，for 循环更方便一些。

(3) 仅有分号的语句称为空语句，在编程和查错过程中，你要有空语句的概念。比如 while 循环，很多初学者经常在条件表达

式之后误添加分号，殊不知这时的分号构成了空语句，并且成了 while 循环的循环体，导致程序陷入死循环或者运行结果不正确。对此，你需要加以注意。

4.2 循环嵌套

前面已经对 Java 提供的三种循环语句做了详细介绍，并通过实例进行了分析。细心的读者可能会注意到在上面的例子中，循环体都不再是循环结构，我们称这种循环为单循环，有的教材也叫一重循环。当循环体语句又是循环语句时，就构成了循环嵌套，又称多重循环。循环嵌套可以是两重的、三重的，甚至是更多重的(较复杂的算法)。下面通过实例来讲解循环的嵌套问题。

【例 4-8】通过编程实现打印如下图案。素材

```
      *
      ***
      *****
      *******
      *********
      ***********
public class Test
{
public static void main(String[] args)
  {     int i,j;     //i 控制行数，j 控制星号的个数
        for(i=1;i<=6;i++)
        {     for(j=1;j<=i*2-1;j++)
              System.out.print("*");
              System.out.println();     //换行
           }
   }
}
```

以上程序分别使用 i 和 j 来控制每行打印几个星号，并且它们之间存在如下很重要的关系：第 i 行有 2*i - 1 个星号。这是程序的关键所在。另外，从程序结构上看，内层的循环负责打印当前行的星号，由于只有一条语句，因此大括号被省略了；外层的循环负责打印每一行的换行操作。虽然内层的 for 语句从整体上可以看成一条语句，但加上后面的换行语句，外层循环的循环体其实有两条语句，因而外层循环的大括号不能省略。

如果想要打印如下图案，程序又该如何修改呢？

经分析发现：其实只要在打印每一行的星号之前，先打印一定数量的空格即可，而空格数与行号 i 的关系是：空格数=6 - i。

因此，我们在程序中需要再定义一个变量 k 来控制打印的空格数。修改后的程序如下：

```
public class Test
{
public static void main(String[] args)
 {
        int i,j,k; //   i 控制行数，j 控制星号的个数，k 控制空格数
        for(i=1;i<=6;i++)
        {       for(k=1;k<=6-i;k++)
                      System.out.print(" ");   //打印空格
               for(j=1;j<=i*2-1;j++)
                      System.out.print("*");   //打印星号
               System.out.println();           //换行
        }
 }
}
```

以上程序的结构其实还是两重循环。内层循环多了一个并列的 for 循环，这样内层循环就有两个平行的循环，分别负责打印当前行的空格和星号。

4.3　跳转语句

前面在讲 switch 结构时，已经对 break 语句做了简单介绍。break 语句可以使程序跳出当前 switch 结构，是一种跳转语句，除了与 switch 结构搭配使用以外，break 语句还可用于循环结构。在循环结构中，除了 break 语句，还可以使用另外一种跳转语句——continue 语句。事实上，Java 语言提供的跳转语句共有 3 个，还有一个就是 return 语句，我们将在后面的章节中进行介绍。为了保证程序结构的清晰和可靠，Java 语言并不支持无条件跳转语句 goto，这一点请以前学过其他编程语言的读者注意。本节将具体介绍循环结构中的 break 与 continue 跳转语句的用法。

4.3.1　break 语句

break 语句的作用是使程序的执行流程从一个语句块的内部跳转出来，比如 switch 结构或循环结构。break 语句的语法格式如下：

```
break   [标号];
```

其中，标号是可选的，比如前面介绍 switch 结构时用到 break 语句的地方就没有使用标号。不使用标号的 break 语句只能跳出当前的 switch 结构或循环结构，而带标号的 break 语句则可以跳出由标号指出的语句块，并从语句块后面的语句处继续执行。因此，带标号的 break 语句可以用来跳出多重循环结构。下面分别举例说明。

【例 4-9】演示 break 语句的作用(一)。素材

```
public class Test
{
public static void main(String[] args)
```

```
{
    int i ,s=0;
    for(i=1;i<=100;i++)
    {
      s+=i;
      if(s>50)
        break;
    }
    System.out.println("s="+s);
  }
}
```

编译并运行程序，结果如下：

```
s=55
```

【例 4-10】演示 break 语句的作用(二)。素材

```
public class Test
{
public static void main(String[] args)
    {     int jc=1,i=1;
          while(true)
          {     jc=jc*i;
                i=i+1;
                if (jc>100000)   //首先突破 10 万的阶乘
                     break;
          }
       System.out.println((i-1)+"的阶乘是"+jc);
    }
}
```

编译并运行程序，结果如下：

```
9 的阶乘是 362880
```

在本例中，当阶乘的值第一次突破 10 万时，if 语句中条件表达式的布尔值为 true，于是执行 break 语句并跳出 while 循环。这里的 while 循环不同于前面的 while 结构，因为条件表达式的值为常量 true，这是“无限循环”的一种形式。通常在这种结构中，至少会有一条 break 语句作为“无限循环”的出口。在某些应用中，此类“无限循环”结构非常有用。注意：这种“无限循环”与死循环是不同的。“无限循环”的另一种形式是 for(;;)，编译器认为 while(true)和 for(;;)是等价的，所以读者可以根据自己的习惯进行选用。

【例 4-11】演示 break 语句的作用(三)。素材

```
public class Test
{
public static void main(String[] args)
        {       int     s=0,i=1;
                label:
                while(true)
                {       while(true)
                                {       if (i%2==0)
                                                break ;                 //不带标号
                                        if(s>50)
                                                break label;        //带标号
                                        s+=i++;
                                }
                        i++;
                }
            System.out.println("s="+s);
        }
}
```

编译并运行程序，结果如下：

```
s=64
```

以上程序的执行过程如下：将 1、3、5 等奇数累加到变量 s，直到 s 的值超出 50。不带标号的 break 语句用来跳出内层 while 循环，以跳过对偶数的累加；带标号的 break 语句用来跳出使用 label 标识的外层 while 循环，然后执行输出语句，显示 s 变量的当前值。这里需要指出的是，如果没有带标号的 break 语句，这里的两重无限循环就会变成死循环。在一些特殊情况下，带标号的 break 语句非常有用，但对于一般的程序设计需要慎用，千万不要滥用。

4.3.2 continue 语句

continue 语句只能用于循环结构，并且也有两种使用形式：不带标号和带标号。前者的功能是提前结束本次循环，因而会跳过当前循环体的其他后续语句，提前进入下一轮循环。对于 while 和 do-while 循环，不带标号的 continue 语句会使程序的执行流程直接跳转到条件表达式；而对于 for 循环，则跳转至表达式 3，修改控制变量后，再对条件表达式 2 进行判断。带标号的 continue 语句一般用在多重循环结构中，标号的位置与 break 语句的标号位置类似，一般放置在整个循环结构的前面，用来标识循环结构。一旦内层循环执行了带标号的 continue 语句，程序的执行流程就跳转到标号处的外层循环，具体如下：对于 while 和 do-while 循环，跳转到条件表达式 2；对于 for 循环，跳转至表达式 3。下面分别举例说明。

【例 4-12】演示 continue 语句的作用(一)。素材

```
public class Test
{
public static void main(String[] args)
    {   int  s=0,i=0;
        do
        { i++;
          if (i%2!=0)
             continue;
          s+=i;
        }while(s<50);
       System.out.println("s="+s);
    }
}
```

编译并运行程序，结果如下：

```
s=56
```

在上述程序中，do-while 循环用于计算偶数 2、4、6…的累加和，条件是和小于 50，最后退出循环结构时，累加和为 56。其中的 continue 语句表示当遇到奇数时，跳过不予累加。i++语句与 if 条件语句的位置不能对调，否则会使程序陷入死循环，请读者自行分析一下。

【例 4-13】演示 continue 语句的作用(二)。 素材

```
public class Test
{    public static void main(String[] args)
     {  int i,j;
        label:
        for(i=1;i<=200;i++)               //查找 1～200 以内的素数
        {   for(j=2;j<i;j++)              //检验是否满足素数条件
               if (i%j==0)                //不满足
                   continue label;        //跳过后面不必要的检验
            System.out.print(" "+i);      //打印素数
        }
     }
}
```

编译并运行程序，结果如下：

```
1 2 3 5 7 11 13 17 19 23 29 31 37 41 43 47 53 59 61 67 71 73 79 83 89 97 101 103 107 109 113 127 131 137
139 149 151 157 163 167 173 179 181 191 193 197 199
```

当内层循环检验到 if 条件表达式 i%j==0 为 true 时，表明除了 1 和自身 i 外，i 还能被其他整数整除，因而 i 肯定不是素数。这时就没有必要继续循环判断下去了，于是通过 continue label;语句将程序的执行流程跳转至外层循环的表达式 3(i++)处，继续进行下一个数的判断。

知识点滴

break 及 continue 跳转语句的使用，使得程序流程设计变得更灵活，但同时也给编程人员增加了分析负担，建议少用、慎用。

学会分析程序的执行流程是掌握程序设计的关键和基础，建议初学者读透本章的例子，从而为后面的学习打下良好的基础。

4.4　上机练习

目的：掌握 while、do-while 和 for 语句。

内容：分别使用 while、do-while 和 for 语句，找出 1000 以内所有的水仙花数并输出。水仙花数是这样一种三位数，它的各位数字的立方和等于这个三位数本身，例如 $371=3^3+7^3+1^3$，371 就是一个水仙花数。

提示：使用 while 语句的话，关键代码如下。

```
while(x<1000){
    a=x%10;
    b=(x%100-a)/10;
    c=(x-x%100)/100;
    if(a*a*a+b*b*b+c*c*c==x) System.out.println(x);
    x+=1;
}
```

第5章

方　法

方法是所有程序设计语言中的重要概念之一，同时也是实现结构化程序设计的核心，而结构化程序设计又是面向对象程序设计的基础，因此本章将对方法的概念、定义、调用以及局部变量等详细地进行介绍，希望读者能够好好掌握，理解结构化程序设计的思想，同时也为后面学习面向对象编程技术打下良好基础。

5.1 方法的概念和定义

在一个程序中，相同的程序段可能会多次重复出现，为了减少代码量和降低出错概率，在进行程序设计时，一般将这些重复出现的程序段单独提炼出来，写成子程序的形式，以供多次调用。这类子程序在 Java 语言中叫作方法，有些编程语言则称之为过程或函数，尽管叫法不同，但实质是一样的。

方法的引入不仅可以减少冗余代码，而且可以提高程序的可维护性，更重要的则是能够方便人们把大型的、复杂的问题分解成若干较小的子问题，从而实现分而治之。把一个大程序分解成若干较短、较容易编写的小程序，能够程序结构变得更加清晰，可读性也大大提高了，同时也使整个程序的调试、维护和扩充变得更加容易。此外，方法的使用能大大节省存储空间及编译时间。

当某个子程序仍然比较复杂时，还可以进一步再划分子程序。也就是说，方法仍然可以调用其他子方法，这就是所谓的方法嵌套。

方法是 Java 语言中的重要概念之一，也是实现结构化程序设计的主要手段，结构化程序设计是面向对象程序设计的基础，因此掌握方法对学好 Java 非常重要，方法是 Java 类的重要组成成员。其实在前面的章节中，我们已经接触过方法，比如 main()方法，以及 Java 开发类库提供的一些标准方法(像 System.out.println()这样的标准输出方法)。此外，Java 语言还允许编程人员根据实际需要自行定义其他方法，我们把这类方法称为用户自定义方法，本章将重点介绍如何定义和使用用户自定义方法。

在介绍用户自定义方法之前，我们先来看如下示例：

```
/*
    函数功能:        计算平均数
    函数入口参数:    整型变量 x，存储第一个运算数
                     整型变量 y，存储第二个运算数
    函数返回值:      平均数
*/
int Average(int x, int y)
{
  int result;
  result = (x + y) / 2;
  return result;
}
```

开头的 int 表示方法的返回值类型为整型，Average 是方法的名称，简称方法名。通常方法名的第一个字母要大写，并且命名要求能尽量体现方法的功能，以提高程序的可读性。圆括号内的整型变量 x 和 y 之间用逗号隔开，它们被称作方法的形式参数，简称形参。形参在定义时没有实际的存储空间，只有在被调用后，系统才为其分配对应的存储空间。我们把上述程序的第一行称为方法头，如果在方法头的后面加上分号，则称之为方法原型，用于对方法进行声明。大括号中的内容称为方法体，方法体一般都会有 return 语句，用以将程序的执行流程返回至调用处，并带回

(若有的话)相应的返回值。上述方法的功能是求解两个整数的平均数，只要程序有需要，就可以反复对方法进行调用，就像之前我们经常反复调用标准输出方法 System.out.println () 一样。

用户自定义方法的一般形式如下：

```
返回值类型 方法名(类型 形式参数 1, 类型 形式参数 2, …)
{
 方法体
}
```

对于以上一般形式，以下几点需要特别注意：

(1) 如果不需要形式参数，参数表(位于方法头的圆括号中)就空着。

(2) 返回值类型与 return 语句要匹配，换言之，return 语句后面的表达式类型必须与返回值类型一致。另外，如果不需要返回值，则应该使用 void 定义返回值类型，同时 return 语句之后不需要任何表达式。

(3) 一个方法中可以有多条 return 语句，方法执行到其中的任何一条 return 语句时，都会终止方法的执行，并返回到调用这个方法的地方。void 类型的方法也允许方法中没有任何 return 语句，此时，只有当执行完整个方法体(碰到方法体的右大括号)时，程序才返回到调用这个方法的地方。

(4) 方法内部可以定义只能自己使用的变量，称为局部变量(或内部变量)，比如上述 Average()方法中的整型变量 x、y 以及 result，它们都是局部变量，只在 Average()方法中有效。也可以说，x、y 以及 result 变量的作用域仅限于从定义它们的地方开始，直到方法体结束。关于局部变量的概念，我们将在后续章节中与静态变量一起详细叙述。

(5) 局部变量的值将在方法被调用时由实际参数传入确定。

下面举几个关于方法定义的实例。

【例 5-1】不带任何参数，同时也没有返回值的方法示例。 素材

```
void  Print_wang( )
{
    System.out.println("********");
    System.out.println("    *    ");
    System.out.println("    *    ");
    System.out.println("********");
    System.out.println("    *    ");
    System.out.println("    *    ");
    System.out.println("********");
}
```

上述方法的功能是输出由星号组成的“王”字。

【例 5-2】带参数但没有返回值的方法示例。 素材

```
void  Print_lines(int i)
{
   for(int j=0;j<i;j++)
      System.out.println("********");
}
```

上述方法的功能是输出若干行的星号，行数由参数 i 决定。

【例 5-3】已知三角形的三条边长，定义用来求三角形面积的方法。 素材

提示：面积 $=\sqrt{s(s-a)(s-b)(s-c)}$。

其中，$s=\dfrac{a+b+c}{2}$。

```
double  Area(double a,double b,double c)
```

```
{
    double s,area;
    s = (a+b+c)/2;
    area = Math.sqrt(s*(s-a)*(s-b)*(s-c));
    return area;
}
```

上述方法以三角形的三条边长为参数，在方法体中计算三角形的面积，并作为返回值返回。

【例 5-4】定义求圆面积的方法。素材

```
double  Circle(double radius)
{
    double area;
    area = 3.14*radius*radius;
    return area;
}
```

方法定义好之后，下面将要介绍的就是使用方法，也就是方法的调用。

5.2 方法的调用

在程序中，可通过对方法进行调用来执行方法体，过程与其他编程语言的函数(子程序)调用类似。在 Java 语言中，方法调用的一般形式如下：

```
方法名(实际参数表)
```

在对无参方法进行调用时，只要写上圆括号即可。实际参数表中的参数可以是常数、变量或其他构造类型的数据及表达式，各实参之间用逗号隔开，注意实参要与形参对应。

5.2.1 调用方式

在 Java 中，有以下几种方式可用来调用方法。

(1) 方法表达式：方法作为表达式中的一项出现在表达式中，以方法的返回值参与表达式的运算。这种方式要求方法有返回值，例如 result=Average(a,b)是一个赋值表达式，它把 Average()方法的返回值赋予变量 result 并保存起来，供后面再次使用。下面看一下例 5-5。

【例 5-5】调用 Average()方法(一)。素材

```
public class Test
{
    static int Average(int x, int y)
    {
        int result;
        result = (x + y) / 2;
        return result;
    }
    public static void main(String args[ ])
    {
        int a = 12;
        int b = 24;
        int ave = Average(a, b);
        System.out.println("Average of  "+ a +" and "+b+" is "+ ave);
```

```
    }
}
```

(2) 方法语句：把方法调用作为语句使用，例如以下语句就是以方法语句的方式调用方法的。

```
System.out.println("Welcome to Java World.");
Average(10,20);
```

【例 5-6】调用例 5-1 中的 Print_wang()方法。素材

```
public class Test
{
    static void Print_wang()
    {
        System.out.println("********");
        System.out.println("    *    ");
        System.out.println("    *    ");
        System.out.println("********");
        System.out.println("    *    ");
        System.out.println("    *    ");
        System.out.println("********");
    }
    public static void main(String args[ ])
    {
        Print_wang();
    }
}
```

(3) 方法参数：方法作为另一个方法调用的实际参数出现。在这种方式下，方法的返回值可作为实参进行传递，因此要求方法必须有返回值。例如，System.out.println("average of a and b is:"+Average(a,b));就是把 Average()方法调用的返回值作为标准输出方法 System.out.println()的实参来使用的，请看例 5-7。

【例 5-7】调用 Average()方法(二)。素材

```
public class Test
{
    static int Average(int x, int y)
    {
        int result;
        result = (x + y) / 2;
        return result;
```

```
    }
    public static void main(String args[ ])
    {
        int a = 12;
        int b = 24;
        System.out.println("Average of    "+ a +" and "+b+" is "+ Average(a, b));
    }
}
```

与例 5-5 相比，这里避免了为 ave 变量分配内存空间，而是直接将 Average()方法的返回值在标准输出方法中进行输出。

在前面的几个例子中，用户自定义方法都写在main()方法的前面，能否将它们写在main()方法的后面呢？我们再来看一下例 5-8。

【例 5-8】调用求三角形面积的方法。素材

```
public class Test
{
    public static void main(String[] args)
    {
        double    a=3,b=4,c=5;    //三角形的三条边
        double area;              //三角形的面积
        area = Area(a,b,c);       //调用方法求三角形的面积
        System.out.println("三角形的面积为："+area);
    }
    //定义求三角形面积的方法
    static double Area(double a,double b,double c)
    {
        double s,area;
        s = (a+b+c)/2;
        area = Math.sqrt(s*(s-a)*(s-b)*(s-c));
        return area;
    }
}
```

编译并运行程序，结果如下：

```
三角形的面积为：6.0
```

由上述程序可知，当把用户自定义方法放在 main()方法的后面定义时，程序不需要任何声明，照样能正确运行。Java 语言的这个特点，不妨称之为超前引用。其他编程语言(如 C 语言)是不支持超前引用的，如果把用户自定义方法放在 main()方法的后面定义，则必须在 main()方法之前添加原型声明，否则程序无法通过编译。

此外，需要指出的是，上述例子中的用户自定义方法在定义时都需要添加 static 关

键字，否则程序将产生编译错误。原因在于main()方法本身是静态方法，Java 规定，任何静态方法不得调用非静态方法。关于 static 关键字，后面章节将专门进行讲述，在此不予展开讨论。

5.2.2　参数传递

当对有参数的方法进行调用时，实参将会被传递给形参，这也是实参与形参相结合的过程。参数是方法调用时进行信息交换的渠道之一，方法的参数分为形参和实参两种。形参出现在方法的定义中，在整个方法体内都可以使用，离开方法后则不能使用；实参出现在主调方法中，进入被调方法后，实参也不能使用。形参和实参的功能是进行数据传递。进行方法调用时，主调方法把实参的值传递给被调方法的形参，从而实现主调方法传递数据给被调方法。

方法的形参与实参具有以下特点：

(1) 形参变量只有在方法被调用时才分配内存空间，在调用结束后，便会“释放”占用的内存空间。因此，形参只在方法内有效。方法调用返回主调方法后，就不能再使用形参变量了。方法内部自定义的(局部)变量也是如此。

(2) 实参可以是常量、变量、表达式，甚至是方法等，无论实参是何种类型的量，在进行方法调用时，都必须具有确定的值，以便把这些值传递给形参。因此，应预先通过赋值、输入等操作使实参具有确定的值。

(3) 实参和形参在数量、类型以及顺序上应严格一致，否则会产生“类型不匹配”错误，在调用方法时务必注意。

(4) 方法调用中的数据是单向传递的，只能把实参的值传递给形参，而不能把形参的值反向传递给实参。因此，在方法调用过程中，如果形参的值发生改变，那么实参的值是不会跟着改变的。下面请看例 5-9。

【例 5-9】演示形参与实参之间的数据传递。

```
public class Test
{
  static void Swap(int x,int y)
   {
       int temp;
       temp=x;
       x=y;
       y=temp;
       System.out.println("x="+x+",y="+y);
   }
   public static void main(String[] args)
   {
      int x=10,y=20;
      Swap(x,y);

      System.out.println("x="+x+",y="+y);
   }
}
```

编译并运行程序，结果如下：

```
x=20,y=10
x=10,y=20
```

从输出结果可知：方法调用中发生的数据传递是单向的，形参的值发生改变后，对实参的值没有任何影响。下图解释了这一点。

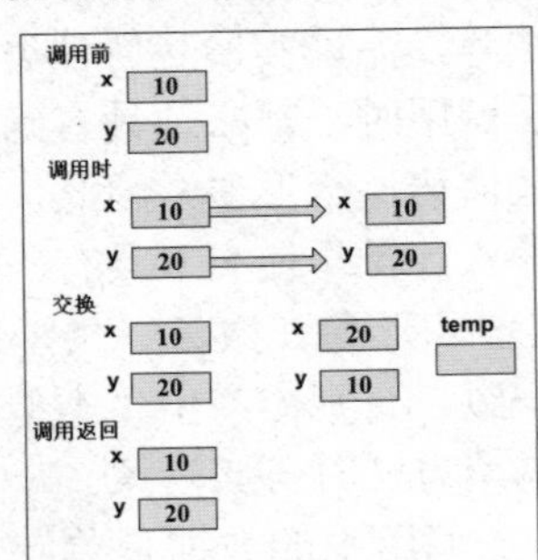

上述程序在执行时，Java 虚拟机首先会找到程序的 main()方法，然后从 main()方法中依次取出代码加以执行。当执行到 Swap(x,y);语句时，程序就会跳转至 Swap(int x, int y)方法的内部，先把实参(x,y)(此时为(10,20))分别赋值给形参(int x, int y)，接着在 Swap()方法内对形参的值进行交换，并输出交换后形参的值。最后，Swap()方法调用结束后，返回 main()方法，对 main()方法中的(局部)变量(作为实参的 x 和 y 变量)进行输出，这就是方法的参数传递的整个过程。在此过程中，同名的 x、y 变量值的变化如左图所示。

在此提醒初学者，在不同的方法中可以定义同名变量，它们之间是独立的，具有不同的存储空间，并且存储空间仅在方法被调用时才分配，在方法结束后就释放。

5.2.3 返回值

带返回值的方法的一般形式如下：

```
返回值类型 方法名(类型 形参 1, 类型 形参 2, …)
{
    方法体
    return 表达式;
}
```

方法的返回值是指方法在被调用之后，通过执行方法体中的程序段取得的并通过 return 语句返回给主调方法的值，如调用求平均数方法获得的平均值，调用例 5-8 中的 Area()方法取得的三角形面积，等等。方法的返回值是被调方法与主调方法进行信息沟通的主要渠道之一。对于方法的返回值，请注意以下说明。

(1) 方法的返回值只能通过 return 语句返回给主调方法。

return 语句的一般形式如下：

```
return 表达式;
```

也可以是以下形式：

```
return (表达式);
```

return 语句的功能是计算表达式的值，并将其作为方法的返回值返回给主调方法。一个方法中允许有多条 return 语句，但每次方法调用只能有一条 return 语句被执行，因为一旦执行了 return 语句，程序的执行流程便立即返回到主调方法的调用处。由此可见，一次方法调用最多只能返回一个方法值。

(2) 方法内部返回值的数据类型和方法定义中方法的返回值的数据类型应该保持一致。如果两者不一致，则以方法定义中的类型为准，并自动进行强制类型转换。

(3) 不返回方法值的方法，可以明确定义为“空类型”，类型说明符为 void。例如，例 5-2 中的 Print_lines()方法并不向主调方法返回任何值，因此可以定义为 void 类型：

```
void Print_lines( )
{
…
}
```

一旦方法被定义为空类型后，就不能在被调方法中使用“return 表达式;”语句给主调方法返回方法值了，而只能写入单独的 return 语句。换言之，只能将程序跳转至调用方法处，不带返回值。特别地，如果 return 语句位于方法的最后，那么可以将其省略。另外，不带返回值的方法调用不能出现在赋值语句的右边。例如，将例 5-5 的 Average()方法定义为空类型后，主调方法中的 int ave = Average(a, b);语句就是错误的。为了使程序具有良好的可读性并减少出错可能，凡是不需要返回值的方法最好都定义为空类型。

5.2.4 方法的嵌套及递归

1. 方法的嵌套

Java 语言不允许出现嵌套的方法定义，因此各方法之间的关系是平行的，不存在上级方法和下级方法之分。但是，Java 语言允许在一个方法的定义中调用另一个方法，我们把这种情况称为方法的嵌套(调用)，也就是在被调方法中又调用了其他方法。这与其他语言中子程序的嵌套是类似的，关系示意如下图所示。

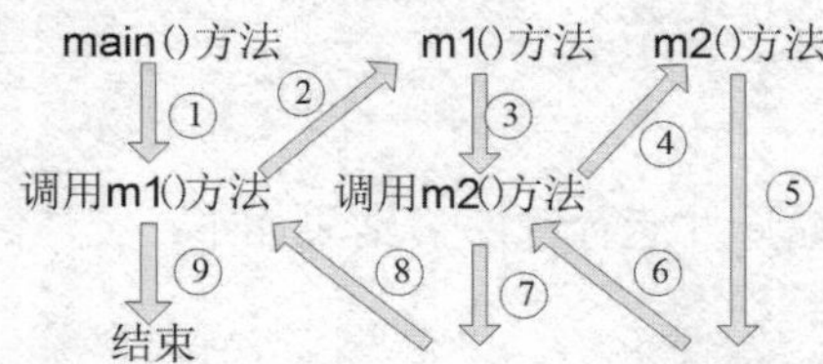

上图描述了两层嵌套的情形。执行过程如下：执行 main()方法中调用 m1()方法的语句时，程序转而执行 m1()方法，在 m1()方法中调用 m2()方法时，又转而执行 m2()方法，m2()方法执行完毕后，返回 m1()方法的断点处继续执行，m1()方法执行完毕后，才返回 main()方法的断点处继续执行。方法的嵌套(调用)在较大的程序中经常用到，应注意分析执行流程，确保逻辑正确。请看例 5-10。

【例 5-10】演示方法的嵌套(调用)。 素材

```
public class Test
{
    static int m1(int a ,int b)
    {
        int c;
        a+=a;
        b+=b;
        c=m2(a,b);
        return(c*c);
    }
    static int m2( int a,int b)
    {
        int c;
        c=a*b%3;
```

```
        return( c );
    }
    public static void main(String[] args)
    {
        int x=1,y=3,z;
        z= m1(x,y);
        System.out.println("z="+z);
    }
}
```

编译并运行程序，结果如下：

```
z=0
```

请读者自行分析上述程序的执行过程。下面再来看一个方法嵌套的例子，如例 5-11 所示。

【例 5-11】定义一个求圆柱体体积的方法，要求利用例 5-4 中求圆面积的方法来实现，并在 main()方法中进行验证。素材

```
public class Test
{
    static double Circle(double radius)
    {
        double area;
        area = 3.14*radius*radius;
        return area;
    }
    static double Cylinder(double r,double h)
    {
        double vol;
        vol = Circle(r)*h;
        return vol;
    }
    public static void main(String[] args)
    {
        double r=5.5,h=30,v;
        v = Cylinder(r,h);
        System.out.println("底面半径为"+r+"、高度为"+h+"的圆柱体体积："+v);
    }
}
```

编译并运行程序，结果如下：

```
底面半径为5.5、高度为30.0的圆柱体体积：2849.55
```

2. 递归

一个方法在自己的方法体内调用方法自身的情况称为递归调用，这是一种特殊的嵌套调用，这样的方法称为递归方法。Java 语言允许对方法进行递归调用。在递归调用中，递归方法既是主调方法又是被调方法。执行递归方法时将反复调用方法自身，每调用一次就进入新的一层。

查看如下 m()方法：

```
int m(int x)
{       int y;
        z=m(y);
        return z;
}
```

这个方法就是递归方法，但是运行后将无休止地调用 m()方法自身，这当然是不正确的。为了防止递归调用无休止地进行，必须在方法内设置终止递归调用的条件。常用的办法是添加条件判断，满足某种条件后就不再进行递归调用，而是逐层返回。下面举例说明递归方法的执行过程，如例 5-12 所示。

【例 5-12】使用递归方法计算 *n* 的阶乘。 素材

$n!$可以使用下列公式递归表示：

$n!=1$　　　　　　$(n=0,1)$

$n!=n\times(n-1)!$　　　$(n>1)$

根据上述公式，可以编写如下递归程序：

```
import java.io.*;
public class Test
{
    static long factorial(int n)
    {
        long f=0;
        if(n<0)
            System.out.println("n<0,input error");
        else if(n==0||n==1)
            f=1;
        else
            f=factorial(n-1)*n;
        return f;
    }
  public static void main(String[] args) throws IOException
  {
      int n;
      long r;
      InputStreamReader reader=new InputStreamReader(System.in);
      BufferedReader input=new BufferedReader(reader);
      System.out.print("请输入一个正整数：");
```

```
            String temp=input.readLine();
            n = Integer.parseInt(temp);
            r=factorial(n);
            System.out.println(n+"的阶乘等于"+r);
    }
}
```

编译并运行程序，结果如下：

```
请输入一个正整数：5(回车)
5 的阶乘等于 120
```

以上程序中的 factorial()方法就是一个递归方法。main()方法在调用 factorial()方法后即进入 factorial()方法内执行。如果 *n*<0、*n*=0 或 *n*=1，那么结束方法的执行，否则就递归调用 factorial()方法自身。由于递归调用的实参为 *n* - 1，也就是把 *n* - 1 的值赋予形参 *n*，最后当 *n* - 1 的值为 1 时再次进行递归调用，形参 *n* 的值也为 1，从而终止递归，而后即可逐层返回上一层方法调用。

下面具体看一下，如果执行以上程序时输入的整数为 5，求 5!的递归调用过程如下：main()方法中的调用语句为 y = factorial(5)，进入 factorial()方法后，由于 *n*=5，*n* 不等于 0 或 1，因而执行 *f*=factorial(*n* - 1)* *n*，于是 *f*= factorial(5 - 1)×5;，对 factorial()方法进行递归调用，进行四次递归调用后，factorial()方法的形参取得的值变为 1，因而不再继续递归调用，而是开始逐层返回主调方法；factorial(1)的方法返回值为 1，factorial(2)的方法返回值为 1×2=2，factorial(3)的方法返回值为 2×3=6，factorial(4)的方法返回值为 6×4=24，最后 factorial(5)的方法返回值为 24×5=120，因此输出结果为 5！=120。

例 5-12 也可以不采用递归的方式来完成，比如可以采用递推法，从 1 开始，乘以 2，再乘以 3，…，直到乘以 *n*。递推法比递归法一般更容易理解和实现，但是对于有些问题却只能用递归法来实现，比如著名的汉诺塔(Hanoi)问题，如例 5-13 所示。

【例 5-13】求解汉诺塔问题。 素材

假设地上有 A、B、C 三个底座。A 底座上套有 64 个大小不等的圆盘，大的在下、小的在上，依次摆放，如下图所示。要把这 64 个圆盘从 A 底座移动到 C 底座上，且每次只能移动一个圆盘，移动时可以借助 B 底座进行。但无论任何时候，任何底座上的圆盘都必须保持大的在下、小的在上。试给出移动步骤。

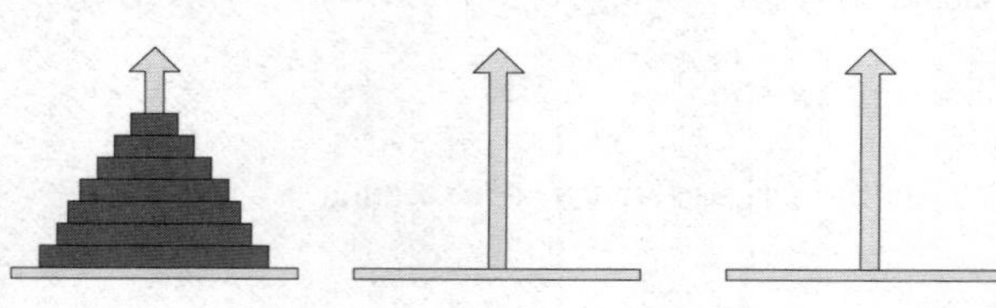

汉诺塔问题

首先分析一下问题，假设 A 底座上有 *n* 个盘子。

如果 *n*=1，就将圆盘从底座 A 直接移动到底座 C 上。

如果 *n*=2，那么执行如下步骤。

(1) 将底座 A 上的 $n-1$(等于 1)个圆盘移到底座 B 上。

(2) 再将底座 A 上的一个圆盘移到底座 C 上。

(3) 最后将底座 B 上的 $n-1$(等于 1)个圆盘移到底座 C 上。

如果 n=3，那么执行如下步骤。

(1) 将底座 A 上的 $n-1$(等于 2，令其为 n`)个圆盘移到底座 B 上(借助于底座 C)，具体分为如下几个子步骤。

- 将底座 A 上的 n` - 1(等于 1)个圆盘移到底座 C 上。
- 将底座 A 上的一个圆盘移到底座 B 上。
- 将底座 C 上的 n` - 1(等于 1)个圆盘移到底座 B 上。

(2) 将底座 A 上的一个圆盘移到底座 C 上。

(3) 将底座 B 上的 $n-1$(等于 2，令其为 n`)个圆盘移到底座 C 上(借助于底座 A)，具体分为如下几个子步骤。

- 将底座 B 上的 n` - 1(等于 1)个圆盘移到底座 A 上。
- 将底座 B 上的一个圆盘移到底座 C 上。
- 将底座 A 上的 n` - 1(等于 1)个圆盘移到底座 C 上。

到此，完成 3 个圆盘的移动过程。

通过上面的分析可以看出，当 n 大于或等于 2 时，移动过程可以分解为如下 3 个子步骤。

第一步：把底座 A 上的 $n-1$ 个圆盘移到底座 B 上。

第二步：把底座 A 上的一个圆盘移到底座 C 上。

第三步：把底座 B 上的 $n-1$ 个圆盘移到底座 C 上，其中第一步和第三步十分相似。

当 n=3 时，第一步和第三步又分解为类似的三步，也就是把 n` - 1 个圆盘从一个底座移到另一个底座上，这里的 $n$`=$n-1$。由此可见，这是一个不断递归的过程，因此算法可以如下编写：

```
import java.io.*;
public class Test
{
    static void move(int n,char x,char y,char z)
    {
        if(n==1)
            System.out.println(x+"→"+z);
        else
            {
                move(n-1,x,z,y);
                System.out.println(x+"→"+z);
                move(n-1,y,x,z);
            }
    }
  public static void main(String[ ] args) throws IOException
```

```
    {
        int n;
        InputStreamReader reader=new InputStreamReader(System.in);
        BufferedReader input=new BufferedReader(reader);
        System.out.print("Please input a number：");
        String temp=input.readLine();
        n = Integer.parseInt(temp);
        System.out.println("the steps to move "+n+" disks：");
        move(n,'a','b','c');
    }
}
```

在上述程序中，move()方法是递归方法，它有 4 个形参：*n*、*x*、*y*、*z*。其中，*n* 表示圆盘数，*x*、*y*、*z* 分别表示 3 个底座。move()方法的功能是把 *x* 上的 *n* 个圆盘移到 *z* 上。当 *n*==1 时，直接把 *x* 上的圆盘移到 *z* 上，输出 *x*→*z*。如果 *n*!=1，则分为三步：递归调用 move()方法，把 *n*−1 个圆盘从 *x* 移到 *y* 上；输出 *x*→*z*；递归调用 move()方法，把 *n*−1 个圆盘从 *y* 移到 *z* 上。在递归调用过程中，*n*=*n*−1，故 *n* 的值逐次递减，最后 *n*=1 时，终止递归方法，逐层返回。当 *n*=4 时，程序的执行结果如下：

```
Please input a number：4
the steps to move 4 disks：
a→b
a→c
b→c
a→b
c→a
c→b
a→b
a→c
b→c
b→a
c→a
b→c
a→b
a→c
b→c
```

例 5-14 展示了使用非递归方式实现的计算 *n* 的阶乘的方法。

【例 5-14】使用非递归方式计算 *n* 的阶乘。 素材

```
int FactorialByLoop(int n)
{
```

```
    int i = 1;
    int jc = 1;
    while (i <= n)
    {
        jc *= i;
        i++;
    }
    return jc;
}
```

n！=*n**(*n* - 1)×(*n* - 2)×…×1，从循环的角度看，只要循环 *n* 次，每次将循环控制变量 i 的值累乘起来即可得到阶乘值。虽然也可以采用例 5-12 中的递归方法来计算 *n* 的阶乘，但相比之下，非递归程序的执行效率要比递归程序高很多(不用反复进栈、出栈)，因此建议读者当程序对实时性要求较高时，尽量采用非递归方式解决问题。

5.3 变量的作用域

在讨论方法的形参变量时曾经提到，形参变量只有在被调用时才分配内存空间，调用结束时便立即“释放”。这一点表明：形参变量只有在方法内部才有效，离开方法就不能再使用了。这种变量的有效范围称为变量的作用域。不仅形参变量，Java 语言中所有的变量都具有相应的作用域。变量的声明方式不同，作用域也不同。Java 中的变量，按作用域范围及生命周期可分为 3 种：局部变量、静态变量以及类的成员变量。静态变量和类的成员变量将后续章节中详细介绍，下面仅介绍一下局部变量的概念。

局部(动态)变量又称内部变量，局部变量是在方法内部定义的，你在各个方法(包括 main() 方法)中定义的变量以及方法的形式参数均为局部变量，作用域仅限于方法内部，离开方法后再使用就是非法的，因为它们已经被“释放”不存在了。

例如：

```
int m1(int a) /*方法 m1()*/
{   int b,c;
    …
}

int m2(int x) /*方法 m2()*/
{   int y,z;
    …
}

public static void main(String args[])   /*主方法 main()*/
{   int m,n;
    …
}
```

以上代码在方法 m1()中定义了 3 个变量：a 为形参变量，b、c 为一般变量，它们均属于局部变量。在 m1()方法内部，变量 a、b、c 有效，或者说变量 a、b、c 的作用域仅限于 m1()方法内部。同理，变量 x、y、z 的作用域限于 m2()方法内部。变量 m、n 的作用域仅限于 main()方法内部。关于局部变量的作用域，请读者注意以下几点。

(1) main()方法中定义的变量只能在 main()方法中使用，不能在其他方法中使用。同样，main()方法也不能使用其他方法中定义的变量。main()方法也是方法，它与其他方法是并列关系，这一点应特别注意。

(2) 形参变量是属于被调方法的局部变量，而实参变量则是属于主调方法的局部变量。

(3) Java 允许在不同的方法中使用相同的变量名，它们代表不同的对象，分配有不同的内存空间，互不干扰，也不会发生混淆，各自在自己的作用域内发挥作用。比如在进行方法调用时，形参和实参的变量名均为 x，这是允许的。

(4) 在复合语句中也可以定义变量，作用域仅限于复合语句范围内，如例 5-15 所示。

【例 5-15】在复合语句中定义的变量的作用域。

素材

```
public static void main(String args[])
{   int s,a;
    …
    {
      int b;
      s=a+b;
      … /*变量 b 的作用域*/
    }
    …
}
```

在上面的例子中，变量 s、a 的作用域为：从定义后开始直到 main()方法结束。但是对于复合语句中定义的变量 b，其作用域仅限于复合语句范围内。需要注意的是，将变量 b 改名为 a 是不允许的，因为 Java 语言的设计者认为这样做会使程序产生混淆，编译器认为变量 a 已在外层定义，因而不能在内层的复合语句中再次重复定义。然而对于其他语言，如 C/C++，则允许存在两个重名的变量 a。

5.4 上机练习

目的：掌握方法的定义和调用。

内容：定义三个方法，分别使用 while、do-while 和 for 语句实现求 *n* 以内所有的水仙花数并输出。要求 *n* 以参数形式给出，并在 main()方法中对这三个方法分别进行调用测试。

第 6 章

数　组

本章将学习一种新的数据类型——数组，读者应掌握数组的概念、声明、创建及应用等，此外还应理解数组作为方法参数传递时的应用及特点。

6.1 数组的概念

数组是 Java 语言以及其他程序设计语言中一种重要的数据结构，它不同于前面介绍的 8 种基本数据类型，当处理一系列相同类型的数据时，利用数组进行操作将显得非常方便，本节就向读者介绍这一非常有用的数据类型。

在解决现实问题时，经常需要处理一批类似的数据，比如对 6 位同学的成绩进行处理。如果利用基本数据类型的话，就必须定义 6 个变量：result1、result2、result3、result4、result5 和 result6。如果有 60 位同学，那就需要定义 60 个基本数据类型的变量了，这会给编程人员带来很多麻烦。

为了便于处理一批类型相同的数据，Java 语言引入了数组类型，以处理诸如线性表、矩阵等结构化数据。数组类型是由其他基本数据类型按照一定的组织规则构造出来的带有分量的构造类型，换言之，数组是由具有相同类型的分量组成的数据结构，其中每个分量称为数组的一个元素，每个分量同时也都是一个变量，为了区分于一般变量，不妨称之为下标变量。下标变量在数组中所占的位置序号称为下标，下标规定了数组元素的排列次序。因此，使用数组名和下标就可以确定一个数组元素，而不必为每个元素都起名字，从而简化了程序书写并提高了代码的可读性。例如，在定义数组 result 后，60 位同学的成绩就可以分别使用 result[0]、result[1]、result[2]、…、result[57]、result[58]、result[59]来表示。

在 Java 中，数组是一种特殊的对象，数组与对象的使用一样，都需要定义、创建和释放。数组可以使用 new 操作符来获取所需的存储空间，或者使用直接初始化的方式来创建，对存储空间的释放则由垃圾收集器自动完成。

数组作为一种特殊的数据类型，有以下特点：首先，数组中的每个元素都具有相同的数据类型；其次，数组中的这些数据类型相同的元素可通过数组下标来标识，并且下标从 0 开始；最后，数组元素在内存中是连续存放的。

6.2 数组的声明和创建

本节将介绍常用的一维数组和二维数组的声明与创建。

1. 一维数组

一维数组的声明格式如下：

```
数据类型 [] 数组名;
```

或

```
数据类型  数组名[];
```

其中，数据类型指明了数组中各元素的数据类型，包括基本数据类型和构造类型(如数组或类)；数组名应该是合法的 Java 标识符；中括号表明这是数组类型的变量。例如：

```
short [] x;
```

或

```
short  x[];
```

以上两种格式都是正确的，它们都表示声明了一个短整型的数组，数组名为 x，数组中的每个元素均为短整型。需要注意的是，Java 语言在定义数组时，不能指定数组元素的个数。下面的语句是错误的：

```
short  x[60];
```

数组元素的个数应该在创建时指定，这一点与其他一些编程语言不同。那么，如何创建数组呢？Java 语言规定，创建数组的方式有两种：初始化方式和 new 操作符方式。

初始化方式是指直接给数组的每个元素指定初始值，系统自动根据给出的数据个数为数组分配相应的存储空间，这种创建方式适用于数组元素较少的情形。其一般形式如下：

```
数据类型  数组名[ ] = {数据 1，数据 2，…，数据 n}；
```

例如，下面的语句定义并创建了一个含有6个元素的短整型数组以及一个含有6个元素的字符数组：

```
short   x[ ] = {1，2，3，4，5，6}；
char    ch[ ] = {'a'，'b'，'c'，'d'，'e'，'f'}；
```

然而，先定义数组，再初始化数组是错误的。比如上述语句如果改写成下面的形式，则是错误的：

```
short   x[ ]；
x = {1，2，3，4，5，6}；//编译出错
```

对于数组元素较多的情况，使用初始化方式显然不妥，此时就应采用 new 操作符方式，其一般形式如下：

```
数据类型  数组名[ ] = new  数据类型[元素个数]；
```

或

```
数据类型  数组名[ ]；
数组名= new  数据类型[元素个数]；
```

利用new操作符方式创建的数组元素会根据数组的数据类型被自动初始化为默认值：对于整型，默认值为 0；对于浮点型，默认值为 0.0；对于布尔型，默认值为 false；等等。当然，在创建完数组后，用户也可以通过正常的访问方式对数组元素进行赋值，例如：

```
short   x[ ] = new short[6]；
x[0] = 9；
x[1] = 8；
x[2] = 7；
x[3] = 6；
x[4] = 5；
x[5] = 10；
```

数组 x 有 6 个元素，因此下标为 0～5，千万不要对其他下标的元素进行访问，x[6]、x[10]等都会发生数组下标越界错误。通常，我们将数组的元素个数称为数组的长度，可以通过数组对象的 length 属性来获取，例如下面的程序段：

```
short x[ ] = new short[6];
int len = x.length;
for(int i=0;i<len;i++)         //通过循环给每个数组
                               //元素赋值
   x[i]=i*2;
for(int i=0;i<len;i++)         //通过循环输出每个数
                               //组元素的值
   System.out.print(x[i] + "    ");
```

运行结果如下：

```
0   2   4   6   8   10
```

由此可见，利用数组对象的 length 属性可以方便地遍历数组的每一个元素。

2. 二维数组

二维数组的声明格式如下：

```
数据类型  [ ] [ ]  数组名；
```

或

```
数据类型  数组名[ ] [ ]；
```

其中，数据类型和数组名的含义与一维数组相同，所不同的是多了一对中括号。例如：

```
short   [ ] [ ] x；
float   y [ ] [ ]；
```

以上代码分别声明了二维短整型数组 x 和二维单精度浮点型数组 y。与一维数组一

样，声明二维数组时也不能指定具体的长度。一般习惯上将第一对中括号称为数组的“行维”，将第二对中括号称为数组的“列维”。相应地，访问二维数组的元素时，需要同时提供行下标和列下标。

创建二维数组同样有两种方式：初始化方式和 new 操作符方式。例如：

```
short   [ ] [ ] x = {{1,2,3},{4,5,6},{7,8,9}};
float    y [ ] [ ]={{0.1,0.2},{0.3,0.4,0.5},{0.6,0,7,0.8,0.9}};
```

上述语句采用初始化方式创建了两个二维数组，其中 x 为 3 行 3 列的等长数组；而 y 为非等长数组，第 1 行有 2 列，第 2 行有 3 列，第 3 行则有 4 列。初学者应该注意的是，Java 语言支持非等长数组并不代表其他语言也支持，其实很多语言，如 C、Pascal 等就不支持。

上述二维数组如果使用 new 操作符方式来创建，则数组 x 的创建语句如下：

```
short [ ] [ ] x = new short[3][3];
```

数组 y 的创建语句则相对复杂一些：

```
float   y [ ] [ ]= new float[3][];
y[0] = new float[2];
y[1] = new float[3];
y[2] = new float[4];
```

由此可见，非等长数组由于各列的元素个数不同，因此只能采取各列分别创建的方式，显然这种写法稍微烦琐一些。

创建了二维数组以后，就可以对数组元素进行访问了，前面说过，访问二维数组元素需要同时提供行下标和列下标，例如：

```
x[0][0] = 1;      x[0][1] = 2;      x[0][2] = 3;
x[1][0] = 4;      x[1][1] = 5;      x[1][2] = 6;
x[2][0] = 7;      x[2][1] = 8;      x[2][2] = 9;
```

上面的 9 条语句分别对二维数组 x 的每个数组元素进行了赋值，赋值后的状态就与前面采用初始化方式创建的二维数组 x 相同了。同理，对非等长数组 y 的各元素进行如下赋值：

```
y[0][0] = 0.1;      y[0][1] = 0.2;
y[1][0] = 0.3;      y[1][1] = 0.4;      y[1][2] = 0.5;
y[2][0] = 0.6;      y[2][1] = 0.7;      y[2][2] = 0.8;      y[2][3] = 0.9;
```

当所要创建的数组元素的值已知且个数不太多时，那么采用初始化方式是比较方便的；而当数组元素的值未知或数组规模较大时，就只能使用 new 操作符方式来创建了，然后通过循环结构来遍历访问数组的各个元素。例如：

```
char   str [ ][ ] = {  {'I'},
                       {'L', 'o', 'v', 'e'},
                       {'C', 'h', 'i', 'n', 'a'} };
int   z [ ][ ] = new [10][10];
```

```
for(int i=0;i<z.length;i++)          //通过循环遍历数组每一行
  for(int j=0;j<z[i].length;j++)  //通过循环遍历数组每一列
          z[i][j] = i*10+j;        //通过行下标和列下标访问数组元素
```

需要特别注意的是：z.length 的值代表二维数组 z 的行数，也就是行维的长度；而 z[i].length 的值则代表二维数组 z 的第 i 行的元素个数，也就是列的长度。因此，上述通过两重嵌套的循环结构来遍历访问二维数组的语句对于非等长数组也适用。

对于前面声明的二维字符数组 str 来说，str.length 的值为 3，而 str[0].length、str[1].length 和 str[2].length 的值分别为 1、4 和 5，str[1][1]的值则为字符'o'。

6.3 数组的应用举例

数组非常适合用来存储和处理相同类型的一批数据，本节将介绍几个关于数组的应用实例。

【例 6-1】某同学参加了高等数学、英语、Java 语言、线性代数和物理 5 门课程的考试，假定成绩分别为 70、86、77、90 和 82，请用数组存放成绩，并计算 5 门课程的最高分和平均分。素材

```
public class Score
{
    public static void main(String[] args)
    {
        int x[]={70,86,77,90,82};
        int max=0; //临时变量
        int sum=0; //总分
        for(int i=0;i<x.length;i++)
        {
            if(x[i]>max)
                max=x[i];
            sum+=x[i];
        }
        System.out.println("最高分："+max);
        System.out.println("平均分："+sum*1.0/x.length);   //注意/运算
    }
}
```

编译并运行程序，结果如下：

```
最高分：90
平均分：81.0
```

【例 6-2】某班同学参加了高等数学、英语、Java 语言、线性代数和物理 5 门课程的考试，假定成绩已公布，请编写程序，通过键盘录入所有同学的成绩，并计算输出每位同学的课程最高分、最低分和平均分，以及每一门课程的班级最高分、最低分和平均分。素材

```
import java.io.*;
public class Scores
{
    public static void main(String[] args)throws IOException
    {
      int max=0;   //最高分
      int min=100; //最低分
      int sum=0;   //总分
      System.out.print("请输入学生人数：");
      InputStreamReader reader=new InputStreamReader(System.in);
      BufferedReader input=new BufferedReader(reader);
      String temp=input.readLine();
      //输入学生人数 n
      int n = Integer.parseInt(temp);
      int x[][]=new int[n][5];
      //录入成绩
      for(int i=0;i<n;i++)
      {
        for (int j=0;j<5 ;j++ )
        {
               System.out.print((i+1)+"号同学"+(j+1)+"号课程分数");
               temp=input.readLine();
               x[i][j] = Integer.parseInt(temp);
        }
      }
      //计算并输出每一位同学的课程最高分、最低分和平均分
      for(int i=0;i<n;i++)
      {
       for (int j=0;j<5 ;j++ )
       {
              if (x[i][j]>max)
                  max=x[i][j];
              if (x[i][j]<min)
                  min=x[i][j];
             sum+=x[i][j];
        }
       System.out.println((i+1)+"号同学最高分："+max);
       System.out.println((i+1)+"号同学最低分："+min);
       System.out.println((i+1)+"号同学平均分："+sum/5.0);
       max=0;
```

```
        min=100;
        sum=0;
        }
        //计算并输出每一门课程的班级最高分、最低分和平均分
        for(int i=0;i<5;i++)
        {
            for (int j=0;j<n ;j++ )
            {
                if (x[j][i]>max)
                    max=x[j][i];
                if (x[j][i]<min)
                    min=x[j][i];
              sum+=x[j][i];
            }
            System.out.println((i+1)+"号课程的班级最高分："+max);
            System.out.println((i+1)+"号课程班级最低分："+min);
            System.out.println((i+1)+"号课程班级平均分："+sum*1.0/n);
            max=0;
            min=100;
            sum=0;
            }
        }
}
```

编译并运行程序，结果如下：

```
请输入学生人数：2          (为简单起见，这里假定只有两名同学)
1 号同学 1 号课程分数 70
1 号同学 2 号课程分数 50
1 号同学 3 号课程分数 90
1 号同学 4 号课程分数 88
1 号同学 5 号课程分数 67
2 号同学 1 号课程分数 92
2 号同学 2 号课程分数 76
2 号同学 3 号课程分数 81
2 号同学 4 号课程分数 63
2 号同学 5 号课程分数 87
1 号同学最高分：90
1 号同学最低分：50
1 号同学平均分：73.0
2 号同学最高分：92
```

```
2 号同学最低分：63
2 号同学平均分：79.8
1 号课程的班级最高分：92
1 号课程班级最低分：70
1 号课程班级平均分：81.0
2 号课程的班级最高分：76
2 号课程班级最低分：50
2 号课程班级平均分：63.0
3 号课程的班级最高分：90
3 号课程班级最低分：81
3 号课程班级平均分：85.5
4 号课程的班级最高分：88
4 号课程班级最低分：63
4 号课程班级平均分：75.5
5 号课程的班级最高分：87
5 号课程班级最低分：67
5 号课程班级平均分：77.0
```

【例 6-3】使用冒泡排序法对数列 10、50、20、30、60、40 进行降序排列。素材

```
public class BubbleSort
{
    public static void main(String[] args)
    {
        int x[]={10,50,20,30,60,40};
        int temp;                          //临时变量
        for(int i=1;i<x.length;i++)   //比较趟次
        for(int j=0;j<x.length-i;j++) //在某趟中逐对比较
        {
            if(x[j]<x[j+1])
            {  //交换位置
                temp=x[j];
                x[j]=x[j+1];
                x[j+1]=temp;
            }
        }
        for(int i=0;i<x.length;i++)
           System.out.print(x[i]+" ");     //遍历输出排好序的数组元素
    }
}
```

程序的输出结果如下：

```
60 50 40 30 20 10
```

冒泡排序法的基本思想如下：对于一个包含 n 个元素的数列，首先比较第 1 个和第 2 个元素。若为降序，则不动；若为升序，则将两数对调。然后比较第 2 个和第 3 个元素，依此类推。当比较 $n-1$ 次以后，最小的数就排在了最后的位置。接下来对前 $n-1$ 个数执行同样的操作，将次小数排至倒数第 2 的位置。依此类推，经过 $n-1$ 趟比较后，整个数列就从无序变为有序。由于在每趟比较过程中，都会将其中最小的数移至最后，就像泡泡上升一样，因而取名为冒泡排序法。

上述程序总共进行了 5 趟排序，排序过程如下。

第 1 趟：50 20 30 60 40 10 (10 冒出来了)
第 2 趟：50 30 60 40 20 (20 也冒出来了)
第 3 趟：50 60 40 30 (30 冒出来了)
第 4 趟：60 50 40 (40 冒出来了)
第 5 趟：60 50 (50 冒出来了，此时只剩下最后一个数 60，因此排序完毕)

【例 6-4】矩阵相乘运算。 素材

```
public class MatrixMultiply{
    public static void main(String args[]){
      int i,j,k;
      //创建二维数组 a
      int a[][]=new int [2][3];
      //创建并初始化二维数组 b
      int b[][]={{1,2,3,4},{5,6,-7,-8},{9,10,-11,-12}};
      //创建二维数组 c
      int c[][]=new int[2][4];
      for(i=0;i<2;i++)
            for(j=0; j<3 ;j++)
          //遍历数组 a 并赋值
          a[i][j]=(i+2)*(j+3);
          for(i=0;i<2;i++){
            for(j=0;j<4;j++){
               c[i][j]=0;
               for(k=0;k<3;k++)
                c[i][j]+=a[i][k]*b[k][j];
             }
     }
   System.out.println("*******矩阵 C********");
   //输出矩阵 C
   for(i=0;i<2;i++){
```

```
            for (j=0;j<4;j++)
            System.out.print(c[i][j]+" ");
            System.out.println();
            }
    }
}
```

编译并运行程序，结果如下：

```
*******矩阵 C********
136 160 -148 -160
204 240 -222 -240
```

上述程序首先利用数组存放 2 行 3 列的矩阵 *a* 和 3 行 4 列的矩阵 *b*，然后通过循环结构实现矩阵的遍历赋值和相乘运算，并将矩阵相乘的结果保存至 2 行 4 列的矩阵 *c* 中，最后将结果矩阵 *c* 打印输出。

6.4 数组与方法

前面在介绍方法时，我们已经知道，通过方法的参数传递功能可以实现主程序与子程序之间的数据传递，但可惜的是，一次只能传递少量的几个值。有了数组这种构造类型后，我们就可以通过传递数组的首地址来间接达到传递一批数组元素的目的。请看下面的例 6-5。

【例 6-5】方法中的数组传递。素材

```
public class TestArray
{
    public static void main(String[] args)
    {
        int x[]={10,20,30,40,50};
        display(x);
    }
    public static void display(int y[])
    {
        for(int i=0;i<y.length;i++)
            System.out.print(y[i]+" ");
    }
}
```

编译并运行程序，结果如下：

```
10 20 30 40 50
```

由此可见，通过传递数组名(数组的首地址)，我们可以在子程序中对主程序的数组元素进行访问，间接实现了大批量数据的传递，并且这种传递还可以是“双向”的。换言之，如果在子程序中修改了数组 y 中的元素值，那么当子程序调用结束返回时，主程序中对应数组 x 的元素值也被修改了。这一点应该比较容易理解，因为实际上数组 y 与数组 x 是同一个数组，对数组 y 执行的操作便是对数组 x 执行的操作。当然，通过方法实现整个数组的传递在本质上是由于我们传递了一个特殊值——数组的首地址。

下面根据在方法中传递数组的特点对例 6-3 中的冒泡排序算法进行改写。

【例 6-6】能够传递数组的冒泡排序算法。 素材

```
public class BubbleSort
{
    public static void main(String[] args)
    {
        int x1[]={10,50,20,30,60,40};
        int x2[]={1,7,2,3,6,4,9,5,8,0};
        bubbleSort(x1);   //对 x1 数组进行冒泡排序
        display(x1);      //对 x1 数组进行输出显示
        System.out.println();   //换行
        bubbleSort(x2);   //对 x2 数组进行冒泡排序
        display(x2);      //对 x2 数组进行输出显示
}
    //冒泡排序法
    public static void bubbleSort(int x[])
    {
       int temp; //临时变量
       for(int i=1;i<x.length;i++)
       for (int j=0;j<x.length-i;j++)
       {
          if(x[j]<x[j+1])
          {
        temp=x[j];
        x[j]=x[j+1];
        x[j+1]=temp;
          }
       }
    }
   //输出显示数组各元素
   public static void display(int y[])
   {
     for(int i=0;i<y.length;i++)
```

```
        System.out.print(y[i]+" ");
    }
}
```

上述程序的运行结果如下：

```
60 50 40 30 20 10
9 8 7 6 5 4 3 2 1 0
```

6.5 上机练习

目的：掌握数组的概念、定义和使用。

内容：编程实现 Fibonacci 数列的计算和输出。Fibonacci 数列的定义如下：

$F_1=1$,

$F_2=1$,

…

$F_n=F_{n-1}+F_{n-2} \quad (n\geqslant3)$

提示：关键代码如下。

```
f[0]=f[1]=1;
for(i=2;i<10;i++)
  f[i]=f[i-1]+f[i-2];
```

第7章

字符串

本章主要学习两种字符串类型 String 和 StringBuffer，要求读者能熟悉这两种字符串类型之间的区别，掌握如何创建字符串，String 和 StringBuffer 类型的成员方法，使用字符分析器分析字符串以及 main()方法的字符串数组参数的使用方法等。

7.1 字符串的创建

字符串可以看成由两个或两个以上字符组成的字符数组，Java 语言使用 String 和 StringBuffer 两个类来存储和操作字符串，因此 Java 语言中的字符串是作为对象来处理的。

Java 中的字符串与其他语言一样可以分为字符串常量和字符串变量两种类型。其中，字符串常量是由一系列字符用双引号括起来表示的，例如"Hello!"。字符串变量则利用 String 或 StringBuffer 类型的变量来代表这些字符串常量，例如：

```
String str;
str="Hello!";
```

其中，str 就是一个字符串变量，值为"Hello!"。下面我们介绍如何创建 String 和 StringBuffer 类型的字符串。

7.1.1 创建 String 类型的字符串

String 类型的字符串有以下几种创建方式。

(1) 通过字符串常量直接赋值给字符串变量，例如：

```
String str="Hello! ";
```

(2) 通过一个字符串来创建另一个字符串，例如：

```
String str1=new String("Hello");
String str2=new String(str);
String str3=new String();
```

其中，str3 为空字符串。

(3) 通过字符数组来创建字符串，例如：

```
char num[]={'H', 'i'};
String str=new String(num);
```

(4) 通过字节型数组来创建字符串，例如：

```
byte bytes[ ]={25,26,27};
String str=new String(bytes);
```

(5) 通过 StringBuffer 对象来创建 String 类型的字符串，例如：

```
String str= new String(s);
```

其中，s 为 StringBuffer 类型的字符串对象。

7.1.2 创建 StringBuffer 类型的字符串

StringBuffer 类型的字符串有以下几种创建方式。

(1) 通过 String 对象来构造 StringBuffer 类型的字符串，例如：

```
StringBuffer(String s);
```

上述语句将为 StringBuffer 对象分配大小为 s 的存储空间和能够容纳 16 个字符的缓冲区。

例如：

```
StringBuffer str=new StringBuffer("Hello!");
```

知识点滴

字符串常量不能直接赋值给 StringBuffer 类型的字符串变量。

(2) 构造 StringBuffer 类型的空字符串，例如：

```
StringBuffer( );
```

上述语句将创建一个拥有 16 个字符缓冲区的空字符串。再比如：

```
StringBuffer(int len);
```

上述语句将生成拥有 len 个字符缓冲区的空字符串。

查看如下示例：

```
StringBuffer str=new StringBuffer();
StringBuffer str=new StringBuffer(12);
```

以上几种方式都可以生成 Sting 类型或 StringBuffer 类型的字符串。其中，String 类的构造方法如表 7-1 所示。

表 7-1　String 类的构造方法

构 造 方 法	功 能 描 述
String()	构造一个空字符串
String(string)	用一个字符串生成另一个新的字符串，这两个字符串相等
String(char[ ]) String(char[ ],int,int)	用字符数组生成一个新的字符串，其中第一个参数是字符数组，第二和第三个参数分别是用来生成字符串的字符数组的起始位置和长度
String(byte[ ]) String(byte[ ],int,int)	用字节数组生成一个新的字符串，其中第一个参数是字节数组，第二和第三个参数分别是用来生成字符串的字节数组的起始位置和长度
String(StringBuffer)	用 StringBuffer 对象创建一个 String 类型的字符串

7.2　String 字符串操作

Java 中的 String 类定义了许多成员方法来操作 String 类型的字符串，下面介绍常见的几类操作。

1. 求字符串的长度

String 类提供了 length()方法来获取字符串的长度，该方法的定义如下：

```
public int length();
```

例如：

```
String s="You are great!";
String t="你很优秀!";
int len_s,len_t;
len_s=s.length();
len_t=t.length();
```

上面的语句可以得到字符串"You are great!"的长度 len_s 为 14，字符串"你很优秀!"的长度 len_t 为 5。需要注意的是，空格也算字符。在 Java 中，任何一个符号，包括汉字，都只占用一个字符，因为每个字符都是用 Unicode 编码存储的。

2. 字符串的连接

(1) 两个字符串可以使用+运算符进行连接，例如：

```
String str1="I"+" like"+" swimming ";
String str2;
str2=str1+"but Jane like running.";
System.out.println(str1);
System.out.println(str2);
```

输出如下：

```
I like swimming
I like swimming but Jane like running.
```

(2) 也可使用 concat()方法连接两个字符串，该方法的定义如下：

```
String concat(String str);
```

例如：

```
String str1="I"+" like"+" swimming ";
String str2;
String s=str1.concat(but Jane like running.)
System.out.println(s);
```

输出结果为“I like swimming but Jane like running.”。

3. 字符串的大小写转换

(1) 把字符串中的所有字符变为小写的方法定义如下：

```
String toLowerCase();
```

(2) 把字符串中的所有字符变为大写的方法定义如下：

```
String toUpperCase();
```

例如：

```
String date="Today is Sunday.";
String date_lower,date_upper;
date_lower=date.toLowerCase();
date_upper=date.toUpperCase();
```

执行上述语句后，可以得到如下结果：

```
date_lower="today is sunday."
date_upper= "TODAY IS SUNDAY."
```

4. 求字符串的子集

(1) 获得给定字符串中指定位置的字符的方法定义如下：

```
char charAt(int index);
```

charAt()方法用于获取给定字符串中index 位置的字符，字符串中第一个字符的索引为 0，index 的取值范围如下：从 0 到字符串长度减 1。

例如：

```
String date="Today is Sunday.";
System.out.print(data.charAt(0));
System.out.print(data.charAt(3) );
System.out.print(data.charAt(s.length()-1));
```

输出结果如下：

```
Ta.
```

(2) 获得给定字符串的子串的方法有如下两个：

```
String substring(int begin_index);
String substring(int begin_index,int end_index);
```

substring(int begin_index)方法得到的是从 begin_index 位置开始到字符串结束的子字符串，共有字符串长度减去 begin_index 个字符；而方法 substring(int begin_index,int end_index) 得到的是 begin_index 位置和 end_index－1 位置之间连续的子字符串，共有 end_index－begin_index 个字符。其中，begin_index 和 end_index 的取值范围都是从 0 到字符串长度减 1，并且 end_index 要大于 begin_index。

例如：

```
String date="It is Sunday";
String str1,str2;
str1=date.substring(6) ;
str2=date.substring(6,9);
```

得到的结果为：

```
str1="Sunday";
str2="Sun";
```

需要注意的是：str2 子字符串获得的是原字符串中第 6～8 位字符组成的字符串。

5. 字符串的比较

(1) 使用 equals()和 equalsIgnoreCase()方法，方法定义如下：

```
boolean equals(String s);
boolean equalsIgnoreCase(String s);
```

equals()方法对两个字符串进行比较，如果完全相同的话，则返回 true，否则返回

false；equalsIgnoreCase()方法也对两个字符串进行比较，但比较时不区分两个字符串中字符的大小写，如果除了字符的大小写不同，其他的完全相同的话，则返回 true，否则返回 false。

例如：

```
String date1="SunDay",date2= "Sunday";
System.out.println(data1.equals(data2));
System.out.println(data1.equalsIgnoreCase(data2));
```

输出结果为：

```
false
true
```

知识点滴

在 Java 语言中比较两个字符串是否完全相同时，不能使用==运算符，因为即使在两个字符串完全相同的情况下，==运算符也会返回 false。

我们来看看例 7-1。

【例 7-1】比较两个字符串是否相同。素材

```
pubilc class Test {
public static void main(String[] args) {
  String s1=new String("SunDay");
  String s2=new String("SunDay");
  String s3="SunDay";
  String s4="SunDay";
  System.out.println("s1==s2? "+((s1==s2)?True: False));
  System.out.println("s3==s4? "+((s3==s4)? True: False));
  System.out.println("s2==s3? "+((s2==s3)? True: False));
  System.out.println("s2 equals s3? "+s2.equals(s3));
  }
}
```

编译并运行程序，结果如下：

```
s1==s2? False
s3==s4? True
s2==s3? False
s2 equals s3? True
```

上面定义了 4 个相同的字符串 s1、s2、s3 和 s4，利用==运算符进行判断时，得到 s1 和 s2 不相等，s2 和 s3 不相等，而 s3 和 s4 相等，这是因为 s3 和 s4 指向的是同一个对象，而 s1、s2 和 s3 分别指向不同的对象。==运算符比较的是两个字符串对象，而 equals()方法比较的才是它们的内容。因此，利用 equals()方法比较 s2 和 s3，可以得到它们是相等的。下面展示了这 4 个字符串变量在内存中的示意图。

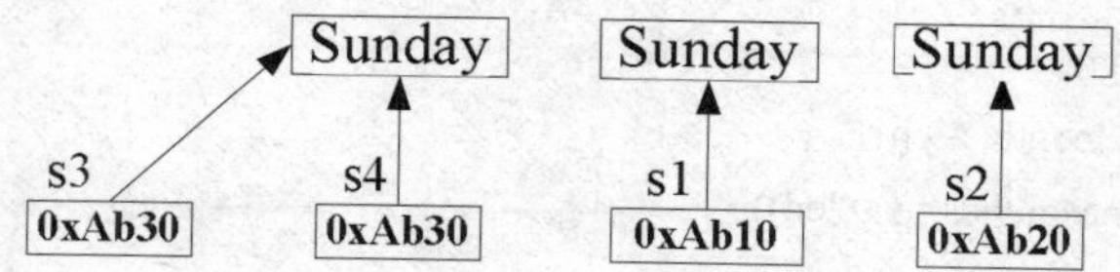

(2) 使用 compareTo()和 compareToIgnoreCase()方法，方法定义如下：

```
int compareTo(String s);
int compareToIgnoreCase(String s);
```

compareTo()方法对两个字符串按字典顺序进行比较，如果完全相同的话，返回 0；如果调用 compareTo()方法的字符串大于字符串 s 的话，返回正数；如果小于字符串 s 的话，返回负数。compareToIgnoreCase()方法与 compareTo()方法类似，只是在进行比较时，不区分两个字符串的大小写。

例如：

```
String s1="me" ,s2="6";
```

s1.compareTo("her") 大于 0，s1. compareTo("you")小于 0，s1. compareTo("me")等于 0，s2.compareTo("35")大于 0，s2.compareTo("2")也大于 0。值的注意的是，“6”与“35”比较的并不是数值的大小，而是比较字符'6'和字符'3'在字典顺序中的大小。同样，“6”与“2”比较的是字符'6'和字符'2'按字典顺序的大小。

(3) 使用 startsWith()和 endsWith()方法，方法定义如下：

```
boolean startWith(String s);
boolean startWith(String s,int index);
boolean endsWith(String s);
```

strarWith()方法用来判断字符串的前缀是否是字符串 s，如果是，返回 true，否则返回 false。其中，index 是指前缀开始的位置。

endsWith()方法则用来判断字符串的后缀是否是字符串 s，如果是，返回 true，否则返回 false。

例如：

```
String s="abcdgde ";
boolean b1,b2,b3;
b1=s.startsWith("abc");
b2=s.startsWith(s,2);
b3=s.endsWith("abc");
```

上述语句可以得到：b1 的值为 true，b2 的值为 false，b3 的值为 false。

(4) 使用 regionMatches()方法，方法定义如下：

```
boolean regionMatches(int index,String s,int
  begin,int end);
boolean regionMatches(boolean b,int index,
  String s,int begin,int end);
```

regionMatches()方法用于判断字符串 s 从 begin 位置到 end 位置结束的子串是否与当前字符串中 index 位置之后的 end－begin 个字符子串相同，如果相同，返回 true，否则返回 false。

【例 7-2】判断一个字符串是否在另一个字符串中，如果在，返回所在位置的索引。 素材

```
public class Hello {
public static void main(String[] args) {
  String source="It is Sunday";
  String s="Sunday";
  int i=0,len=s.length();
  while(i<=source.length()-len){
    if(source.regionMatches(i,s,0,len))
      break;
    i++;
```

```
}
if(i<=source.length()-len)
  System.out.println("Sunday 在源串中的索引为："+i);
else
  System.out.println("Sunday 不在源串中。");
}
}
```

上述程序的输出结果如下：

```
Sunday 在源串中的索引为：6
```

6. 字符串的检索

Java 中的 String 类提供了 indexOf()和 lastIndexOf()两个方法来查找一个字符串在另一个字符串中的位置。indexOf()从字符串的第一个字符开始向后检索，lastIndexOf()则从字符串的最后一个字符开始向前检索。方法定义如下：

```
int indexOf(String s);
```

以上方法从开始位置向后搜索字符串 s，如果找到，则返回 s 第一次出现的位置，否则返回 - 1。

```
int lastIndexOf(String s);
```

以上方法从最后位置向前搜索字符串 s，如果找到，则返回 s 第一次出现的位置，否则返回 - 1。

```
int indexOf(String s,int begin_index);
```

以上方法从 begin_index 位置开始向后搜索字符串 s，如果找到，则返回 s 第一次出现的位置，否则返回 - 1。

```
int lastIndexOf(String s,int begin_index);
```

以上方法从 begin_index 位置开始向前搜索字符串 s，如果找到，则返回 s 第一次出现的位置，否则返回 - 1。

例如：

```
String s="more and more",s1="more";
int a1,a2;
a1=s.indexOf(s1);
a2=s.lastIndexOf(s1);
```

上述语句的输出结果如下：

```
a1=0 a2=9
```

【例 7-3】求给定字符串中第一个单词出现的次数(单词之间用空格分隔)。 素材

```
pubilc class Test {
public static void main(String[] args) {
  String str="more pains more gains";
  int space_index=str.indexOf(" ");                //求出第一个空格的位置
  String first_word=str.substring(0,space_index);  //求出第一个单词
  int totalnum=0,index=0;
  while(index!=-1) {
    index=str.indexOf(first_word,index+1);
```

```
    totalnum++;
   }
  System.out.println("字符串中第一个单词"+first_word+"出现的次数为："+totalnum);
   }
}
```

编译并运行程序，结果如下：

```
字符串中第一个单词 more 出现的次数为：2
```

7. 字符串类型与其他数据类型的转换

(1) 字符串类型与数值类型的转换。

下面是由数值类型转换为字符串类型的方法：

```
String static valueOf(boolean t);
String static valueOf(int t);
String static valueOf(float t);
String static valueOf(double t);
String static valueOf(char t);
String static valueOf(byte t);
```

valueOf()方法可以把 boolean、int、float、double、char、byte 类型的数值转换为 String 类型，并返回转换后的字符串。调用格式为 String.valueOf(数值类型的变量或常量值)。

例如：

```
String str1,str2;
str1=String.valueOf(25.1);
str2=String.valueOf('a');
```

下面是由字符串类型转换为数值类型的方法：

- public int parseInt(String s)

parseInt()方法用于把 String 类型转换为 int 类型，调用方式为 Integer.parseInt(String)。

- public float parseFloat(String s)

parseFloat()方法用于把 String 类型转换为 float 类型，调用方式为 Float.parseFloat (String)。

- public double parseDouble(s)

parseDouble()方法用于把 String 类型转换为 double 类型，调用方式为 Double.parseDouble(String)。

- public short parseShort(String s)

parseShort()方法用于把 String 类型转换为 short 类型，调用方式为 Short.parseShort (String s)。

- public long parseLong(String)

parseLong()方法用于把 String 类型转换为 long 类型，调用方式为 Long.parseLong (String s)。

- public byte parseByte(String s)

parseByte()方法用于把 String 类型转换为 byte 类型，调用方式为 Byte.parseByte(String)。

例如：

```
int a;
try{
    a=Integer.parseInt("Java");
    }catch(Exception e){}
```

将字符串类型转换为数值类型不一定会成功，所以在进行转换操作时一定要捕捉异常。

(2) 字符串类型与字符或字节数组的转换。

用字符数组或字节数组构造字符串的方法定义如下：

```
String(char[],int offset,int length);
String(byte[],int offset,int length);
```

通过 String 类的上述构造方法可以实现字符数组或字节数组到字符串类型的转换。

String 类也实现了字符串类型向字符数组的转换，方法定义如下：

```
char[ ] toCharArray();
```

调用方式为：字符串对象.toChar Array()，结果将返回一个字符数组。

另外，String 类还提供了如下方法来实现字符串类型向字符数组的转换：

```
public void getChars(int begin,int end,char c[ ],
    int index)
```

getChars()方法用来将字符串中从 begin 位置到 end－1 位置的字符复制到字符数组 c 中，并从字符数组 c 的 index 位置开始存放。值得注意的是，end－begin 的长度必须小于字符数组 c 所能容纳的字符个数。

例如：

```
char c[ ]= new char[10];
"今天星期六".getChars(0, 5, c, 0);
String s=new String(c,0,4);
System.out.println(s);
```

上述语句的运行结果如下：

```
今天星期
```

此外，String 类还实现了字符串类型向字节数组的转换，方法定义如下：

```
byte[ ] getBytes();
```

调用方式为：字符串对象.getBytes()，结果将返回一个字节数组。

例如：

```
byte b[ ]= "今天星期六".getBytes();
String s=new String(b,4,6);
System.out.println(s);
```

运行结果如下：

```
星期六
```

8. 字符串的替换

(1) 字符串中字符的替换。

```
String replace(char oldChar,char newChar);
```

以上方法用来把字符串中出现的某个字符 oldChar 全部替换成新字符 newChar。

例如：

```
String s="bag";
s=s.replace('a', 'e');
```

替换后可以得到：

```
s="beg"。
```

(2) 字符串中子串的替换。

```
String replaceAll(String oldstring,String
  newstring);
```

以上方法用来把字符串中出现的子串 oldstring 全部替换为字符串 newstring。

例如：

```
String s="more and more ";
s=s.replaceAll ("more ", "less");
```

替换后可以得到：

```
s="less and less "
```

9. 字符串的其他操作

(1) 删除字符串前后的空格。

```
String trim();
```

以上方法用来把字符串前后部分的空格删除，返回删除空格后的字符串。

例如：

```
String str="   It is Sunday    ";
String s=str.trim();
```

可以得到：

```
str="It is Sunday"
```

(2) 对象的字符串表示。

```
String toString();
```

toString()是 Object 类中的公共方法，用来把任意对象表示为 String 类型的字符串。

【例 7-4】用字符串表示 StringBuffer 类型和 Date 类型的对象。素材

```
import java.util.Date;
public class Hello {
public static void main(String[] args) {
  StringBuffer s=new StringBuffer("Hello!");
  Date date=new Date();
  System.out.println(s.toString());
  System.out.println(date.toString());
  }
}
```

输出结果如下：

```
Hello!
Tue Apr 15 21:28:23 CST 2008
```

7.3 StringBuffer 字符串操作

StringBuffer 类定义了许多成员方法来对 StringBuffer 类型的字符串进行操作，不过与 String 类对字符串副本进行操作不同，StringBuffer 类是对字符串本身进行操作，并且会使原字符串发生改变。

7.3.1 字符串操作

1. 字符串的追加

(1) 追加数值类型的数据。

```
StringBuffer append(数值类型  t);
```

以上方法用来在原字符串的最后增加数值数据，参数类型包括 boolean、int、char、float、double、long 等。

(2) 追加 String 类型的数据。

```
StringBuffer append(String s)
```

以上方法用来在原字符串的最后增加 String 类型的数据。

(3) 追加字符数组类型的数据。

```
StringBuffer append(char[ ])
StringBuffer append(char[ ],int begin,int end)
```

以上方法用来在原字符串的最后增加字符数组类型的数据，begin 和 end 是指所增加字符数组中字符的开始位置和结束位置。

(4) 追加 Object 类型的数据。

```
StringBuffer append(Object t)
```

以上方法用来在原字符串的最后增加 Object 类型的数据。

例如：

```
StringBuffer s=new StringBuffer("It is ");
s.append("JDK");
s.append(2.0);
System.out.println(s);
```

输出结果如下：

```
It is JDK2.0
```

需要注意的是：StringBuffer 类型的字符串不能使用运算符+进行连接，而只能使用 append()方法。

2. 字符串的插入

(1) 插入数值类型的数据。

```
StringBuffer insert(int offset, 数值类型  t);
```

以上方法用来在字符串的 offset 位置插入数值数据，参数类型包括 boolean、int、char、float、double、long 等。

(2) 插入 String 类型的数据。

```
StringBuffer insert(int offset, String t);
```

以上方法用来在字符串的 offset 位置插入字符串 t。

(3) 插入字符数组类型的数据。

```
StringBuffer insert(int offset,char[ ] t);
StringBuffer insert(int offset, char[ ] t, int begin,
  int end);
```

以上方法用来在字符串的 offset 位置插入字符数组类型的数据，begin 和 end 用于指定所增加字符数组中字符的开始位置和结束位置。

(4) 插入 Object 类型的数据。

```
StringBuffer insert(int offset,Object t);
```

以上方法用来在字符串的 offset 位置插入 Object 类型的数据。

例如：

```
StringBuffer s=new StringBuffer("It is ");
s.insert(6,2.0);
s.insert(6,"JDK");
System.out.println(s);
```

输出结果如下：

```
It is JDK2.0
```

3. 字符串的删除

(1) 删除字符串中指定位置的字符。

```
StringBuffer deleteCharAt(int index);
```

以上方法用于删除字符串中 index 位置的字符。

(2) 删除字符串的子串。

```
StringBuffer delete(int begin_index,int
  end_index);
```

以上方法用于删除从 begin_index 位置开始到 end_index－1 位置结束的所有字符，删除的字符总数为 end_index－begin_index。

例如：

```
StringBuffer s=new StringBuffer("It is
  Sunday");
s=s.deleteCharAt(5) ;
s=s.delete(5,12);
```

执行删除操作后，s 字符串中的内容为：

```
It is
```

4. 字符串的修改

```
void setLength(int length);
```

以上方法用于把字符串的长度改为 length，执行后，字符串中将含有 length 个字符。值得注意的是，如果 length 的长度小于原字符串的长度，那么执行 setLength()方法调用后，字符串的长度将变为 length，后面的字符将被删除；如果 length 的长度大于原字符串的长度，那么执行 setLength()方法调用后，将在原字符串的后面补充字符'\u0000'以使原字符串的长度变为 length。字符'\u0000'是字符串中的有效字符。

例如：

```
StringBuffer s=new StringBuffer("Sunday");
s.setLength(8) ;
System.out.println(s);
s.setLength(3) ;
System.out.println(s);
```

输出结果如下(□表示空格)：

```
Sunday□□
Sun
```

5. 求字符串的长度和容量

(1) 求字符串的长度。

```
StringBuffer length()
```

以上方法与 String 类的 length()方法一样，用来求当前字符串的长度。

(2) 求字符串的容量。

```
StringBuffer capacity()
```

以上方法用来计算当前 StringBuffer 字符串的长度和 StringBuffer 缓冲区的大小之和。

例如：

```
StringBuffer s=new StringBuffer("Sunday");
int len1,len2;
len1=s.capacity();
len2=s.length();
```

得到的结果如下：

```
len1=22
len2=6
```

在上面的语句中，当定义时就已经为 s 分配了内存空间以存储字符串"Sunday"以及 16 个字符的缓冲区，因此调用 s.capacity()后得到的结果为 22。

6. 字符串的替换

(1) 子串的替换。

```
StringBuffer replace(int begin_index,int
   end_index,String s);
```

以上方法使用字符串 s 来替换 begin_index 位置和 end_index 位置之间的子串。

(2) 单个字符的替换。

```
void setCharAt(int index,char ch);
```

以上方法将把字符串中 index 位置的字符替换为 ch。

例如：

```
StringBuffer s=new StringBuffer("me them");
s.setCharAt(1,'y');
s.replace(3,7,"their");
System.out.println(s);
```

上述语句的输出结果如下：

```
   my their
```

7. 字符串的反转

```
StringBuffer reverse();
```

reverse()方法用于将字符串倒序，请看例 7-5。

【例7-5】输入一个字符串，判断它是不是回文。素材

```
import java.util.*;
public class Hello {
public static void main(String[] args) {
  Scanner scan = new Scanner(System.in);
  System.out.println("请输入字符");
  String str = scan.nextLine();           //从键盘输入字符
  StringBuffer oldstr=new StringBuffer(str);
  StringBuffer newstr=oldstr.reverse();
  String temp=new String(newstr);
  if(str.equals(temp))
```

```
    System.out.println(str+"是回文。");
  else
    System.out.println(str+"不是回文。");
  }
}
```

编译并运行程序，如果输入字符串"abcba"，输出结果为“abcba 是回文”；如果输入字符串"ttargs"，输出结果为“ttargs 不是回文”。

知识点滴

String 类对字符串所做的操作不是对原字符串本身进行的，而是先新生成原字符串的副本，再操作生成的字符串副本，操作的结果不影响原字符串。StringBuffer 类则是对原字符串本身进行操作，因而可以对字符串进行修改但不产生副本。

【例 7-6】String 与 StringBuffer 类的应用。素材

```
public class Hello {
public static void main(String[] args) {
  String prestr=new String("It is Monday.");
  StringBuffer presb=new StringBuffer("Dog is cute.");
  String str;
  StringBuffer sb;
  str=prestr.replaceAll("Monday","Sunday");
  sb=presb.replace(0,3,"Cat");
  System.out.println("String 类型的源串为"+prestr+" 操作结果为"+str+" 源串变为"+prestr);
  System.out.println("StringBuffer 类型的源串为"+presb+" 操作结果为"+sb+" 源串变为"+presb);
  }
}
```

编译并运行程序，输出结果如下：

```
String 类型的源串为 It is Monday. 操作结果为 It is Sunday. 源串变为 It is Monday.
StringBuffer 类型的源串为 Cat is cute. 操作结果为 Cat is cute. 源串变为 Cat is cute.
```

从上面的例子可以看出，对 String 类型的字符串 prestr 进行替换后，源字符串(简称源串)并没有发生改变；而对 StringBuffer 类型的字符串 presb 进行替换后，源字符串就变成了替换后的字符串。

7.3.2　字符分析器

Java 的 java.util 包提供了 StringTokenizer 类，该类可以通过分析字符串，把字符串分解成可独立使用的单词，这些单词被称为语言符号。例如，对于字符串"It is Sunday"，如果把空格作为分隔符的话，那么这个字符串就有 It、is 和 Sunday 三个单词；而对于字符串"It;is;Sunday"，如果把分号作为分隔符的话，那么这个字符串也有三个单词。

StringTokenizer 类的构造方法有如下几个：

(1) StringTokenizer(String s)

为字符串 s 构造字符分析器，使用默认的分隔符，默认的分隔符包括空格符、制表符、换行符和回车符等。

(2) StringTokenizer(String s, String delim)

为字符串 s 构造字符分析器，使用 delim 作为分隔符。

(3) StringTokenizer(String s, String delim,boolean isTokenReturn)

为字符串 s 构造字符分析器，使用 delim 作为分隔符。如果 isTokenReturn 为 true，分隔符将作为符号返回；如果 isTokenReturn 为 false，则不返回分隔符。

例如，下面的语句将为字符串 s 构造一个字符分析器，分隔符为分号：

```
StringTokenizer s=new StringTokenizer("It;is;Sunday",";");
```

StringTokenizer 对象被称为字符分析器。字符分析器中有一些方法可以用来对字符串进行操作，常用的方法有如下几个：

```
public String nextToken();
```

以上方法将逐个获取字符串中的单词并返回字符串。

```
public String nextToken(String delim)
```

以上方法将以 delim 作为分隔符逐个获取字符串中的单词并返回字符串。

```
public int countTokens()
```

以上方法将返回字符串中单词的个数。

```
public boolean hasMoreTokens();
```

以上方法将检测字符串中是否还有单词，如果还有单词，则返回 true，否则返回 false。

【例 7-7】分析字符串，输出单词的总数和每个单词。

素材

```
import java.util.*;
public class Hello {
public static void main(String[] args) {
  String s="Friday;Saturday;Sunday";
  StringTokenizer stk=new StringTokenizer(s,";");
  System.out.println("共有"+ stk.countTokens()+"个单词，分别如下：");
  while(stk.hasMoreTokens()){
    System.out.println(stk.nextToken());
    }
  }
}
```

编译并运行程序，输出结果如下：

```
共有 3 个单词，分别如下：
Friday
Saturday
Sunday
```

7.3.3 main()方法

Java 程序都以 public static void main (String[] args)方法作为入口。显然，main()方法中的参数是字符串数组 args[]，args 是命令行参数，字符串数组 args[]中的元素是在程序运行时从命令行输入的，形式如下：

```
java 类文件名 args[0] args[1] args[2] args[3]…
```

其中，元素之间用空格分开。

【例 7-8】输出你在命令行中输入的字符串。 素材

```
public class Test {
public static void main(String[] args) {
 for(int i=0;i< args.length;i++)
  System.out.println("输入的第"+(i+1)+"个字符串为："+args [i]);
  }
}
```

编译并运行程序，如果在命令行中输入 java Test，则没有任何输出信息；如果在命令行中输入 java Test Sunday 1.0 c，那么输出如下：

```
输入的第 1 个字符串为：Sunday
输入的第 2 个字符串为：1.0
输入的第 3 个字符串为：c
```

从上面的例子可以看出，Sunday、1.0 和 c 分别对应字符串数组中的 args[0]、args[1]和 args[2]元素。

7.4 上机练习

目的： 熟悉和掌握 String 类提供的各个方法。

内容： 完善以下程序并运行。

```
public class Str{
  public static void main(String args[]){
                                            //创建 String 类对象 s 并赋值为"java"
  s=s.concat(" programming.");
        ____________________                //将 s 的长度赋给 i
  System.out.println(i);
        ____________________                //将 s 中的字符串转换为字符数组 ch
  for(int j=0;j<i;j++)
        ____________________                //输出字符数组 ch 中的每个元素
  }
}
```

第8章

类和对象

本章的学习目标是理解并掌握面向对象技术，尤其是类的概念及其封装性。本章要求读者能够掌握类的设计，对象的创建、使用和清除，访问控制符的使用以及包的概念等。

8.1 面向对象的概念

传统的程序设计语言是结构化的、面向过程的，以“过程”和“操作”为中心来构造系统并设计程序，如下图所示，当程序的规模达到一定程度时，程序员将很难控制其复杂性。

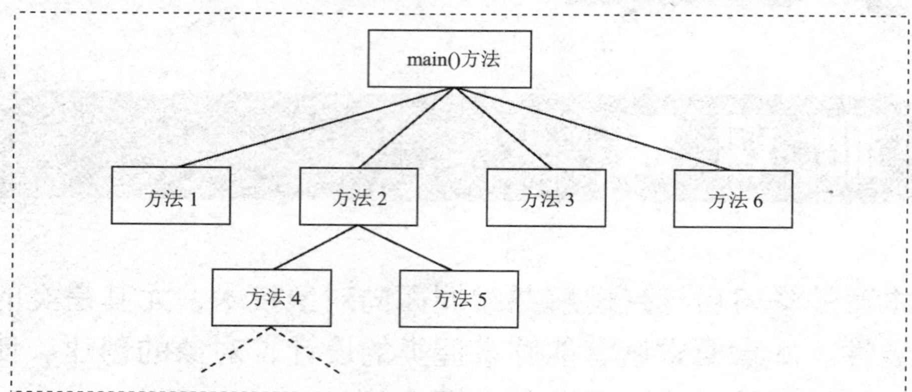

上面是结构化编程的模块示意图，从中可以看出，程序中的 main()方法将调用其他 4 个方法。在结构化编程中，方法专注于操作而不是将要操作的对象——数据，因此数据通常以交错无序的方式散布于整个系统中，如下图所示。

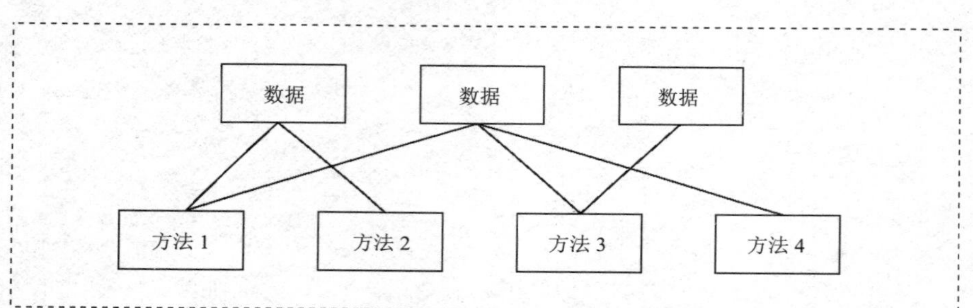

然而，数据对于程序来说很重要，因此上面这种方式可能会导致如下问题：

- 由于受到其他方法的影响，数据会发生改变，同时可能会出乎意料地遭到破坏，这都将导致程序的可靠性降低，并且使程序很难调试。
- 修改数据时需要重写与数据相关的每个方法，这将导致程序的可维护性降低。
- 方法与操作的数据没有紧密地联系在一起，复杂的操作网络导致代码的重用性较低。

除了刚才列出的几个问题，由于使用结构化编程语言往往允许声明全局变量，而全局变量在程序中可以被所有方法访问；因此不难想象追踪数据将十分困难，同时程序中也很容易出现错误。而在面向对象编程中，方法与操作的数据聚合在一个单元中。这种更大粒度的组织单元被称为类，如下图所示。

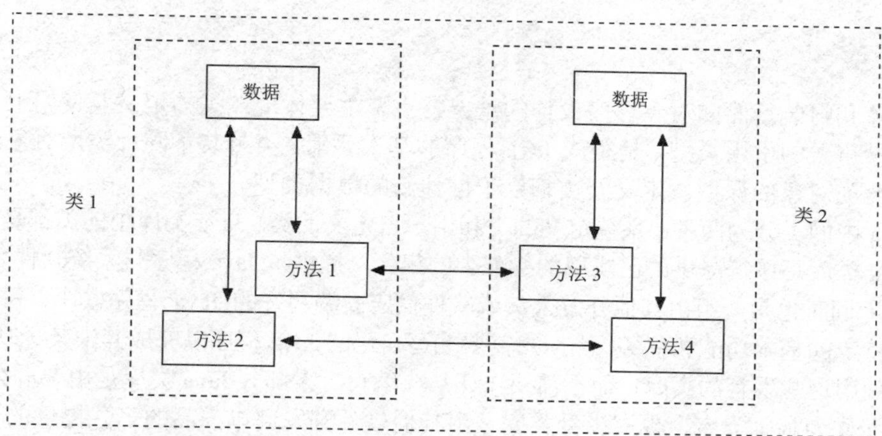

上图中的类 1 和类 2 分别将紧密相关的数据及方法封装在一起，简化并理顺了结构化程序设计中的交错关系。在面向对象程序设计中，就是使用类来进行程序设计的，类是对现实世界中的事物的抽象。例如，在现实世界中，同是人类的张三和李四有许多共同点，但肯定也有许多不同点。当使用面向对象方法进行设计时，相同类(人类)的对象(张三和李四)具有共同的属性和行为，可以把对象分为两部分：数据(相当于属性)和对数据执行的操作(相当于行为)。描述张三和李四的数据可能有姓名、性别、年龄、职业、住址等，而对数据执行的操作可能是读取或设置姓名、年龄等。

从程序设计的角度看，类也可以看作数据类型，通过这种类型可以方便地定义或创建多个具有不同属性的对象，因此类的引入无疑扩展了程序设计语言解决问题的能力。人们把现实世界中的事物抽象为一个个对象，解决现实世界问题的计算机程序也与此对应，由一个个对象组成，这些程序就称为面向对象程序，编写面向对象程序的过程就称为面向对象程序设计(Object-Oriented Programming，OOP)。利用 OOP 技术，可以将许多现实问题归纳为简单问题加以解决。OOP 使用软件的方法模拟现实世界中的类和对象，既利用了对象的关系——同一类型的对象具有共同的属性(尽管属性值不同)，也利用了继承甚至多重继承的关系——新建的类是通过继承现有类的特点而派生出来的，但又包含自身特有的属性和行为。面向对象程序设计模拟了现实世界中的对象(它们的属性和行为)，使程序设计更加自然和直观。

要想设计出正确且易于理解的程序，就必须采用良好的程序设计方法。结构化程序设计和面向对象程序设计是两种主要的程序设计方法。结构化程序设计建立在程序的结构基础之上，主张采用顺序、循环和选择三种基本程序结构以及自顶向下、逐步求精的设计方法，实现单入口、单出口的结构化程序；而面向对象程序设计则主张按人们通常的思维方式建立问题域的模型，让软件尽可能自然地表现客观世界。类和对象就是为实现这一目标而引入的基本概念，面向对象程序设计的主要特征在于类的封装性和继承性以及由此带来的对象的多态性。与结构化程序设计相比，面向对象程序设计具有更多的优点，适合开发大规模的软件。本章将详细介绍 Java 面向对象程序设计的基础知识，包括类、对象、访问控制符和包等内容。

8.2 类

抽象和封装是面向对象程序设计的重要特点，主要体现在类的定义及使用上。类是 Java 中的一种重要的引用类型，是组成 Java 程序的基本要素。类封装了同一类型对象的状态和方法，是此类对象的原型。定义新类相当于创建新的数据类型。

Java 中的类分为两种：系统定义的类和用户自定义的类。Java 类库中的类都是系统定义的类，Java 类库是系统提供的已实现的标准类的集合，提供了 Java 程序与系统软件之间的接口。Java 类库同时也是一组由其他开发人员或软件供应商编写好的 Java 程序模块，每个模块都对应一种特定的基本功能和任务。当用户需要编写自己的 Java 程序以完成其中某一功能时，就可以直接使用这些现有的类库，而不需要一切从头编写。大部分 Java 类库是由 Sun 公司提供的，这些类库称为基础类库，也有少量类库是由其他软件开发商以商品的形式提供的。由于 Java 语言诞生的时间不长，还处于不断发展和完善的阶段，因此 Java 类库也在不断扩充和修改。

本节主要介绍如何创建用户自定义的类。下面先来看看两个简单的例子。

【例 8-1】定义 Rabit 类。素材

```
class Rabit{
    final char EyeColor='R';    //所有兔子的眼睛都是红的
    int age;           //兔子的年龄
    char sex;          //兔子的性别
    char furcolor ;    //兔子皮毛的颜色
    int speed;         //兔子奔跑时的速度
}
```

【例 8-2】定义 Example 类。素材

```
public class Example{
    public static void main(String args[ ]){
    System.out.println(“北京欢迎您！”)
    }
}
```

例 8-1 定义的 Rabit 类比较特殊，它只包含数据属性部分，而没有定义相应的操作方法，这在语法上是允许的，但在实际编程中并不常见。例 8-2 定义的 Example 类仅有一个用 static 修饰符修饰的静态方法 main()。严格地讲，Example 类并没有自己的数据和操作方法，main()方法仅仅在形式上归属于 Example 类，而在本质上，任何用 static 修饰符修饰的静态方法都是“全局的”，即使所属类不创建任何对象，它们也可以被调用并执行。特别是，静态方法 main()在整个 Java 应用程序执行时首先被自动调用，它是程序的入口，因此例 8-1 并不是完整的程序，因为缺少必不可少的 main()方法。顺便再提一下，Java 应用程序从形式上看是由一个或多个类构成的，一般程序规模越大，需要定义的类越多，类的代码也就越复杂。下面再看一个相对复杂些的较为完整的类。

【例 8-3】定义 Teacher 类。素材

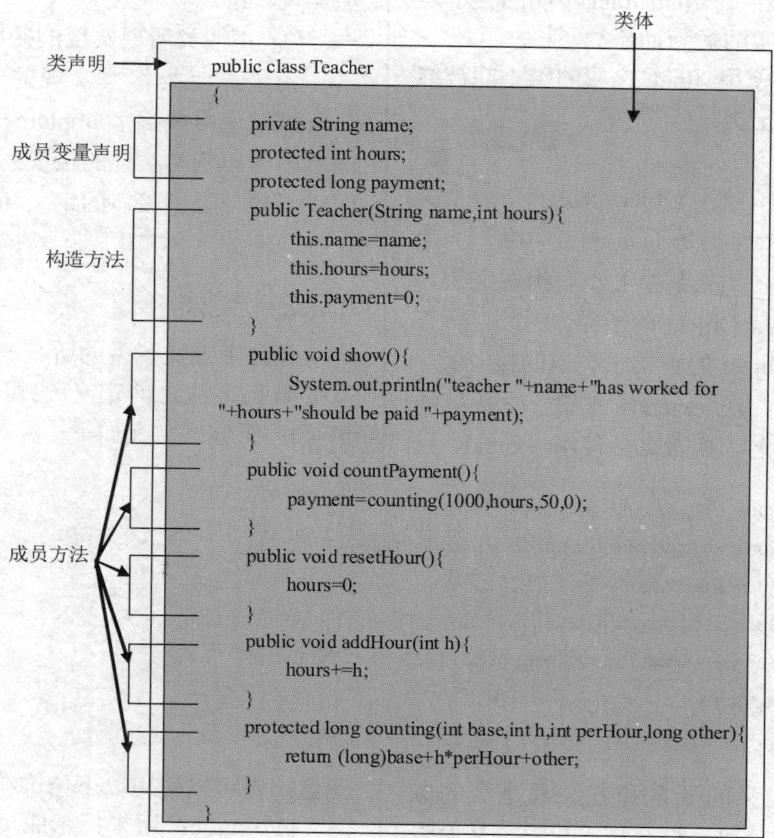

类体
类声明
public class Teacher
{
private String name;
成员变量声明
protected int hours;
protected long payment;
public Teacher(String name,int hours){
this.name=name;
构造方法
this.hours=hours;
this.payment=0;
}
public void show(){
System.out.println("teacher "+name+"has worked for
"+hours+"should be paid "+payment);
}
public void countPayment(){
payment=counting(1000,hours,50,0);
}
成员方法
public void resetHour(){
hours=0;
}
public void addHour(int h){
hours+=h;
}
protected long counting(int base,int h,int perHour,long other){
return (long)base+h*perHour+other;
}
}

上面给出了组成 Teacher 类的两个主要部分：类声明和类体。类体中定义了 3 个成员变量和 6 个成员方法，其中一个成员方法比较特殊，它没有定义返回值的类型并且方法名和类名一致，我们称之为构造方法，构造方法是在创建类对象时被自动调用的，一般用来初始化类对象的成员变量。

8.2.1　类声明

类声明的一般格式如下：

```
[类修饰符]class 类名[extends 父类名][implements 接口列表]
{
    …  //类体
}
```

其中，class 是用于声明类的关键字，类名必须是合法的 Java 标识符。根据需要，类声明还可以包含另外三个选项：类修饰符、声明类的父类以及声明类所要实现的接口。

只有 class 关键字是必需的，其他所有的部分都是可选的。下面对类声明的三个选项进行更详细的介绍。

(1) 类修饰符。

类修饰符用于指示类的可访问性，可以是 public、abstract 或 final。如果没有使用这些可选的类修饰符，Java 编译器将给出默认值。类修饰符的含义如下。

- public：使用 public 声明的类可以在其他任何类中使用。

➤ abstract：使用 abstract 声明的类不能被实例化，声明的类为抽象类。

➤ final：使用 final 声明的类不能被继承，因而没有子类。

(2) 声明类的父类。

在 Java 中，除了 Object 类之外，每个类都有父类。Object 类是 Java 语言中唯一一个没有父类的类，如果某个类没有指明父类，Java 就认为它是 Object 的子类。因此，所有其他类都是 Object 的直接子类或间接子类。需要注意的是：在 extends 关键字之后只能跟唯一的父类名。换言之，使用 extends 只能实现单继承。

(3) 声明类所要实现的接口。

为了声明类将要实现的一个或多个接口，可以使用关键字 implements，并且在后面给出由声明类实现的接口列表，接口名之间以逗号分隔。接口的定义和实现将在后面详细介绍。

8.2.2 类体

类体中定义了类的所有变量和方法。通常变量在方法之前定义(也可以在方法之后定义)。类体的定义如下：

```
class className{                        //类声明
    [public|protected|private][static][final][transient][volatile]
        type variableName               //成员变量
    [public|protected|private][static][final|abstract][native][synchronized]
        returnType methodName([paramList])[throws exceptionList]
        {statements}                    //成员方法
}
```

类体中定义的变量和方法都是类的成员。对类的成员可以设定访问权限，从而限制其他对象进行访问。访问权限有以下几种：public、protected、private、default，我们将在后面详细讨论它们的含义。对于类的成员来说，又可以分为实例成员和类成员两种，这些都将在后面详细讨论。

8.2.3 成员变量

最简单的成员变量的声明格式如下：

```
type 成员变量名;
```

其中，type 可以是 Java 中的任意数据结构，包括简单数据类型、类、接口、数组。类中的成员变量应该是唯一的。

类的成员变量与方法中声明的局部变量是不同的，成员变量的作用域是整个类，而局部变量的作用域只是方法内部。对于成员变量，还可以使用以下修饰符加以限定。

(1) static：用来指示成员变量是静态变量(类变量)，不需要实例化即可使用，类的所有对象都将使用同一个类变量。没有使用 static 修饰的变量则是实例变量，必须实例化类才可以使用实例变量。类的不同对象都各自拥有自身的实例变量。类的方法只能使用类变量，而不能使用实例变量。

(2) final：用来声明常量。例如：

```
classFinalVar{
    final int CONSTANT=50;
    ...
}
```

上述语句声明了常量 CONSTANT，并赋值为 50。对于使用 final 限定的常量，在程序中不能改变值。通常，常量名用大写字母表示。

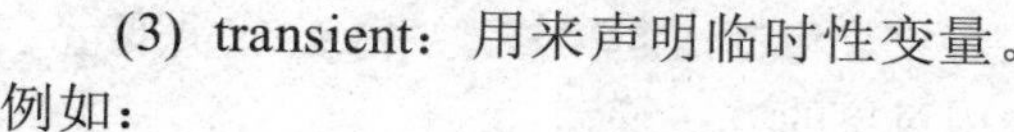

(3) transient：用来声明临时性变量。例如：

```
class TransientVar{
    transient TransientV;
    …
}
```

默认情况下，类的所有变量都是对象永久状态的一部分，当对象被存档(串行化)时，这些变量必须同时被保存。使用 transient 限定的变量则告诉 Java 虚拟机，变量并不属于对象的永久状态，不需要序列化，主要用于实现不同对象的存档功能。

(4) volatile：用来声明共享变量。例如：

```
class VolatileVar{
    volatile int volatileV;
    …
}
```

由多个并发线程共享的变量可以使用 volatile 来修饰，从而使各个线程对变量的访问能保持一致。

8.2.4　成员方法

成员方法的实现包括两部分：方法声明和方法体。

```
[public|protected|private][static][final|abstract][native][synchronized]
    returnType methodName([paramList])[throws exceptionList]
    {statements}
```

1. 方法声明

最简单的方法声明包括方法名和返回类型两部分，如下所示：

```
returnType methodName( ){
    …//方法体
}
```

其中，返回类型可以是 Java 中的任意数据类型。当一个方法不需要返回值时，就必须将返回类型声明为 void。

(1) 方法的参数。

在很多方法的声明中，都需要给出一些外部参数，从而为方法的实现提供信息。在声明方法时，可在圆括号中列出参数表。参数表指明了每个参数的名称和类型，各个参数之间用逗号分隔，如下所示：

```
returnType methodName(type name[，type name
    [，…]]){
        …
}
```

对于类中的方法，也可以像成员变量那样限定访问权限，可选的修饰符或限制方式如下。

- static：限定方法为类方法。
- abstract 或 final：指明方法是否可以重写。
- native：用来把 Java 代码和其他语言代码集成起来。
- synchronized：用来控制多个并发线程对共享数据的访问。
- throws ExceptionList：用来处理异常。

【例 8-4】方法中的参数。 素材

```
class Circle{
  int x,y,radius;     //x、y、radius 是成员变量
  public Circle(int x,int y,int radius){
                   //x、y、radius 是参数
    …
  }
}
```

例 8-4 中的 Circle 类有 3 个成员变量：x、y 和 radius。Circle 类的构造方法有 3 个参数，名称也是 x、y 和 radius。构造方法中出现的

x、y 和 radius 指的是参数名而不是成员变量名。为了访问这些同名的成员变量，必须通过“当前对象”指示符 this 引用它们。例如：

```
class Circle{
    int x,y,radius;
    public Circle(int x,int y,int radius){
      this.x=x;
      this.y=y;
      this.radius=radius;
    }
}
```

在上述语句中，带 this 前缀的变量为成员变量，这样参数和成员变量便一目了然了。this 表示的是当前对象本身，更准确地说，this 表示当前对象的引用。对象的引用可以理解为对象的别名，通过引用可以方便地操作对象，包括访问和修改对象的成员变量、调用对象的方法等。

(2) 方法的参数传递。

在 Java 中，可以把任何数据类型有效的参数传递到方法中，这些数据类型必须预先定义好。

参数的数据类型既可以是简单数据类型，也可以是引用数据类型(数组、类或接口)。对于简单数据类型，Java 实现的是按值传送，方法接收的是参数的值，但不能改变这些参数的值。如果想要改变参数的值，就必须使用引用数据类型，因为引用数据类型传递给方法的是数据在内存中的地址，使用方法对数据执行的操作可以改变数据的值。例 8-5 说明了方法参数中简单数据类型与引用数据类型的区别。

【例 8-5】方法中简单数据类型和引用数据类型的区别。
素材

```
public class PassTest{
    float ptValue;
    public static void main(String args[]){
        int val;
        PassTest pt=new PassTest( );      //生成 PassTest 类的实例 pt
        val=11;
        System.out.println("Original Int Value is:"+val);
        pt.changeInt(val);                //简单数据类型
        System.out.println("Int Value after change is:"+val);
        pt.ptValue=101f;
        System.out.println("Original ptValue Value is:"+pt.ptValue);
        pt.changeObjValue(pt);            //引用数据类型
        System.out.println("ptValue after change is:"+pt.ptValue);
    }
    public void changeInt(int value){
        value=55;
    }
    public void changeObjValue(PassTest ref){
        ref.ptValue=99f;
    }
}
```

编译并运行程序，结果如下：

```
c:\java PassTest
Original Int Value is:11
Int Value after change is:11
Original ptValue Value is:101.0
ptValue after change is:99.0
```

我们在类 PassTest 中定义了如下两个方法：changeInt(int value)和 changeObjValue (PassTest ref)。changeInt(int value)方法接收的参数是 int 类型的值，然后在方法内部对接收到的 value 参数进行了重新赋值，但由于该方法接收的是值参数，因此在方法内都对 value 参数所做的修改不影响方法外部的 value 参数；changeObjValue(PassTest ref)方法接收的参数是引用类型的值，所以在该方法内部对引用参数所指对象的成员方法进行修改时，是对所指对象的内存空间进行修改，因此 pt.ptValue 的值发生了变化。

2. 方法体

方法体是对方法的实现，其中包括局部变量的声明以及所有合法的 Java 指令。在方法体中可以声明方法用到的局部变量，它们的作用域仅限于方法内部，当方法返回时，局部变量也就不存在了。如果局部变量的名称和类的成员变量的名称相同，那么类的成员变量将被隐藏。

【例 8-6】类的成员变量和局部变量的作用域示例。素材

```
class Variable{
  int x=0,y=0,z=0;   //类的成员变量
  void init(int x,int y){
    this.x=x;
    this.y=y;
    int z=5;            //局部变量
    System.out.println("****in init****");
    System.out.println("x="+x+"   y="+y+"   z="+z);
  }
}

public class VariableTest{
  public static void main(String args[]){
    Variable v=new Variable();
    System.out.println("****before init****");
    System.out.println("x="+v.x+"   y="+v.y+"   z="+v.z);
    v.init(20,30);
    System.out.println("****after init****");
    System.out.println("x="+v.x+"   y="+v.y+"   z="+v.z);
  }
}
```

编译并运行程序，结果如下：

```
C:\>java VariableTest
****before init****
x=0   y=0   z=0
****in init****
x=20   y=30   z=5
****after init****
x=20   y=30   z=0
```

从本例可以看出，局部变量 z 和类的成员变量 z 的作用域是不同的。

8.2.5 方法重载

方法重载是指多个方法可以使用相同的名称，但是这些方法的参数必须不同，或者参数个数不同，或者参数类型不同。在例 8-7 中，我们将通过方法重载分别接收一个或多个不同数据类型的数据。

【例 8-7】方法重载示例。素材

```
class MethodOverloading{
        void receive(int i){
              System.out.println("Receive one int data");
              System.out.println("i="+i);
        }
        void receive(int x，int y){
              System.out.println("Receive two int datum");
              System.out.println("x="+x+" y="+y);
        }
        void receive(double d){
              System.out.println("Receive one double data");
              System.out.println("d="+d);
        }
        void receive(String s){
              System.out.println("Receive a string");
              System.out.println("s="+s);
        }
    }
    public class MethodOverloadingTest{
      public static void main(String args[]){
              MethodOverloading mo=new MethodOverloading();
              mo.receive(1);
              mo.receive(2,3);
              mo.receive(12.56);
              mo.receive("very interesting,isn't it?");
```

```
        }
    }
```

编译并运行程序，结果如下：

```
C:\>java MethodOverloadingTest
Receive one int data
i=1
Receive two int datum
x=2    y=3
Receive one double data
d=12.56
Receive a string
s=very interesting,isn't it?
```

编译器根据参数的个数和类型来决定当前将要调用的方法。需要注意的是，在两个方法的声明中，如果参数的类型和数目均相同，只有返回值的类型不同，那么编译时将产生错误，这说明返回类型不能用来区分方法的重载。

通过这个例子可以看出，重载虽然表面上没有减少程序的编写工作量，但实际上重载使程序的实现方式变得简单，开发人员只需要记住方法名，就可以根据不同的输入类型选择方法的不同版本。方法的重载与调用关系如下图所示。

重载

```
void receive(int i){…}
void receive(int x,int y){…}
void receive(double d) {…}
void receive(String s) {…}
```

调用

```
<-----receive(1)
<-----receive(2,3)
<-----receive(12.56)
<-----receive("very interesting,isn't it?")
```

8.2.6　构造方法

在 Java 语言中，当创建对象时，对象的成员可以用构造方法(在有些编程语言中也称为构造函数)进行初始化。构造方法是一种特殊的方法，为了区别于其他方法，构造方法的名称必须与类的名称相同，而且不返回任何数据。一般将构造方法声明为公共的(public)，如果声明为私有的(private)，那就不能创建类的实例了，因为构造方法是在类的外部被默认调用的。构造方法对于对象的创建是必需的。实际上，Java 语言为每个类都提供了默认的构造方法，用来初始化类的成员变量。如果不定义构造方法，Java 语言将通过调用默认的构造方法来对新对象的成员变量进行初始化。在构造方法的实现中，也可以进行构造方法的重载。

【例 8-8】构造方法的实现。素材

```
class Point{
        int x,y;
        Point( ){           //定义构造方法
```

```
        x=0;
        y=0;
    }
    Point(int x, int y){//构造方法的重载
        this.x=x;
        this.y=y;
    }
}
```

在例 8-8 中，Point 类有两个构造方法，方法名均为 Point，与类名相同。这里对构造方法进行了重载，从而可以根据不同的参数分别为点的坐标赋予不同的初值。

在例 8-6 中，我们也曾使用 init()方法对成员变量 x、y 进行初始化，那么使用构造方法的好处都有哪些呢？当使用 new 运算符为对象分配内存空间时，需要调用对象的构造方法；而当构建对象时，必须使用 new 为对象分配内存。因此，使用构造方法进行初始化避免了在生成对象后每次都调用对象的 init()方法。如果没有实现类的构造方法，那么 Java 运行时系统会自动提供默认的构造方法，但没有任何参数。另外，构造方法只能由 new 运算符调用。

8.2.7 主类

一个 Java 应用程序可以由很多类构成，但是其中有且只有一个类含有 main()方法，我们称之为主类。main()方法的格式如下：

```
public static void main(String args[]){
  ...
}
```

所有 Java 应用程序都是从主类的 main()方法开始执行的。把 static 放在方法名前表示方法为静态方法，并且是类方法而非实例方法。

8.2.8 finalize()方法

在对对象进行垃圾收集之前，Java 运行时系统会自动调用对象的 finalize()方法来释放系统资源，如关闭打开的文件或断开 socket 连接。finalize()方法的声明必须如下所示：

```
protected void finalize( ) throws throwable
```

finalize()方法在 java.lang.Object 类中实现，它可以被所有的类使用。如果要在一个自定义的类中实现 finalize()方法以释放对象占用的资源，那么还需要重载父类的 finalize()方法才能清除对象使用的所有资源，包括通过继承关系获得的资源。通常的格式如下：

```
protected void finalize( ) throws throwable{
    ...     //clean up code for this class
}
```

【例 8-9】finalize()方法示例。素材

```
class myclass{
 int m_DataMember1;
 float m_DataMember2;
 public myClass(){
   m_DataMember1=1;   //初始化变量
   m_DataMember2=7.25;
 }
 void finalize(){              //定义 finalize()方法
   m_DataMember1=null; //释放内存
```

```
    m_DataMember2=null;
  }
}
```

知识点滴

如果不自定义 finalize()方法，Java 将调用默认的 finalize()方法以执行扫尾工作。

8.3　对象

定义类的最终目的是使用它们，就像使用系统类一样，程序也可以继承用户自定义的类或创建并使用自定义类的对象。通过对类进行实例化，我们就可以生成多个对象，这些对象可通过消息传递进行交互(消息传递是指激活指定的某个对象的方法以改变对象的状态或使对象产生一定的行为)，最终完成复杂的任务。

对象的生命周期包括三个阶段：创建、使用和清除。

8.3.1　对象的创建

对象的创建包括声明、实例化和初始化三方面。通常的格式如下：

```
type obectName=new type([paramlist]);
```

(1) type objectName 声明了一个类型为 type 的对象(objectName 是一个引用，用于标识 type 类型的对象)，其中 type 是引用类型(包括类和接口)，对象的声明并不为对象分配内存空间(但为 objectName 分配了引用的内存空间)。

(2) 运算符 new 为对象分配内存空间并实例化对象。new 运算符调用对象的构造方法，返回指向对象的引用(对象所在的内存地址)。new 运算符可以为一个类实例化多个不同的对象。这些对象分别占用不同的内存空间。因此，改变其中一个对象的状态不会影响其他对象的状态。

(3) 生成对象的最后一步是执行构造方法，进行初始化。由于构造方法可以重载，因此可以通过给出不同个数或类型的参数来分别调用不同的构造方法。如果类中没有定义构造方法，系统会调用默认的构造方法。

【例 8-10】定义类并创建类的对象。 素材

```
class Computer{
    String Owner;                           //成员变量
    void set_Owner(String owner){      //成员方法
      Owner=owner;
    }
    void show_Owner(){
      System.out.println("这台计算机是："+Owner+"的");
    }
}

class DemoComputer{
    public static void main(String args[]){
      System.out.println("使用类");
      Computer myComputer=new Computer();     //生成 Computer 类的对象 MyComputer
      myComputer.set_Owner("软件教研室");
```

```
    myComputer.show_Owner();
    }
}
```

上面定义了 Computer 和 DemoComputer 两个类，其中 Computer 和 DemoComputer 是类的名称，用户可以任意命名，但要注意不能和关键字发生冲突。定义好之后，Computer 和 DemoComputer 就可以作为数据类型使用了，这种数据类型的变量就是对象，例如下面的定义：

```
Computer myComputer=new Computer();
```

等价于

```
Computer myComputer;
myComputer=new Computer();
```

其中 myComputer 是对象的名称，表示 Computer 类型的对象，所以我们能够调用 Computer 类中的 set_Owner()和 show_Owner()方法。下面再举一个例子。

【例 8-11】设计 Rect 类，用于封装矩形的属性和操作，并计算矩形的面积。 素材

```
class Rect{
        double width,height;
        Rect(double w,double h){     //类的构造方法
            width=w;    height=h;
        }
        double area(){                 //定义求矩形面积的方法
            return width*height;
    }
}
```

上面完成了对矩形类 Rect 的定义，但是并没有创建 Rect 对象，下面再编写主类 MainClass 以创建并使用 Rect 对象，代码如下：

```
class MainClass{
    public static void main(String args[]){
      double d;
      Rect myRect=new Rect(20,30);    //创建对象 myRect
      d=myRect.area();                 //调用对象方法 area()，求矩形的面积
      System.out.println("myRect 的面积是："+d);    //输出矩形的面积
    }
}
```

主类 MainClass 创建了 Rect 类的一个对象 myRect，然后调用 Rect 类的构造方法，传入

的实际参数为(20,30)，表示宽度为 20、高度为 30。最后调用 myRect 对象的求面积方法 area()，将结果保存至变量 d 中并进行输出显示。

8.3.2 对象的使用

对象的使用包括引用对象的成员变量和成员方法，通过.运算符可以实现对变量的访问和方法的调用。

例 8-12 首先定义了类 Point，并在例 8-8 的基础上添加了一些内容，然后创建 Point 类的对象并调用其方法。

【例 8-12】对象的使用示例。素材

```
class Point{
  int x,y;
  String name="a point";
  Point( ){
    x=0;
    y=0;
  }
  Point(int x,int y,String name){
    this.x=x;
    this.y=y;
    this.name=name;
  }
  int getX(){
    return x;
  }
  int getY(){
    return y;
  }
  void move(int newX,int newY){
    x=newX;
    y=newY;
  }
  Point newPoint(String name){
    Point newP=new Point(-x,-y,name);
    return newP;
  }
  boolean equal(int x,int y){
  if(this.x==x&&this.y==y)
    return true;
  else
    return false;
}
```

```
  void print(){
   System.out.println(name+":   x="+x+"    y="+y);
  }
}
public class UsingObject{
    public static void main(String args[]){
    Point p=new Point();
    p.print();
    p.move(50,50);
    System.out.println("****after moving****");
    System.out.println("Get x and y directly");
    System.out.println("x="+p.x+"    y="+p.y);
    System.out.println("or Get x and y by calling method");
    System.out.println("x="+p.getX( )+"    y="+p.getY());
    if(p.equal(50,50))
      System.out.println("I like this point!");
    else
      System.out.println("I hate it!");
    p.newPoint("a new point").print();
    new Point(10,15,"another new point").print();
  }
}
```

编译并运行程序，结果如下：

```
C:\>java UsingObject
a point:   x=0   y=0
****after moving****
Get x and y directly
x=50   y=50
or Get x and y by calling method
x=50   y=50
I like this point!
a new point:   x=-50   y=-50
another new point:   x=10   y=15
```

(1) 引用对象的变量。

访问对象的某个变量的语法格式如下：

```
objectReference.variable
```

其中 objectReference 是指向对象的引用，既可以是已生成的对象，也可以是能够生成对象引用的表达式。

例如，在使用语句 Point p=new Point(); 生成 Point 类的对象 p 后，就可以使用 p.x 和 p.y 访问点的坐标。

```
p.x = 10;
p.y = 20;
```

也可以使用 new 运算符生成对象的引用，然后直接访问对象的成员变量：

```
tx = new point().x;
```

(2) 调用对象的方法。

调用对象的某个方法的语法格式如下：

```
objectReference.methodName([paramlist]);
```

例如，为了移动 Point 类的对象 p，可以使用下面的语句：

```
p.move(30,20);
```

也可以使用 new 运算符生成对象的引用，然后直接调用对象的方法。

```
new point().move(30,20);
```

8.3.3　对象的清除

对象的清除指的是对系统内无用的内存单元进行收集。在 Java 管理系统中，可以使用 new 运算符为对象或变量分配存储空间。在使用完对象或变量后，程序设计者不用刻意删除对象或变量以收回它们占用的存储空间。Java 运行时系统会通过垃圾收集功能周期性地释放无用对象占用的内存，完成对象的清除。当对象的引用不存在时(当前的代码段不属于对象的作用域或把对象的引用赋值为 null，如 p=null)，对象就成为无用对象。Java 运行时系统的垃圾收集器将自动扫描对象的动态内存区，对被引用的对象添加标记，然后把没有引用的对象作为垃圾收集起来并释放，释放内存是由系统自动处理的。垃圾收集器使得系统的内存管理变得简单、安全。垃圾收集器是作为线程运行的。当系统的内存用尽或者在程序中调用 System.gc()以要求进行垃圾收集时，垃圾收集器将与系统同步运行，否则垃圾收集器将在系统空闲时异步运行。在 C 语言中，可通过 free 来释放内存，C++语言则通过 delete 来释放内存，这种内存管理方法需要跟踪内存的使用情况，不仅复杂，而且容易造成系统崩溃。Java 采用自动垃圾收集机制进行内存的管理，从而使程序员不需要跟踪每个对象，避免了上述问题的产生，这是 Java 的一大优点。

当下述条件满足时，Java 内存管理系统将自动完成内存收集工作。

(1) 当堆栈中的存储器数量少于某个特定值时。

(2) 当程序强制调用系统类的方法时。

(3) 当系统空闲时。

当以上条件满足时，Java 运行时系统将停止程序，恢复所有可能恢复的存储器。在一个对象作为垃圾(不被引用)被收集前，Java 运行时系统会自动调用对象的 finalize()方法，以便清除对象使用的资源。

8.4　访问控制符

访问控制符是一组用于限定类、属性和方法是否可以被程序中的其他部分访问和调用的修饰符。也就是说，类及其属性和方法的访问控制符规定了程序其他部分能否访问和调用它们，这里的“其他部分”是指程序中除了该类之外的其他类或方法。

无论修饰符如何定义，一个类总能访问和调用自己的成员，但是这个类之外的其他部分能否访问该类的变量或方法，就要看变量和方法以及它们所属的类的访问控制符了。

类的访问控制符只有 public，而成员变量和成员方法的访问控制符有三个，分别是 public、protected、private。另外，默认情况下系统并没有定义专门的访问控制符。

8.4.1 类的访问控制符

(1) 公共访问控制符(public)。

在 Java 中,类的访问控制符只有 public,表示声明的是公共类。公共类可以被所有其他类访问和引用，这里的访问和引用是指公共类作为整体是可见并且可使用的。程序的其他部分可以创建公共类的对象，访问其中可用的成员变量和方法。Java 中的类可以通过包来组织，处于同一个包中的类可以不加任何说明而互相访问和引用；而对于不同包中的类，它们相互之间是不可见的，当然也不可能互相引用。但是，当一个类被声明为公共类时，它就有了被其他包中的类访问的可能性，只需要在程序中使用 import 语句引入公共类，就可以访问和引用公共类了。

一个类作为整体对于程序的其他部分可见，并不代表这个类的所有成员变量和方法也对程序的其他部分可见。类的成员变量和方法能否被其他类访问，还要看这些成员变量和方法的访问控制符。类中被声明为 public 的方法是类对外的接口部分，程序的其他部分可以通过调用这些接口达到与当前类交换信息、传递消息甚至影响当前类的作用，从而避免程序的其他部分直接操作类的数据。

一个类如果定义了常用的操作，并且希望能作为公共工具供其他的类和程序使用，那么应该把这个类本身和这些方法都定义为 public，如 Java 类库中的那些公共类以及它们的公共方法。另外，每个 Java 程序的主类都必须是公共类，原因也在于此。

(2) 默认访问控制符。

一个类如果没有访问控制符，就说明这个类具有默认的访问控制特性。也就是说，这个类只能被同一个包中的类访问和引用，而不能被其他包中的类使用，这种访问特性又称为包访问性。通过声明类的访问控制符可以使整个程序结构清晰、严谨，减少可能发生在类之间的干扰和错误。

8.4.2 对类成员的访问控制

类的成员变量和方法在声明时，可以使用 public、protected、private 访问控制符，这些访问控制符的作用是对类的成员限定访问权限，实现类中成员在一定范围内的信息隐藏。Java 语言提供了 4 种不同的访问权限，以实现 4 种不同范围的访问能力，如表 8-1 所示。

表 8-1 Java 语言提供的 4 种访问权限

访问等级	同一个类中	同一个包中	不同包中的子类	不同包中的非子类
private	★			
默认	★	★		
protected	★	★	★	
public	★	★	★	★

从中可以看出，类总是可以访问自己的成员。

1. private

限制性最强的访问等级就是 private。类中限定为 private 的成员只能被类本身访问而不能被外部类访问。下面定义的 Alpha 类包含了一个 private 成员变量和一个 private 成员方法。

```
class Alpha{
    private int iamprivate;                    // private 成员变量
```

```
    private void privateMethod( ){         // private 成员方法
        System.out.println("privateMethod");
    }
}
```

Alpha 类中的对象或方法既可以检查或修改 iamprivate 变量，也可以调用 privateMethod()方法，但在 Alpha 类的外部却不行。例如，在下面的 Beta 类中通过 Alpha 对象访问 Alpha 类的私有变量或私有方法是不合法的：

```
class Beta{
    void accessMethod(){
        Alpha a=new Alpha();
        a.iamprivate=10;        //非法
        a.privateMethod();   //非法
    }
}
```

当试图访问没有访问权限的成员变量时，编译器就会给出错误信息并拒绝对源程序继续进行编译。同样，如果试图访问不能访问的方法，也会产生编译错误。

一个类不能访问其他类对象的私有成员，但是同一个类的两个对象能否互相访问私有成员呢？下面举例说明。

```
class Alpha{
    private int iamprivate;
    boolean isEqualTo(Alpha anotherAlpha){
     if(this.iamprivate==anotherAlpha.iamprivate)
        return true;
     else
        return false;
    }
}
```

同一个类的不同对象可以访问对方的私有成员变量或调用对方的私有方法，这是因为访问保护控制在类的级别而非对象级别。另外，对于构造方法，也可以限定为私有的。如果一个类的构造方法被限定为私有的，那么其他类将不能生成该类的实例。

2. 默认

类中不加任何访问权限控制的成员处于默认访问状态，它们可以被类本身以及同一个包中的其他类访问。这种访问级别假定相同包中的类是相互信任的。例如：

```
package Greek;
public class Alpha{
  int iamprivate;
  void packageMethod(){
        System.out.println("packageMethod");
  }
}
```

Alpha 类可以访问自己的成员，同时所有与 Alpha 类定义在同一个包中的其他类也可以访问这些成员。例如 Alpha 和 Beta 类都定义在 Greek 包中，因而在 Beta 类中可以合法地访问 Alpha 对象的成员。

```
package Greek;
class Beta{
  void accessMethod(){
        Alpha a=new Alpha();
        a.iamprivate=10;         //合法
        a.protectedMethod();   //合法
  }
}
```

3. protected

类中限定为protected的成员可以被类本身、该类的子类以及同一个包中所有其他的类访问。因此，在允许类的子类以及同一个包中其他相关的类访问而杜绝其他不相关的类访问时，可以使用 protected 访问级别，并且把相关的类放在同一个包中。

```
package Greek;
public class Alpha{
  protected int iamprivate;
  protected void privateMethod( ){
          System.out.println("protectedMethod");
   }
}
```

假设 Gamma 类也被声明为 Greek 包中的成员，那么 Gamma 类可以合法地访问 Alpha 对象的成员变量 iamprivate，并且可以调用 protectedMethod()方法。

```
package Greek;
class Gamma{
  void accessMethod( ){
          Alpha a=new Alpha( );
          a.iamprivate=10;        //合法
          a.protectedMethod( );   //合法
   }
}
```

下面再来研究一下protected访问控制符是怎样影响 Alpha 类的子类的。

首先引入新的类 Delta，Delta 类继承于 Alpha 类，但是定义在另一个包 Latin 中。因此，Delta 类不仅可以访问自己的成员 iamprivate 和 protectedMethod()，而且可以访问父类 Alpha。但是在 Delta 类中，不能访问 Alpha 对象的成员 iamprivate 和 protectedMethod()。

```
package Latin;
import Greek.*;
class Delta extends Alpha{
  void accessMethod(Alpha a,Delta d){
          a.iamprivate=10;        //非法
          d.iamprivate=10;        //合法
          a.protectedMethod();    //非法
          d.protectedMethod();    //合法
   }
}
```

处在不同包中的子类，虽然可以访问父类中限定为 protected 的成员，但这时访问这些成员的对象必须是子类类型，而不能是父类类型。

4. public

在 Java 中，类中限定为 public 的成员可以被所有的类访问。一般情况下，一个成员只有在外部对象使用后不会产生不良后果时，才能声明为公共的。为了声明公共成员，需要使用关键字 public。例如：

```
package Greek;
public class Alpha{
  public int iampublic;
  public void publicMethod(){
          System.out.println("publicMethod");
   }
}
```

现在让我们重新编写 Beta 类并将其放置到不同的包中，并且确保它跟 Alpha 类毫无关系。

```
package Roman;
import Greek.*;
class Beta{
  void accessMethod(){
          Alpha a=new Alpha();
          a.iampublic=10;         //合法
          a.publicMethod();       //合法
   }
}
```

从上面可以看出，在 Beta 类中不仅可以合法地访问和修改 Alpha 类中的 iampublic 变量，也可以调用 publicMethod()方法。

5. 访问控制符小结

访问控制符是一组限定类、变量或方法是否可以被其他类访问的修饰符。

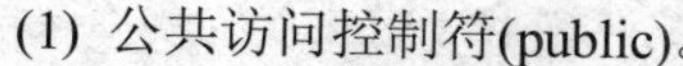

(1) 公共访问控制符(public)。

公共类：可以被其他包中的类引入后访问。

公共方法：类的接口，用于定义类中对外提供的功能方法。

公共变量：可以被其他类访问。

(2) 使用默认访问控制符的类、变量、方法：具有包访问性(只能被同一个包中的类访问)。

(3) 私有访问控制符(private)：修饰变量或方法，只能被类自身访问。

(4) 保护访问控制符(protected)：修饰变量或方法，可以被类自身、同一个包中的其他类、任意包中该类的子类访问。

8.5　包

采用面向对象技术进行实际系统的开发时，通常需要定义许多类一起协同工作。为了更好地管理这些类，Java 引入了包的概念。包是类和接口定义的集合，就像文件夹或目录把各种文件组织在一起，使硬盘上保存的内容更清晰、更有条理一样。Java 中的包把各种类组织在一起，使得程序功能更清楚、结构更分明。最重要的是，包可用于实现不同程序之间类的重用。

包是一种松散的类和接口的集合。一般不要求处于同一个包中的类或接口之间有明确的联系，如包含、继承等关系，但是由于同一个包中的类在默认情况下可以互相访问，所以为了方便编程和管理，通常把需要在一起协同工作的类和接口放在同一个包中。

Java 语言提供的标准包如表 8-2 所示。

表 8-2　标准的 Java 包列表

包	功能描述
java.applet	包含一些用于创建 Java Applet 的类
java.awt	包含一些用于编写平台无关的图形用户界面(GUI)应用程序的类，其中又包含几个子包，比如 java.awt.peer 和 java.awt.image 等
java.io	包含一些用于输入输出(I/O)处理的类，数据流就包含在这个包中
java.lang	包含一些基本的 Java 类。java.lang 是被隐式引入的，所以用户不必引入即可使用这个包中的类
java.net	包含用于建立网络连接的类。可与 java.io 包同时使用以完成与网络有关的读写操作
java.util	包含一些其他的工具和数据结构，如编码、解码、向量和堆栈等

8.5.1　包的创建

Java 中的包是一组类，要想使某个类成为某个包的成员，就必须使用 package 语句进行声明。package 语句必须是整个.java 文件的第一条语句，以指明文件中定义的类属于某个包。package 语句的一般格式如下：

```
package 包名;
```

Java 编译器把包对应为文件系统中的目录管理进行。例如，在名为 myPackage 的包中，所有的类文件都存储在目录 myPackage 下。同时，可以在 package 语句中指明目录的层次结构，例如：

```
package java.awt.image;
```

以上语句指定包中的文件都存储在目录 path/java/awt/image 下。

包层次结构中的根目录path是由环境变量 CLASSPATH 确定的。

【例 8-13】编写一系列有关图形对象的类 Graphics、Circle、Rectangle、Line、Point 以及接口 Draggable，Draggable 接口的功能是使用户可以通过拖动鼠标移动这些图形对象，我们可以将它们放置于同一个包 packageGraphic 中。素材

```
package packageGraphic;  //位于 Graphic.java 文件的第一行
public abstract class Graphics{
   ...
}
public class Circle extends Graphic implements Draggable{
   ...
}
public class Rectangle extends Graphic implements Draggable{
   ...
}
public interface Draggable{
   ...
}
```

以上程序的第一行就创建了名为 packageGraphic 的包，这个包中的类在默认情况下可以互相访问。对于这样一个 Java 文件，编译器将创建与包名一致的目录结构。换言之，javac 会在 classes 目录下创建目录 packageGraphic。

此外，使用点运算符.可以实现包之间的嵌套。例如，对于如下 package 语句：

```
package myclasses.packageGraphic;
```

javac 将在 classes 目录下首先创建 myclasses 目录，然后在 myclasses 目录下创建 packageGraphic 目录，并把编译后产生的相应的类文件放在 packageGraphic 目录中。

使用 package 语句时有以下特殊要求：

(1) 对于将要包含到包中的类，要求类的代码必须和包中的其他文件在同一个目录下。

(2) package 语句必须处在文件的第一行。换句话说，package 语句之前除了空白和注释语句之外不能有任何内容。

将文件声明为包的一部分之后，类的实际名字应该是“包名.类名”。用户可以引入包的全部内容或包中所有的类，为了引入包中所有的类，可以使用通配符(*)代替所有类名。引入整个包之后，用户就可以使用包中的任意类了。

引入整个包也存在一定的弊端，主要体现在以下几个方面：

(1) 当引入整个包时，虚拟机必须跟踪包中所有元素的名字，必须使用额外的内存来存储类和方法名。

(2) 如果用户引用了几个包，并且它们有共享的文件名，系统就会崩溃。

(3) 最重要的弊端就是涉及国际互联网的带宽问题。当引入不在本地机器上的整个包时，浏览器必须在继续显示内容之前通过网络将包中的所有文件下载下来。如果包中有 30 个类，而我们只使用其中两个，网页将无法尽快加载，所以用户将浪费许多资源。

Java 编译器将为每个类生成一个字节码文件，且文件名与类名相同，因此同名的类有可能发生冲突。引入包的概念以后，就很

好地解决了这一问题，包实际上提供了一种命名机制和可见性限制机制。

8.5.2 import 语句

如果想要使用系统已经提供的 Java 类，那么可以通过 import 语句引入它们。import 语句的语法格式如下：

```
import packagel[.package2…].(classname|*);
```

其中，packagel[.package2…]表明了包的层次结构，与 package 语句相同，对应于文件目录；classname 则指明了想要引入的具体类。

Java 编译器会为所有的程序自动引入包 java.lang，因此不必再用 import 语句引入这个包中的所有类。但是，如果需要使用其他包中的类，就必须使用 import 语句进行引入。

如果要从一个包中引入多个类，可以用星号(*)代替引入整个包。例如：

```
import java.awt.*;
```

如果只需要包中的一个类或接口，可以只引入这个类或接口，而不需要装载整个包。例如，下面的语句只会引入 Date 类：

```
import java.util.Date;
```

另外，在 Java 程序中使用类的地方，都可以指明包含类的包，这时就不需要用 import 语句引入类了。只不过这样做时需要在程序中输入大量的字符，因此一般情况下不建议使用。例如，Date 类包含在 java.util 包中，我们可以使用 import 语句引入 java.util 包中的所有类以使用子类 myDate：

```
import java.util.*;
class myDate extends Date
{
        …
}
```

也可以直接在使用类时指明包名：

```
class myDate extends java.Util.Date
{
        …
}
```

上面两种写法是等价的。

如果引入的几个包中包括名称相同的类，那么在使用这些类时就必须排除二义性。排除二义性类名的方法很简单，就是在类名之前冠以包名作为前缀。也就是说，当使用类时，必须指明包含类的包，从而使编译器能够正确地载入相应的类。

例如，前面我们在 packageGraphic 包中定义了 Rectangle 类(参见例 8-13)，而 java.awt 包中也包含 Rectangle 类。如果 packageGraphic 和 java.awt 两个包均被引入，那么下面的代码就具有二义性：

```
Rectangle rectG;
Rectangle rectA=new Rectangle();
```

在这种情况下，必须在类名之前冠以包名，以便准确地区分需要的是哪一个 Rectangle 类，从而避免二义性。例如：

```
packageGraphic.Rectangle rectG;
java.awt.Rectangle rectA=new
    java.awt.Rectangle();
```

8.5.3 编译和运行包

如果使用 package 语句指明了一个包，那么这个包的层次结构必须与文件目录的层次结构相同。例如，假设在 test 目录下创建一个名为 packTest 的类并放在 test 包中，然后保存为文件 packTest.java。对该文件进行编译后，我们将得到字节码文件 packTest.class。

如果直接在 test 目录下执行 java packTest 命令，解释器将返回信息 can't find class packTest(找不到类 packTest)，因为此时 packTest 类处于 test 包中，对该类的引用应该为 test.packTest，于是我们执行 java test. packTest 命令，但解释器仍然返回信息 can't find class test\packTest(找不到类 tesf\packTest)。这时我们可以查看环境变量 CLASSPATH，发现它

的值为 C:\java\classes，这表明 Java 解释器将在当前目录和 Java 类库所在目录 C:\java\classes 下查找 packTest 类，因此找不到。正确的做法有两种：

(1) 在 test 目录的上一级目录下执行如下命令：

```
java test.packTest
```

(2) 修改环境变量 CLASSPATH，使其包含当前目录的上一级目录。

由此可见，运行包中的类时，必须指明包含该类的包，而且要在适当的目录下运行。同时，还要正确地设置环境变量 CLASSPATH，使解释器能够找到指定的类。

8.6 上机练习

目的： 掌握类的定义以及对象的创建、操作等。

内容： 定义 Account 类来实现银行账户的功能，成员变量有 accountId 和 leftMoney，成员方法有 saveMoney()、getMoney()、getLeftMoney()等。请定义主类，创建 Account 对象，并完成相应操作。

提示：关键代码如下。

```
public int getLeftMoney(){
  return leftMoney;
}
public void saveMoney(double money){
  leftMoney+=money;
}
public void getMoney(double money){
  if(money<=leftMoney)
  leftMoney-=Money;
  else
  System.out.println("最多只能取："+leftMoney);
}
…
Account a=new Account(12345678,100000);
a.saveMoney(80000);
  System.out.println("存入 80000 元后余额为："+a.getLeftMoney());
  a.getMoney(150000);
  System.out.println("取走 150000 元后余额为："+a.getLeftMoney());
  a.getMoney(50000);   //试图再取 50000 元
```

第 9 章

继承、多态与接口

本章的学习目标是掌握类的继承机制、多态性的覆盖实现和重载实现、抽象类与接口、实例成员和类成员、内部类等内容。

9.1 继承与多态

继承是面向对象程序设计的一种重要手段，通过继承可以更有效地组织程序结构，明确类之间的关系，充分利用已有的类来创建新类，以完成更复杂的程序设计与开发任务，提高代码的复用性。多态则可以统一多个相关类对外的接口，并在运行时根据不同的情况执行不同的操作，提高类的抽象度和灵活性。

9.1.1 子类、父类与继承机制

1. 继承的概念

在面向对象技术中，继承是最具特色的一个特点。继承是存在于面向对象程序中的两个类之间的一种关系。通过继承可以实现代码的复用，使程序的复杂性呈线性增长，而不是随规模的增大呈几何级增长。当一个类自动拥有另一个类的所有属性(变量和方法)时，就称这两个类之间具有继承关系。被继承的类称为父类，继承了父类的所有属性的类则称为子类。如下图所示，Circle 类继承了 Point 类的所有属性，并以继承的坐标点为圆心，自定义的成员变量为半径，用于完成对圆的各种操作。

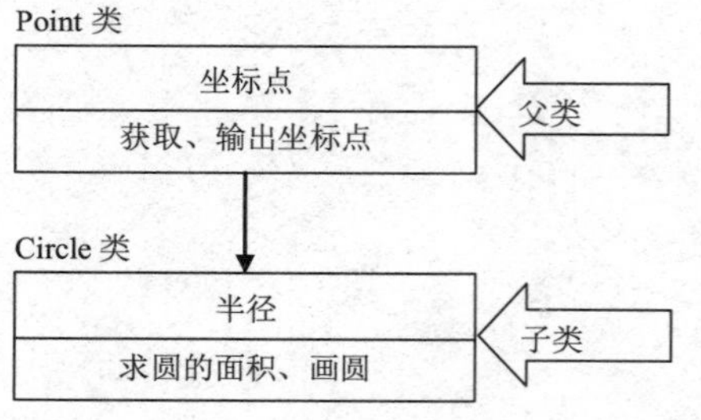

继承是一种从已有的类创建新类的机制。父类和子类之间具有共享性、层次性和差异性。由于父类代表所有子类的共性，而子类既可继承父类的共性，又可具有本身独有的特性；因此，在定义子类时，只要定义子类本身特有的属性和方法就可以了。从这个意义上讲，继承可以理解为：子类的对象可以拥有父类的全部属性和方法，但父类对象却不能拥有子类对象的全部属性和方法。

Java 语言出于安全性和可靠性的考虑，仅提供了单继承机制。Java 程序中的每个类只有一个直接父类，而 Java 的多继承机制则可以通过接口来间接实现。

2. 类的层次

Java 中的类具有层次结构，如下图所示。Object 类定义和实现了 Java 系统所需要的众多类的共同行为，它是所有类的父类。Object 类是根类，所有的类都从 Object 类继承、扩充而来，Object 类定义在 java.lang 包中。

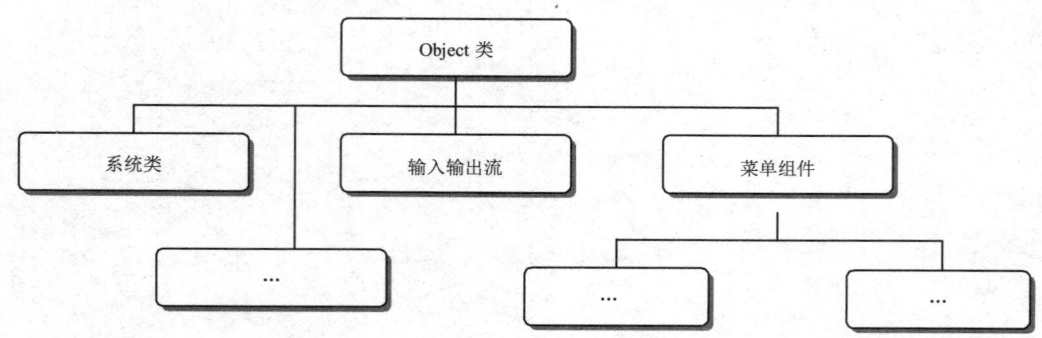

从中可以看出，位于最高层次的是 Object 类，也称为对象基类、超类或父类。Object 类有许多子类，也称为导出类或派生类。事实上，每个子类又可以派生许多子类，从而形成规模庞大的类层次结构。

9.1.2　继承性

在 Java 中，所有的类都是通过直接或间接地继承 java.lang.Object 类得到的。继承得到的类称为子类，被继承的类称为父类，父类包括所有直接或间接被继承的类。子类继承父类的状态和行为，同时也可以修改父类的状态或重写父类的行为，更可以添加新的状态和行为。但需要注意的是，Java 不支持多重继承。

1. 创建子类

可通过在类的声明中加入 extends 子句来创建子类，语法格式如下：

```
class 子类名 extends 父类名{
    …
}
```

如果父类又是某个类的子类，那么创建的子类同时也是该类的(间接)子类。子类可以继承父类的所有内容。如果省略 extends 子句，那么该类就是 java.lang.Object 类的子类。子类可以继承父类中访问权限为 public、protected、default 的成员变量和方法，但是不能继承访问权限为 private 的成员变量和方法。

【例 9-1】使 Circle 类继承 Point 类，可以先定义 Point 类，再从 Point 类派生 Circle 类。素材

```
class Point{
    int x,y;
    void getxy(int i, int j){
        x=i;
        y=j;
    }
}
class Circle extends Point{
    double r;
    double area( ){
        return 3.14*r*r;
    }
}
```

在定义类时，可以使用 extends 关键字来指明新定义的类的父类，从而在两个类之间建立继承关系。新定义的类称为子类，子类可以从父类那里继承所有非私有的属性和方法作为自己的属性和方法。

【例 9-2】演示继承性。素材

```
class Student{          //自定义 Student 类
  int stu_id;           //定义属性：学生学号
  void set_id(int id){  //定义方法：设置学号
    stu_id=id;
  }
  void show_id(){    //定义方法：显示学号
    System.out.println("the student ID is:"+stu_id);
}
}
public class UniversityStudent extends Student{    //定义 UniversityStudent 是 Student 的子类
  int dep_number;                 //定义子类特有的属性变量：院系编号
  void set_dep(int dep_num){  //定义子类特有的方法
```

```
    dep_number=dep_num;
  }
  void show_dep( ){
    System.out.println("the dep_number is:"+dep_number);
  }
  public static void main(String args[]){
    UniversityStudent Lee=new UniversityStudent();
    Lee.set_id(2007070130);   //继承父类的属性
    Lee.set_dep(701);         //使用子类的属性
    Lee.show_id();            //继承父类的方法
    Lee.show_dep();           //使用子类的方法
}
}
```

学生有小学生、中学生和大学生之分，因此，Student 类可以作为具有共性的父类，而大学生则是学生的一种，具有特殊性，因此可以把 UniversityStudent 类作为子类。这样，UniversityStudent 类便继承了 Student 类的所有属性和方法，而 UniversityStudent 类本身还可以有自身特有的属性和方法。

2. 成员变量的隐藏和方法的覆盖

我们先来看一下例 9-3。

【例 9-3】演示成员变量的隐藏和方法的覆盖。素材

```
class SuperClass{
        int x;
        …
        void setX(){
                x=0;
        }
        …
}

class SubClass extends SuperClass{
     int x;                  //hide x in SuperClass
     …
     void setX(){        //override method setX() in SuperClass
        x=5;
     }
     …
}
```

在本例中，SubClass 是 SuperClass 的子类。子类 SubClass 中声明了一个和父类 SuperClass 中同名的变量 x，并且定义了与之同名的方法 setX()。这时，在子类 SubClass 中，父类的成员变量 x 被隐藏，父类的方法 setX()被重写。于是子类对象使用的变量 x

为子类中定义的变量，子类对象调用的方法setX()也是子类中实现的方法。子类通过成员变量的隐藏和方法的重写可以把父类的状态和行为变为自身的状态和行为。

子类重新定义一个与从父类那里继承得来的成员变量完全相同的变量，这个过程称为成员变量的隐藏。方法的覆盖是指子类重新定义一个与从父类继承得来的方法同名的子类方法，此时子类将清除父类方法的影响。

知识点滴

子类在重新定义父类中已有的方法时，应保持与父类完全相同的方法声明。也就是说，应与父类中的方法具有完全相同的方法名、参数列表和返回类型。

3. super

子类在隐藏了父类的成员变量或重写了父类的方法之后，有时还需要用到父类的成员变量，或在重写的方法中使用父类中被重写的方法以简化代码，这时就需要访问父类的成员变量或调用父类的方法。在 Java 中，可通过使用 super 来实现对父类成员的访问。前面提到过，this 是对当前对象的引用，与 this 类似，super 则是对当前对象的父类的引用。

super 的使用有以下三种情况。

(1) 用来访问父类被隐藏的成员变量，例如：

```
super.variable
```

(2) 用来调用父类中被重写的方法，例如：

```
super.Method([paramlist]);
```

(3) 用来调用父类的构造方法，例如：

```
super(rparamlist));
```

例 9-4 演示了 super 的使用以及成员变量的隐藏和方法的重写。

【例 9-4】 演示 super 的使用以及成员变量的隐藏和方法的重写。素材

```
class SuperClass{
        int x;
        superClass( ) {
           x=3;
           System.out.println("in superClass: x = "+x);
        }
        void doSomething( ){
           System.out.println("in superClass.doSomething( )");
        }
}

class subclass extends superClass {
        int x;
        subclass( ) {
           super( );           //call constructor of superClass
           x=5;
           System.out.println("in subclass : x = "+x);
        }
        void doSomething( ){
```

```
            super.doSomething( ); //call method of superClass
            System.out.println("in subClass.doSomething( )");
            System.out.println("super.x = "+super.x+" sub.x = "+x);
        }
}

public class inheritance {
        public static void main( String args[ ] ){
            subclass subC = new subclass( );
            subC.doSomething( );
        }
}
```

编译并运行程序，结果如下：

```
C:\>java inheritance
in superClass: x = 3
in subclass : x = 5
in superClass.doSomething( )
in subClass.doSomething( )
super.x = 3 sub.x = 5
```

通常，在实现子类的构造方法时，往往先调用父类的构造方法。在实现子类的finalize()方法时，最后调用父类的 finalize()方法，这符合层次化的观点以及构造方法和finalize()方法的特点。换言之，初始化过程总是从高级向低级进行，而资源释放过程则应从低级向高级进行。

4. 继承性的设计原则

在面向对象的继承性设计中，有以下几条重要且有用的原则。

(1) 尽量将公共的操作和属性放在父类中。这是通过类的继承实现代码复用的基本要求，通过定义父类的方法，使得所有的子类都能重用这些代码，这对于提高程序的开发效率有很大的好处。

(2) 利用继承关系实现问题模型中的如下关系："子类是父类中的一种"。

(3) 子类继承父类的前提是：父类中的方法对于子类都是可用的。如果要声明一个类继承了另一个类，就必须考虑父类的方法是否对子类都适用，如果不适用的方法很多，那就失去了继承的意义。

9.1.3 多态性

1. 多态性的概念

多态性是由封装性和继承性引出的面向对象程序设计的另一特性。在面向过程的程序设计中，各个方法之间是不能重名的，否则在使用名称进行调用时，就会产生歧义和错误；而在面向对象的程序设计中，有时却需要利用这样的"重名"来提高程序的抽象度和简洁性。

多态性是指同名的多个方法在程序中共存。换言之，可以为同一个方法定义多个版本，运行时根据不同的情况执行不同的版本。调用者使用同一个方法名，系统则根据不同情况，调用相应的方法，从而实现不同的功能。多态性又被称为"一个名字，多个方法"。

在 Java 中，多态性的实现有两种方式：覆盖实现多态性和重载实现多态性。

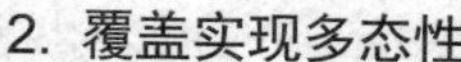

2. 覆盖实现多态性

子类对象可以作为父类对象使用，这是由于子类通过继承具备了父类的所有属性(私有的除外)。所以，在程序中凡是要求使用父类对象的地方，都可以用子类对象代替。另外，子类还可以重写父类中已有的成员方法，实现父类中没有的功能。

(1) 重写方法的调用规则。

对于重写的方法，Java 运行时系统将根据调用方法的实例的类型来决定调用哪个版本。对于子类的实例，如果子类重写了父类的方法，则运行时系统会调用子类的方法；如果子类继承了父类的方法(未重写)，则运行时系统会调用父类的方法。因此，父类对象可以通过引用子类的实例来调用子类的方法，如例 9-5 所示。

【例 9-5】重写方法的调用规则。 素材

```
class A{
	void callme( ){
		System.out.println("Inside A's callme() method");
	}
}

class B extends A{
	void callme( ){
		System.out.println("Inside B's callme( ) method");
	}
}

public class Dispatch{
	public static void main(String args[]){
		A a=new B( ); a.callme( );
	}
}
```

程序的运行结果如下：

```
C:\>java Dispatch
Inside B's callme( ) method
```

在例 9-5 中，我们声明了 A 类型的变量 a，然后使用 new 运算符创建了子类 B 的一个实例，并把指向该实例的一个引用存储到变量 a 中。Java 运行时系统分析出该引用是类型 B 的一个实例，因此调用的是子类 B 的 callme()方法。

使用这种方式可以实现运行时的多态，体现了面向对象程序设计中的代码复用和健壮性。已经编译好的类库可以调用新定义的子类的方法而不必重新编译，而且提供了一个简明的抽象接口。比如在例 9-5 中，如果增加 A 类的几个子类的定义，那么使用 a.callme()可以分别调用多个子类的不同的 callme()方法，只需要分别使用 new 运算符创建不同子类的实例即可。

(2) 方法重写时应遵循的原则。

- 改写后的方法不能比被重写的方法有更严格的访问权限。
- 改写后的方法不能比被重写的方法产生更多的异常。

在进行方法的重写时必须遵循以上原则，否则会产生编译错误。为编译器加上这两个限定，是为了与 Java 语言的多态性保持一致。我们可以通过分析例 9-6 得出这些结论。

【例 9-6】假设编译器允许改写后的方法比被重写的方法有更严格的访问权限，那么下面的程序段可以编译通过，生成.class 文件。素材

```
class Parent{
        public void fimction( ){
        }
}
class Child extends Parent{
        private void function( ){
        }
}
public class OverriddenTest {
        public static void main(String args[]){
          Parent p1 = new Parent( );
          Parent p2 = new Child( );
          p1.function( );
          p2.function( );
        }
}
```

当程序执行到 p2.function()时，由于 p2 指向的是 Child 类的对象，因此 p2.function()会调用 Child 类的 function()方法，但由于 Child类的funtion()方法的访问权限为private，因此导致访问权限冲突。产生这种错误的原因在于：子类中重写的 function()方法比父类中重写的相同方法有更严格的访问权限。为了避免这种错误的产生，Java 语言规定不允许这样重写方法，否则会在编译时产生错误。

另一条原则与对象的多态性有关，这样限定是出于对程序健壮性的考虑，是为了避免程序中有应该捕获而未捕获的异常。涉及异常处理的部分，我们将在后面章节中介绍。

3. 重载实现多态性

重载实现多态性是通过在类中定义多个同名的不同方法来实现的。编译时则根据参数(个数、类型、顺序)的不同来区分不同的方法。通过重载可以定义多种同类的操作方法，调用时根据不同的需要选择不同的操作。

例 9-7 创建了一个重载的方法。程序中定义了 MyRect 类，该类中定义了矩形，并使用 4 个实例变量来定义矩形左上角和右下角的坐标，另外还定义了 3 个同名但参数不同的 buildRect()方法，用于为这些实例变量设置值。

【例 9-7】重载实现多态性。素材

```
import java.awt.Point;

class MyRect{
  int x1=0;
  int y1=0;
  int x2=0;
  int y2=0;
}
```

```
MyRect buildRect(int x1,int y1,int x2,int y2){
  this.x1=x1;
  this.y1=y1;
  this.x2=x2;
  this.y2=y2;
  return this;
}
MyRect buildRect(Point topLeft,Point bottomRight){
  x1=topLeft.x;
  y1=topLeft.y;
  x2=bottomRight.x;
  y2=bottomRight.y;
  return this;
}
MyRect buildRect(Point topLeft,int w,int h){
  x1=topLeft.x;
  y1=topLeft.y;
  x2=(x1+w);
  y2=(y1+h);
  return this;
}
void printRect(){
  System.out.println("MyRect:<"+x1+","+y1);
  System.out.println(","+x2+","+y2+">");
}
public static void main(String args[]){
  MyRect rect=new MyRect();
  rect.buildRect(25,25,50,50);
  rect.printRect();
  System.out.println("******");
  rect.buildRect(new Point(10,10),new Point(20,20));
  rect.printRect();
  System.out.println("******");
  rect.buildRect(new Point(10,10),50,50);
  rect.printRect();
  System.out.println("******");
}
}
```

程序的运行结果如下：

```
C: >java MyRect
MyRect:<25,25,50,50>
******
MyRect:<10,10,20,20>
******
MyRect:<10,10,60,60>
******
```

4. 对象状态的确定

既然子类对象可以作为父类对象使用，那么在程序中怎样判断对象究竟属于哪个类呢? Java 语言提供了 instanceof 运算符来判断对象是否属于某个类的实例。

下面我们举例说明 instanceof 运算符的用法。在例 9-8 中，方法 method()接收的参数为 Employee 类型的对象，Manager 和 Contractor 都是 Employee 类的子类。由于子类对象可以作为父类对象使用，因此 method() 方法也可以接收 Manager 和 Contractor 类型的对象。在 method()方法内部，可以通过 instanceof 运算符来判断对象的具体类型，进而做出不同的处理。

【例 9-8】确定对象的状态。素材

```
public void method(Employee e) {
        if(e instanceof Manager){
          …                    //do something as a Manager
        }
        else if(e instanceof Contractor) {
          …                    //do something as a Contractor
        }
        else {
          …                    //do something else
        }
}
```

9.2 抽象类和接口

本节介绍 Java 中的抽象类和接口。

9.2.1 抽象类

使用 abstract 关键字修饰的类称为抽象类。抽象类不能被实例化，抽象类只提供了基础，要想实例化，就必须将抽象类作为父类，子类可以通过继承抽象类，然后添加自己的属性和方法，从而形成具体的有意义的类。

同理，使用 abstract 关键字修饰的方法称为抽象方法。与 final 类和 final 方法相反，抽象类必须被继承，抽象方法必须被重写。

当一个类的定义完全表示抽象的概念时，就不应该被实例化为对象。例如 Java 中的 Number 类就是抽象类，它只表示数字这一抽象概念，只有当作为整数类 Integer 或实数类 Float 的父类时才有意义。抽象类的一般定义格式如下：

```
abstract class abstractClass{
    …
}
```

由于抽象类不能被实例化，因此下面的语句将产生编译错误：

```
new abstractClass( );                //abstract class can't be instantiated
```

抽象类中可以包含抽象方法，从而为所有子类定义统一的接口。抽象方法只需要声明，不需要实现，声明格式如下：

```
abstract returnType abstractMethod([paramlist]);
```

抽象类中不一定包含抽象方法，但是，一旦某个类中包含抽象方法，这个类就必须被声明为抽象类。

【例 9-9】抽象类举例。素材

```
abstract class A {
        abstract void callme( );
        void metoo( ){
            System.out.println("Inside A's metoo( ) method");
        }
}

class B extends A{
        void callme( ){
            System.out.println("Inside B's callme( ) method");
        }
}

public class Abstract {
     public static void main( String args[ ] ) {
            A c = new B( );
            c.callme( );
            c.metoo( );
        }
}
```

程序的运行结果如下：

```
C:\>java Abstract
Inside B's callme( ) method
Inside A's memo( ) method
```

本例首先定义了抽象类 A，其中声明了抽象方法 callme()；然后定义了子类 B，并重载方法 callme()；最后在 Abstract 类中创建了子类 B 的一个实例，并把指向它的一个引用返回到 A 类型的变量 c 中。

9.2.2 接口

接口是用来实现类之间的多重继承功能的一种结构，是相对独立的用于完成特定功能的属性集合。凡是需要实现这种特定功能的类，都可以继承并使用接口。一个类只能有一个父类，但却可以同时实现多个接口。

Java 通过接口使得处于不同层次，甚至互不相干的类可以具有相同的行为。接口就是方法定义和常量值的集合。从本质上讲，接口是一种特殊的抽象类，这种抽象类只包含常量和方法的定义，而没有变量和方法的实现。接口的作用主要体现在以下几个方面：

(1) 通过接口可以实现不相干类的相同行为，而不需要考虑这些类之间的层次关系。

(2) 通过接口可以指明多个类需要实现的方法。

(3) 通过接口可以了解对象的交互界面，而不需要了解对象对应的类。

1. 接口与多继承

与 C++不同，Java 不支持类的多重继承，而是通过接口来实现比多重继承更强的功能。多重继承是指一个类可以是多个类的子类，这使得类的层次关系变得很复杂，而且当多个父类同时拥有相同的成员变量和方法时，子类的行为是不容易确定的，这些都给编程带来一定的困难。单一继承则清楚地表明了类的层次关系，指明了子类和父类各自的行为。接口则把方法的定义和类的层次区分开来，通过接口可以在运行时动态地定位想要调用的方法。同时，接口可以实现“多重继承”，因为一个类可以实现多个接口。正是这些机制使得接口提供了相比多重继承更简单、更灵活的功能。

需要特别说明的是：接口只是定义了行为的协议，并没有定义履行接口协议的具体方法。如果 Java 中的某个类要获取某个接口定义的功能，那么无法通过直接继承这个接口中的属性和方法来实现，因为接口定义中的方法都是没有方法体的抽象方法。也就是说，接口定义的仅仅是实现某一特定功能的一组对象协议和规范，并没有真正地实现这些功能，这些功能的真正实现是在实现接口的类中完成的，需要通过这些类来具体地定义接口中各个抽象方法的方法体，以适合某些特定的行为。因此，在 Java 中，通常把对接口功能的继承称为“实现”。

因为接口是简单的、未实现的一些抽象方法的集合，所以我们不妨观察一下接口与抽象类到底有什么区别，这对于学习 Java 是很有意义的。它们之间的区别主要有如下几点：

(1) 接口不能实现任何方法，而抽象类可以。

(2) 抽象类可以实现许多接口，但只有一个父类。

(3) 接口不是类层次结构的一部分，因此不相干的类可以实现相同的接口。

2. 接口的定义

接口是由常量和抽象方法组成的特殊类。定义接口与创建类非常相似。接口的定义包括接口声明和接口体两部分，一般格式如下：

```
接口声明{
    接口体
}
```

(1) 接口声明

接口声明中可以包括对接口访问权限的限定以及父接口的列表。完整的接口声明格式如下：

```
[public]interface 接口名[extends 接口列表]{
        …
}
```

其中，public 指明任意类都可以使用这个接口。默认情况下，只有与这个接口定义在同一个包中的类才可以访问该接口；extends 子句与类声明中的 extends 子句基本相同，所不同的只是一个接口可以有多个父接口，父接口之间用逗号分隔，而一个类只能有一个父类。子接口将继承父接口中的所有常量和方法。

(2) 接口体。

接口体包含常量定义和方法定义两部分。

常量定义的一般格式如下：

```
type NAME=value;
```

其中 type 可以是任意类型；NAME 是常量名，通常使用大写字母表示；value 是常量值。接口中定义的常量可以被实现接口的多个类共享，这里的常量与 C 语言中使用 #define 以及 C++中使用 const 定义的常量是相同的。接口中定义的常量具有 public、final、static 属性。

方法定义的一般格式如下：

```
returnType methodName([paramlist]);
```

接口只进行方法的声明，而不提供方法的实现，所以方法定义中没有方法体，且以分号结尾。接口中声明的方法具有 public 和 abstract 属性。另外，如果在子接口中定义了和父接口中同名的常量或方法，那么父接口中的常量将被隐藏、方法将被重写。

【例 9-10】接口定义举例。素材

```
interface Collection{
        int MAX_NUM=100;
        void add(Object obj);
        void delete(Object Obj);
        Object find(Object obj);
        int currentCount( );
}
```

例 9-10 定义了一个名为 Collection 的接口，其中声明了一个常量和四个方法，这个接口可以由队列、堆栈、链表等实现。

3. 接口的实现

要使用接口，就必须编写实现接口的类。如果一个类实现了接口，那么这个类就必须提供接口中定义的所有方法的实现。

一个类可以根据接口中定义的协议来实现接口。在类的声明中，可以使用 implements 子句来表示类想要实现的接口。一个类可以实现多个接口，接口名在 implements 子句中用逗号分隔开。在类体中可以使用接口中定义的常量，而且必须实现接口中定义的所有方法。

【例 9-11】接口的实现：在类 FIFOQueue 中实现例 19-10 中定义的接口 Collection。素材

```
class FIFOQueue implements Collection{
        void add (Object obj ){
              …
        }
        void delete( Object obj ){
              …
        }
        Object find( Object obj ){
              …
        }
        int currentCount {
              …
        }
}
```

在类中实现接口中定义的方法时，方法的声明必须与接口中定义的完全一致。

实现接口时应注意以下几点：

(1) 在类的声明部分，需要使用 implements 关键字声明类想要实现的接口。

(2) 在类中实现抽象方法时，必须使用 public 修饰符。

(3) 除抽象类外，在类的定义部分必须为接口中的所有抽象方法定义方法体，且方法头应该与接口中的定义完全一致。

(4) 如果实现接口的类是抽象类，那么不用实现接口中的所有方法。但是对于这个抽象类的任何非抽象子类，不允许存在未实现的接口方法。换言之，非抽象类中不能存在抽象方法。

4. 接口类型的使用

当定义一个新的接口时，实际上相当于定义了一种新的引用数据类型，在可以使用其他类型的地方(比如变量声明、方法参数等)，都可以使用这个接口。接口可以作为一种引用类型使用，任何实现接口的类的实例都可以存储在接口类型的变量中，通过这些变量可以访问具体的类所实现接口中的方法。Java 运行时系统会动态地确定执行哪个类中的方法。

把接口作为一种数据类型意味着不需要了解对象所属的类，而着重于交互接口。仍以前面定义的 Collection 接口和 FIFOQueue 类为例，在例 9-12 中，我们将 Collection 接口作为引用类型使用。

【例 9-12】接口类型的使用。素材

```
class InterfaceType {
        public static void main( String args[] ){
            Collection c = new FIIFOQueue();
            ...
            c.add(obj);
            ...
        }
}
```

总之，接口的声明仅仅给出了抽象方法的定义，具体实现时则需要由某个特定的类为接口中的抽象方法定义具体的方法体。

9.3 其他相关技术

接口可以作为引用类型在使用其他类型的地方使用。

9.3.1 final 关键字

在类体、类以及类的成员变量和方法的定义中，都可以使用 final 关键字。对于这三种不同的语法单元，final 的作用也不同，下面分别加以叙述。

(1) final 变量。

如果一个变量的前面有 final 修饰符，那么这个变量就变成了常量，一旦被赋值，就不允许在程序的其他地方进行修改。使用方式如下：

```
final type variableName;
```

使用 final 修饰成员变量时，在定义的同时就应该给出初始值；而对于局部变量，不要求在定义的同时给出初始值。但无论哪种情况，初始值一旦给定，就不允许再进行修改。

(2) final 方法。

在类的成员方法前也可以使用 final 进行修饰，使用 final 修饰的方法不能被子类重写。使用方式如下：

```
final returnType methodName(paramList){
        ...
}
```

(3) final 类。

final 类是不能被继承的。出于安全方面的原因或面向对象设计方面的考虑，有时候希望一些类不能被继承。例如，Java 中的 String 类对编译器和解释器的正常运行有着非常重要的作用，不能轻易改变，因此可以声明为 final 类，使之不能被继承，这就保证了 String 类的唯一性。同时，如果认为一个类的定义已经很完美，不需要再生成它的子类了，那么也应该声明为 final 类，以阻止某些类对它进行其他处理。final 类的一般定义格式如下：

```
final class 类名{
        …
}
```

9.3.2　实例成员和类成员

Java 中的类包括两种类型的成员：实例成员和类成员。除非特别指定，定义在类中的成员一般都是实例成员。

在类中声明成员变量或方法时，也可以指定它们为类成员。类成员用 static 修饰符声明，语法格式如下：

```
static type classVar;
static returnType classMethod([paramlist]){
        …
}
```

上述语句分别声明了一个类变量和一个类方法。如果在声明时不使用 static 修饰符，那么声明的变量和方法为实例变量和实例方法。

1. 实例变量

可以使用如下形式声明实例变量：

```
class MyClass{
    float aFloat;
    int aInt;
}
```

以上语句在 MyClass 类中声明了实例变量 aFloat、aInt。在声明了实例变量之后，当每次创建类的一个新对象时，系统就会为该对象创建实例变量的副本，然后就可以通过对象来访问这些实例变量。

2. 实例方法

实例方法是对当前对象的实例变量进行操作的，而且可以访问类变量。

例 9-13 中定义的 AnIntergerNamedX 类有一个实例变量 x 以及两个实例方法 x()和 setX()，AnIntergerNamedX 类的对象可通过实例方法来设置和查询实例变量 x 的值。

【例 9-13】实例方法举例。素材

```
class AnIntergerNamedX{
    int x;
    public int x(){
        return x;
    }
    public void setX(int newX){
        x=newX;
    }
}
```

类的所有对象将共享实例方法的相同实现。例如，AnIntergerNamedX 类的所有对象将共享方法 x()和 setX()的相同实现。方法 x()和 setX()中都使用了实例变量 x，所有对象都共享方法 x()和 setX()的相同实现，会不会引起混淆呢？当然不会。在实例方法中，实例变量的名称引用的是当前对象的实例变量。因此，方法 x()和 setX()中的 x 等价于当前对象中的 x，不会产生模棱两可的情况。将实例方法和操作对象联系在一起，可以保证每个对象拥有不同的数据，但处理这些数据的方法仅有一套，可以被类的所有对象共享。

例如，AnIntergerNamedX 类的外部对象如果要访问 x，就必须通过 AnIntergerNamedX 类的特定实例来实现。假设下面的代码段出现在其他类的方法中，其中包含两个 AnIntergerNamedX 类型的对象，将 x 设置为不同的值，然后打印输出。

```
…
AnIntergerNamedX myX=new AnIntergerNamedX();
AnIntergerNamedX anotherX=new AnIntergerNamedX();
mxX.setX(1);
anotherX.x=2;
System.out.println("myX.x="+ myX.x());
System.out.println("anotherX.x="+ anotherX.x());
…
```

这里使用了两种方式来访问实例变量 x：

- 使用 setX()方法来设置 myX.x 的值。
- 直接赋值给 anotherX.x。

不管使用哪种方式，代码操作的都是实例变量 x 的两个不同的副本，一个包含在 myX 对象中，另一个包含在 anotherX 对象中。输出结果如下：

```
myX.x=1
anotherX.x=2
```

这说明类的每个对象都有自己的实例变量，并且每个实例变量都有不同的数值。

3. 类变量

类变量可以使用 static 修饰符来声明。类变量与实例变量的区别在于：系统只为每个类分配类变量，而不管类创建的对象有多少。当第一次调用类时，系统为类变量分配内存，类的所有对象共享类变量。因此，可以通过类本身或某个对象来访问类变量。

例如，修改前面的 AnIntergerNamedX 类，使 x 变量成为类变量。

【例 9-14】类变量举例。素材

```
class AnIntergerNamedX{
    static int x;
    public int x(){
        return x;
    }
    public void setX(int newX){
        x=newX;
    }
}
```

此时，测试程序的输出结果如下：

```
myX.x=2
anotherX.x=2
```

输出的两个变量结果相同，这是因为变量 x 现在是类变量了，能够被类的所有对象共享，包括 myX 和 anotherX。在任意对象中调用 setX()方法，都会改变所有对象共享的值。

4. 类方法

当定义方法时，也可以指定方法为类方法而不是实例方法。第一次调用包含类方法的类时，系统就会为类方法创建副本。类的所有实例共享类方法的相同副本。

需要注意的是：类方法只能操作类变量而不能直接访问类中定义的实例变量，除非这些类方法创建新的对象，并通过对象来访问它们。同时，类方法可以在类中进行调用，而不必通过实例进行调用。

为了指定方法为类方法，需要在声明方法的时候使用 static 关键字。现在我们修改一下 AnIntergerNamedX 类，将成员变量 x 定义为实例变量，并将两个方法都定义为类方法。

```
class AnIntergerNamedX{
    int x;
    static public int x(){
        return x;
    }
```

```
    static public void setX(int newX){
        x=newX;
    }
}
```

当试图编译修改后的 AnIntergerNamedX 类时，会产生编译错误。原因是类方法不能访问实例变量，除非类方法先创建类对象，并通过类对象访问变量。另外，在类方法中也不能使用 this 或 super 关键字。

下面将变量 x 声明为类变量：

```
class AnIntergerNamedX{
    static int x;
    static public int x(){
        return x;
    }
    static public void setX(int newX){
        x=newX;
    }
}
```

现在编译就可以通过了。

实例成员和类成员之间的另一个不同点就是类成员可以用类名进行访问，而不必创建类对象。语法格式如下：

```
类名.类成员名
```

例如：

```
AnIntergerNamedX.setX(1);
System.out.println("AnIntergerNamedX.x="+
AnIntergerNamedX..x());
```

5. 举例

【例 9-15】类变量举例。素材

```
class member{
    static int classVar;
    int instanceVar;

    static void setClassVar(int i){
        classVar=i;
        //instanceVar=i;          //can't access nonstatic member in static method
    }
    static int getClassVar(){
        return classVar;
    }
    void setinstanceVar(int i){
        classVar=i;
        instanceVar=i;
    }
    int getInstanceVar(){
        return instanceVar;
    }
}
public class memberTest{
    public static void main(String args[]){
    member m1=new member();
```

```
member m2=new member();
m1.setClassVar(1);
m2.setClassVar(2);
System.out.println("m1.classVar="+m1.getClassVar()+"m2.classVar="+m2.getClassVar());
m1.setinstanceVar(11);
m2.setinstanceVar(22);
System.out.println("m1.InstanceVar="+m1.getInstanceVar()+"
m2.InstanceVar="+m2.getInstanceVar());
 }
}
```

程序的运行结果如下：

```
C:\>java memberTest
m1.classVar=2     m2.classVar=2
m1.InstanceVar=11        m2.InstanceVar=22
```

从类成员的特性可以看出，我们可以使用 static 来定义全局变量和全局方法，这时由于类成员仍然封装在类中，因此可以通过限制全局变量和全局方法的使用范围来防止冲突。另外，由于可以通过类名直接访问类成员，因此类成员在访问之前不需要进行实例化。类的 main()方法必须使用 static 来修饰，就是因为 Java 运行时系统在开始执行一个程序之前，并没有生成类的实例，因而只能通过类名来调用 main()方法作为程序的入口。

9.3.3 java.lang.Object 类

java.lang.Object 类处于 Java 开发环境的类层次树的根部，其他所有的类都直接或间接地成为 Object 类的子类。Object 类定义了所有对象最基本的状态和行为，包括与同类对象的比较、转换为字符串等。下面我们分别介绍其中较常用的几个方法。

(1) equals()方法。

equals()方法用来比较两个对象是否相同，如果相同，则返回 true，否则返回 false。此外，equals()方法比较的是两个对象的引用，作用相当于操作符==。

例如：

```
Integer one=new Integer(1);
Integer anotherOne=new Integer(1);
if(one.equals(anotherOne))
  System.out.println("objects are equal");
```

在以上示例中，equals()方法将返回 false，因为虽然 One 和 anotherOne 对象包含相同的整数值 1，但它们在内存中的位置并不相同。

(2) getClass()方法

getClass()方法是 final 方法，不能被重载。getClass()方法将返回一个对象在运行时所属类的表示，从而可以得到相应的信息。例如，下面的语句用于得到并显示对象所属类的类名：

```
void PrintClassName(Object obj){
   System.out.println("The object's class is"+obj.getClass( ).getName());
}
```

我们可以使用 newInstance()方法创建某个类的实例，而不必在编译时就知道到底是哪个类。例如，下面的代码创建了一个与对象 obj 具有相同类型的实例，创建的对象可以属于任何类。

```
Object creatNewlnstanceOf(Object obj){
   return obj.getClass().newlnstance()
}
```

(3) toString()方法。

toString()方法用于返回对象的字符串表示，可用来显示对象。例如：

```
System.out.println(Thread.currentThread().toString());
```

以上语句可以显示当前的线程。

通过重载 toString()方法可以适当地显示对象的信息以进行调试。

(4) finalize()方法。

finalize()方法用于在垃圾收集前清除对象，前面已经讲过。

(5) notify()、notifyAll()和 wait()方法。

这些方法用于实现多线程处理中线程的同步，我们将在后面详细介绍。

9.3.4 内部类

在 JDK 1.1 之前，Java 语言不支持在类中再嵌套定义类。也就是说，类只能是包的成员，而不能是类的成员。从 JDK 1.1 开始，Java 引入了内部类的概念，允许在类的内部再嵌套定义类。内部类可以是其他类的成员，既可以在语句块的内部定义，也可以在表达式中匿名定义。内部类具有如下特性：

(1) 内部类一般用在定义它的类或语句块内部，从外部引用时必须给出完整的类名。内部类的类名不能与包含它的类同名。

(2) 内部类既可以使用包含它的类的静态变量和实例成员变量，也可以使用它所在方法的局部变量。

(3) 内部类可以定义为抽象美。

(4) 内部类可以声明为 private 或 protected。

(5) 内部类如果被声明为 static，就变成了顶层类，也就不能再使用局部变量。

(6) 内部类中的成员不能声明为 static，只有在顶层类中才可以声明为 static。如果想在内部类中声明静态成员，那么内部类自身必须声明为 static。

下面展示了一种典型的嵌套类的形式：

```
class EnclosingClass{
      …
      class ANestedClass{
      …
      }
}
```

可以使用嵌套类来反映两个类之间的关系，当一个类只有在嵌入另一个类之后才有意义时，应该使用嵌套类。

作为一个类的成员，嵌套类在这个类中有如下特权：可以毫无限制地访问这个类的成员，即使这些成员定义为private。Java的访问控制机制限制了对类的外部成员的访问，而嵌套类处在类中，因而可以访问类中的所有成员。

内部类一般用来生成事件适配器，这可以为JDK1.1的事件处理带来方便。关于事件处理的相关内容，将在后面讲述。下面举例说明内部类的使用。

【例 9-16】内部类的使用。素材

```
import java.awt.*;
import java.awt.event.*;
public class TwoListenInner{
private Frame f;
private TextField tf;

public static void main(String args[]){
  TwoListenInner that=new TwoListenInner();
  that.go();
}
public void go(){
  f=new Frame("Two listeners example");
  f.add("North",new Label("click and drag the mouse"));
  tf=new TextField(30);
  f.add("South",tf);
  f.addMouseMotionListener(new MouseMotionHandler());
  f.addMouseListener(new MouseEventHandler());
  f.setSize(300,300);
  f.setVisible(true);
}
public class MouseMotionHandler extends MouseMotionAdapter{
  public void mouseDragged(MouseEvent e){
    String s="Mouse dragging:X="+e.getX()+",Y="+e.getY();
    tf.setText(s);
  }
}
public class MouseEventHandler extends MouseAdapter{
  public void mouseEntered(MouseEvent e){
    String s="The mouse entered";
    tf.setText(s);
  }
```

```
  public void mouseExited(MouseEvent e){
    String s="The mouse has left the building";
    tf.setText(s);
  }
 }
}
```

在这个例子中，我们定义了两个内部类：MouseMotionHandler 和 MouseEventHandler，它们分别用来处理鼠标移动事件和鼠标进入或离开事件。另外，也可以在表达式的内部包含完整的类定义，这种类称为匿名类。

【例 9-17】重写 TwoListenInner 内部类中的部分语句。

素材

```
public void go(){
  f=new Frame("Two listeners example");
  f.add("North",new Label("click and drag the mouse"));
  tf=new TextField(30);
  f.add("South",tf);
  f.addMouseMotionListener(new MouseMotionAdapter(){
    public void mouseDragged(MouseEvent e){
      String s="Mouse dragging:X="+e.getX()+",Y="+e.getY();
      tf.setText(s);
    }
  });
  f.addMouseListener(new MouseEventHandler());
  f.setSize(300,300);
  f.setVisible(true);
}
```

在上面这段代码中，我们在进行方法调用的同时定义了一个匿名类，作为 MouseMotionAdapter 类的子类使用。

使用内部类的好处是可以大大减小编译后产生的字节码文件的大小，但使用内部类会造成程序的结构不清晰。

9.4　上机练习

目的： 理解并掌握面向对象编程的关键技术之一——继承。

内容： 按以下步骤进行上机练习。

(1) 完善如下程序。

```
class F{
  int i,j;
  void showij(){System.out.println("i and j:"+i+" "+j);}
}
```

```
class S ___________{                                    //S 类继承了 F 类的属性和方法
  int k;
  void showk(){System.out.println("k:"+k);}
  void sum(){System.out.println("i+j+k:"+(i+j+k));}
}

public class Test{
  public static void main(String args[]){
  F parent =new F();
  S son=new S();
  parent.i=3; parent.j=5;
  ____________                               //使用父类 F 中的 showij()方法
  son.i=10;son.j=20;son.k=30;
  ____________                               //使用子类 S 从父类 A 继承的 showij()方法
  ____________                               //使用子类 S 新增的 showk()方法
  son.sum();
  }
}
```

(2) 运行上述程序，观察输出结果。

(3) 将父类 F 中的成员变量 i 声明为 private，编译时观察有什么错误发生？

(4) 在子类 S 中添加语句“int i,j; ”，对父类 F 中的同名变量 i 和 j 进行重新定义，观察运行结果有什么不同？为什么？这种现象称为什么？

(5) 在子类 S 中添加成员方法：

```
void showij(){System.out.println ("覆盖了父类的成员方法");}
```

对父类 F 中的同名方法进行重新定义，观察运行结果有什么不同？为什么？这种现象又称为什么？

第 10 章

Applet 编程

本章将向读者详细介绍 Java Applet 的开发步骤，并通过一系列实例，以点带面，让读者在最短的时间内掌握 Java Applet 的开发技术，尤其是 Graphics 类的使用方法。本章最后对 HTML 语言做了简要介绍。

10.1 Applet 概述

前面已经提到过，Java 语言不仅可以编写独立运行的应用程序，而且可以用来开发 Applet。事实上，Java 语言最初展现给世人的就是 Applet，Applet 的出现，使互联网立刻焕发出无限生机，因为 Applet 不仅可以生成绚丽多彩的 Web 页面、进行良好的人机交互，同时还能处理图形图像、声音、视频、动画等多媒体数据。Applet 随即吸引了全世界编程者的目光，Java 语言也因此火热流行起来，可见 Applet 在 Java 语言的发展过程中起到不可估量的推动作用。

Applet 一般称为小应用程序，Java Applet 就是使用 Java 语言编写的小应用程序，它们可以通过嵌入 Web 页面或其他特定的容器中来运行，也可以通过 Java 开发工具 appletviewer 来运行。Applet 必须运行于某个特定的"容器"中，这个容器可以是浏览器(如 IE、FireFox、Netscape 等)，也可以是各种插件。与独立运行的 Java 应用程序不同，Applet 有自身特有的一套执行流程，而不是以 main() 方法为程序的执行入口。在运行过程中，Applet 通常会与用户进行交互操作，显示动态的页面效果，并且还会进行严格的安全检查，以防止潜在的不安全因素(如根据安全策略，限制 Applet 对客户端的文件系统进行访问等)。Java Applet 可以实现图形图像的绘制、字体和颜色的控制、动画和音视频的播放、人机交互以及网络通信等。此外，Java 还提供了称为抽象窗口工具箱(Abstract Window Toolkit，AWT)的窗口环境开发工具。AWT 利用计算机的 GUI 技术，可以帮助用户轻松地创建标准的图形用户界面，如窗口、按钮、菜单、下拉框和滚动条等。

10.2 Applet 开发技术

本节将重点介绍 Applet 的开发技术及其宿主环境——HTML(Hyper Text Markup Language，超文本标记语言)。

10.2.1 Applet 开发步骤

Applet 的开发过程大致可以分为以下 3 个步骤：

(1) 使用 UltraEdit 或 Notepad 等纯文本编辑软件编写 Applet 源程序。

(2) 利用 javac 编译器将 Applet 源程序编译成.class 字节码文件。

(3) 编写 HTML 页面，并通过<applet>和</applet>标签引用上述.class 字节码文件。

1. 编辑 Applet 源程序

在"F:\工作目录"文件夹中创建 HelloApplet.java 文件，源代码如下：

```
import java.awt.*;
import java.applet.*;
public class HelloApplet extends Applet
{
        public void paint(Graphics g )
        {
          g.drawString("Hello!",10,10);
          g.drawString("Welcome to Applet
           Programming!",30,30);
        }
}
```

上述程序开头两行的 import 语句用来导入 Applet 中用到的一些 Java 标准类，类似于 C 语言中的 include 语句。大多数 Applet 都会含有类似的代码，以使用 JDK 提供的功能。接下来的代码定义了公共类 HelloApplet，它通过 extends 子句继承了 Applet 类，并重写了父类中的 paint()方法，其中参数 g 为 Graphics 类对象，代表当前绘画的上下文。在 paint()方法中，调用 g 对象的 drawString()方法两次，分别在坐标(10,10)和(30，30)处输出字符串“Hello！”和“Welcome to Applet Programming!”。其中的坐标是用像素点表示的，且以显示的窗口的左上角为坐标系的原点(0,0)。细心的读者可能早已发现：Applet 中没有 main()方法。其实这正是 Java Applet 与 Java 应用程序的重要区别之一。正由于 Applet 没有 main()方法作为程序的执行入口，因此必须放在“容器”中加以执行，常见的做法是编写 HTML 文件，将 Applet 嵌入其中，然后使用支持 Java 的浏览器或 appletviewer 工具来运行。

2. 编译 Applet 源程序

可以使用如下命令编译 HelloApplet.java 源文件：

```
F:\工作目录\>javac HelloApplet.java<回车>
```

与编译独立运行的 Java 应用程序一样，如果编写的 Java Applet 源程序存在语法错误的话，Java 编译器会给出相应的错误提示信息。Applet 源文件中必须没有任何语法错误，Java 编译器才能将其转换为浏览器或 appletviewer 能够执行的字节码文件。

成功编译 HelloApplet.java 源程序之后，系统就会在当前目录下生成一个字节码文件，名为 HelloApplet.class。

3. 编写 HTML 宿主文件

在运行 HelloApplet.class 字节码文件之前，还需要编写一个 HTML 文件，文件扩展名可以为.html 或.htm，浏览器或 appletviewer 将通过该文件执行其中的 Applet 字节码程序。

名为 HelloApplet.html 的 HTML 文件中的代码如下：

```
<HTML>
<TITLE>Hello   Applet</TITLE>
<APPLET  CODE="HelloApplet.class"
         WIDTH=300   HEIGHT=300>
</APPLET>
</HTML>
```

在上述 HTML 代码中，使用尖括号<和>括起来的都是 HTML 标签，HTML 标签一般都是成对出现的，前面加斜杠的表明标签结束。可以说，HTML 文件就是由各种各样的标签组成的，每种标签都有特定的含义，表达了某种信息。这里只简单介绍一下＜APPLET＞标签，＜APPLET＞标签至少需要包括以下 3 个参数。

- CODE：指定 Applet 字节码文件。
- WIDTH：指定 Applet 占用整个页面的宽度，以像素点为单位。
- HEIGHT：指定 Applet 占用整个页面的高度，以像素点为单位。

通过＜APPLET＞和＜/APPLET＞标签对就可以将 Applet 字节码文件嵌入其中。需要注意的是：字节码文件名要么包含具体路径，要么与 HTML 文件处于同一目录中，否则可能会出现加载 Applet 字节码失败的情况。

这里的HTML文件名为HelloApplet.html，对应的是 HelloApplet.java 文件，但这种对应关系不是必需的，也可以使用其他任何名字(比如test.html)命名这个 HTML 文件。但是文件名保持一种对应关系能给文件的管理带来一些便利。

4. 运行 HelloApplet.html

为了使用 appletviewer 运行 HelloApplet.html，需要输入如下命令：

```
F:\工作目录\>appletviewer HelloApplet.html
<回车>
```

运行结果如下页左上图所示。

要想使用浏览器运行 HelloApplet.html，双击这个 HTML 文件即可，显示结果如下图所示。

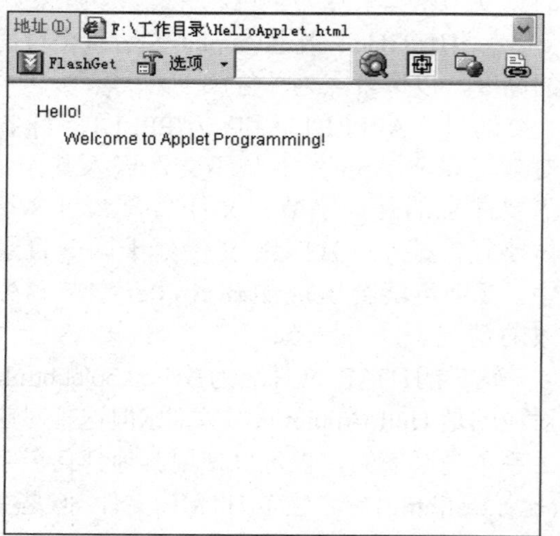

开发和运行 Applet 的整个过程就是这样的，包括 Java 源文件的编辑、编译生成字节码文件、编写 HTML 文件以及使用 appletviewer 或浏览器运行 Applet。下面接着对 Applet 的具体技术进行详细的介绍。

10.2.2 Applet 技术解析

在 Applet 源程序最前面的加载语句中，分别导入了 Java 的系统包 applet 和 awt。通常每一个系统包下都会包含一些 Java 类，比如 import java.applet.*语句将导入如下图所示的所有 Java 类。

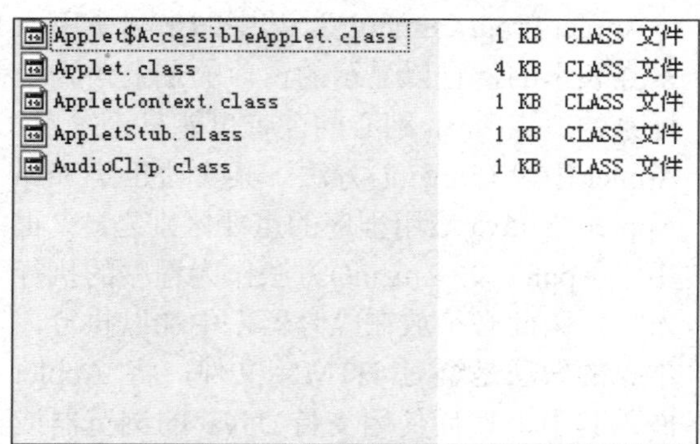

类是面向对象程序设计的核心概念，Java 系统预先提供了很多类来协助用户开发程序，用户可以直接引用这些类而不必自己实现。编写 Java Applet 必然用到 Applet 基类，可以使用关键字 extends 对 Applet 基类进行继承。另外，Applet 通常需要用到图形界面元素，这就要加载 java. awt 包，这个包提供了很多用于处理图形界面的类，如下图所示。

Canvas.class
CardLayout$Card.class
CardLayout.class
Checkbox$AccessibleAWTCheckbox.class
Checkbox.class
CheckboxGroup.class
CheckboxMenuItem$AccessibleAWTCheckboxMenuItem.class
CheckboxMenuItem.class
Choice$AccessibleAWTChoice.class
Choice.class
Color.class
ColorPaintContext.class
Component$AccessibleAWTComponent$AccessibleAWTComponentHandler.class
Component$AccessibleAWTComponent$AccessibleAWTFocusHandler.class
Component$AccessibleAWTComponent.class
Component$AWTTreeLock.class
Component$BltBufferStrategy.class
Component$FlipBufferStrategy.class
Component$NativeInLightFixer.class

Applet 类是用户编写 Applet 时的基类，继承关系如下图所示。

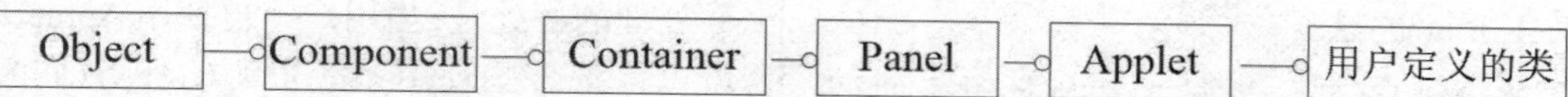

Applet 类中有很多成员方法，下面列出其中常用的一些方法。读者也可以通过反编译工具打开 Applet.class 进行查看。

(1) public final void setStub(AppletStub stub)：将 Applet 的 stub 设置为 Java 和 C 之间的转换参数并返回值的代码位，由系统自动设定。

(2) public boolean isActive()：判断 Applet 是否处于活动状态。

(3) public URL getDocumentBase()：检索 Applet 运行的文件目录对象。

(4) public URL getCodeBase()：获取 Applet 代码的 URL 地址。

(5) public String getParameter(String name)：获取 Applet 中由 name 指定的参数的值。

(6) public AppletContext getAppletContext()：返回浏览器或 Applet 观察器。

(7) public void resize(int width,int height)：调整 Applet 运行窗口的尺寸。

(8) public void resize(Dimension d)：调整 Applet 运行窗口的尺寸。

(9) public void showStatus(String msg)：在浏览器的状态栏中显示指定信息。

(10) public Image getImage(URL url)：按 url 指定的地址加载图像。

(11) public Image getImage(URL url,String name)：按 url 指定的地址和文件名加载图像。

(12) public AudioClip getAudioClip(URL url)：按 url 指定的地址获取声音文件。

(13) public AudioClip getAudioClip(URL url, String name)：按 url 指定的地址和文件名获取声音。

(14) public String getAppletInfo()：返回与 Applet 有关的作者、版本和版权信息。

(15) public String[][] getParameterInfo()：返回描述 Applet 参数的字符串数组，其中通常包含 3 个字符串：参数名、参数所需值的类型以及有关参数的说明信息。

(16) public void play(URL url)：加载并播放使用 url 指定的音频剪辑。

(17) public void init()：为 Applet 的正常运行做一些初始化工作。

(18) public void start()：系统在调用完 init()方法后，将自动调用 start()方法。

(19) public void stop()：在用户离开 Applet 所在的页面时执行，可以多次调用。

(20) public void destroy()：用来释放资源，在 stop()方法之后执行。

细心的读者可能已经注意到，Applet 类中并没有 public void paint(Graphics g)方法，因而 paint()方法应该是从 Applet 类的父类中继承而来的。我们首先查找直接父类 Panel，也没有发现 paint()方法，接着继续查找 Container 父类，这时找到了，可见 paint()方法是由 AWT 组件类定义的，用来为 Applet 绘制图像或者输出某些信息。

Applet 的生命周期相对于独立的 Java 应用程序而言较为复杂。在 Applet 的生命周期中涉及 Applet 类的 4 个方法——init()、start()、stop()和 destroy()，对应 Applet 的 4 个状态：初始态、运行态、停止态和消亡态。当程序执行完 init()方法后，Applet 就进入初始态；然后立刻执行 start()方法，Applet 进入运行态；当 Applet 所在的浏览器图标化或是转入其他页面时，Applet 将立刻执行 stop()方法，进入停止态；在停止态，如果浏览器又重新加载 Applet 所在的页面，或是浏览器从图标中还原，那么 Applet 又会调用 start()方法，进入运行态；不过，在停止态，如果浏览器被关闭，那么 Applet 会调用 destroy()方法，进入消亡态。

1. init()方法

当 Applet 第一次被加载执行时，便调用 init()方法，并且在 Applet 的整个生命周期中，只调用一次 init()方法，一般是在其中进行一些初始化操作，如处理浏览器传递过来的参数、添加图形用户界面组件、加载图像和音频文件等。另外需要说明的是：虽然 Applet 类有默认的构造方法，但我们一般习惯于在 init()方法中进行初始化操作，而不是在默认的构造方法中。init()方法的代码格式如下：

```
public void init( )
{
  //编写代码
}
```

2. start()方法

系统在执行完 init()方法后，将自动调用 start()方法，并且每当浏览器从图标还原为窗口时，或者当用户离开包含 Applet 的页面后又返回时，系统都将重新执行一次 start()方法。因此，start()方法在 Applet 的生命周期中可能会被执行多次，这一点是与 init()方法不同。此外，start()方法通常作为 Applet 的主体，在其中可以安排一些需要重复执行的任务或者重新激活某个线程，如打开数据库连接、播放动画或启动某个播放音乐的线程等。start()方法的代码格式如下：

```
public void start( )
{
  //编写代码
}
```

3. stop()方法

与 start()方法相反，当用户离开 Applet 所在的页面或者浏览器被图标化时，系统会自动调用 stop()方法。因此，stop()方法在 Applet 的生命周期中也可能被执行多次。这样处理的好处是：当用户不再使用 Applet 时，可以停掉一些耗用系统资源的任务(如断开数据库连接或中断线程的执行等)，以提高系统的运行效率，况且这些并不需要人为干预。当 Applet 不需要打开数据库连接或者播放动画、音乐时，也可以不重载 stop()方法。stop()方法的代码格式如下：

```
public void stop( )
{
  //编写代码
}
```

4. destroy()方法

当浏览器或其他容器被关闭时，Java 系统会自动调用 destroy()方法。destroy()方法通常用于回收使用 init()方法初始化的资源，在调用 destroy()方法之前，肯定已经调用了 stop()方法，我们可以按照如下格式编写 destroy()方法：

```
public void destroy( )
{
  //编写代码
}
```

5. paint()方法

除了上述 4 个方法以外，由 AWT 组件类定义的 paint()方法也是 Applet 中的常用方法。

Applet 的窗口绘制通常是由 paint()方法完成的。paint()方法在 Applet 执行后会被自行调用，并且在遇到窗口被最小化后再恢复，或者被其他窗口遮挡后再恢复时，paint()方法都会被自动调用，以重新绘制窗口。paint()方法有一个 Graphics 类型的参数，该参数可以被用来输出文本、绘制图形、显示图像等。paint()方法的代码格式如下：

```
public void paint(Graphics g)
{
```

```
    //编写代码
}
```

例 10-1 演示了在 Applet 的生命周期中这几个常见方法的使用情况。

【例 10-1】Applet 的常用方法示例。素材

```
import java.awt.*;
import java.applet.*;
public class DemoApplet extends Applet
{
    public void init()
    {
        System.out.println("init()方法");
    }
    public void start()
    {
        System.out.println("start()方法");
    }
    public void paint(Graphics g)
    {
        System.out.println("paint()方法");
    }
    public void stop()
    {
        System.out.println("stop()方法");
    }
    public void destroy()
    {
        System.out.println("destroy()方法");
    }
}
```

将上述 Applet 编译后嵌入 HTML 页面中，使用 appletviewer 加以执行，程序的控制台将输出如下信息：

```
init()方法
start()方法
paint()方法
paint()方法       //将 Applet 变为非活动窗口后
                  //再变回来增加的控制台输出
stop()方法        //将 Applet 图标化后增加的控
                  //制台输出
start()方法       //将 Applet 图标恢复后增加的
                  //控制台输出
paint()方法       //将 Applet 图标恢复后增加的
                  //控制台输出
stop()方法        //关闭 Applet 程序后增加的控
                  //制台输出
destroy()方法     //关闭 Applet 程序后增加的控
                  //制台输出
```

建议读者亲自上机实践一下，对以上输出信息进行验证，并从中体会 Applet 的执行过程。

10.3　Applet 多媒体编程

本节将通过一系列的 Applet 实例来引导读者学习并掌握相关技术。

10.3.1　文字

在 Graphics 类中，Java 提供了三种输出文字的方法：

```
drawString(String str,int x,int y)                                   //字符串输出方法
drawBytes(byte bytes[ ],int offset,int number,int x,int y) //字节输出方法
drawChars(char chars[ ],int offset,int number,int x,int y) //字符输出方法
```

其中，drawString()方法最常用。另外，Java 还提供了 Font 类以设置输出文字的字体、风格和大小，Font 类的构造方法如下：

```
Font(String name,int style,int size)
```

字体名称 name 可以是 Courier、Times New Roman、宋体或楷体等；风格 style 可以是正常字体(Font.PLAN)、黑体(Font.BOLD)或斜体(Font.ITALIC)，也可以是它们的组合；大小 size 的取值与 Word 中的字号类似，值越大字体也就越大。Graphics 类提供了专门的方法 void setFont(Font font)以设置字体。

事实上，我们还可以利用 Color 类来设置颜色，以输出五颜六色的文字。Color 类提供了 13 个颜色常量、2 个用于创建 Color 对象的构造方法以及多个用于获取颜色信息的方法。下面来看一个实例，如例 10-2 所示。

【例 10-2】文字输出示例。素材

```
import java.awt.*;
import java.applet.*;
public class TextApplet extends Applet
{
        Font f1 = new Font("Times New Roman",Font.PLAIN,12);
        Font f2 = new Font("宋体",Font.BOLD,24);
        Font f3 = new Font("黑体",Font.BOLD,36);
        Color c1 = new Color(255,0,0);   //红色
        Color c2 = new Color(0,255,0);   //绿色
        Color c3 = new Color(0,0,255);   //蓝色
        public void paint(Graphics g)
        {
              g.setFont(f1);
              g.setColor(c1);
              g.drawString("Times New Roman",20,30);
              g.setFont(f2);
              g.setColor(c2);
              g.drawString("宋体",20,60);
              g.setFont(f3);
              g.setColor(c3);
              g.drawString("黑体",20,120);
        }
}
```

Applet

Times New Roman

宋体

黑体

小程序已启动。

程序的运行结果如右上图所示。

10.3.2 图形

java.awt.Graphics 类不仅可以输出文字，也可以绘制图形。Graphics 类提供的用于绘制直线的方法如下：

```
public void drawLine(int x1,int y1,int x2,int y2);
```

drawLine()方法将以像素为单位绘制一条经过坐标(x1,y1)和(x2,y2)的直线，如例 10-3 所示。

【例 10-3】绘制直线。素材

```
import java.awt.*;
import java.applet.*;
public class LineApplet extends Applet
{
        public void paint(Graphics g)
        {
                int x1,y1,x2,y2;
                x1 = 10;
                y1 = 10;
                x2 =   100;
                y2 =   100;
                g.drawLine(x1,y1,x2,y2);
        }
}
```

程序的运行结果如下图所示。

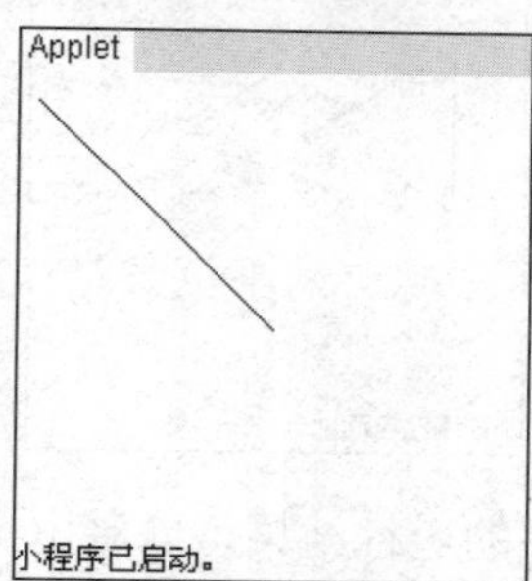

drawRect()方法用于绘制矩形，该方法的前两个参数用于指定矩形左上角的坐标值，后两个参数用于指定矩形的宽度和高度。另外，Graphics 类还提供了 fillRect()方法用于绘制以前景色填充的实心矩形，请看下面的例 10-4。

【例 10-4】绘制矩形。素材

```
import java.awt.*;
import java.applet.*;
public class RectApplet extends Applet
{
        public void paint(Graphics g)
        {
                g.drawRect(10,10,60,60);
                g.fillRect(80,10,60,60);
        }
}
```

程序的运行结果如下图所示。

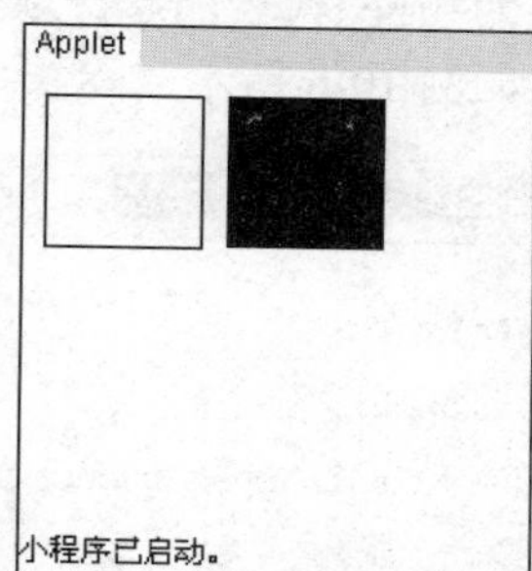

Graphics 类提供的 drawRoundRect()和 fillRoundRect()方法可用来绘制圆角矩形，它们的前 4 个参数与一般矩形相同，后两个参数用于指定圆角的宽度和高度，如例 10-5 所示。

【例 10-5】绘制圆角矩形。素材

```
import java.awt.*;
import java.applet.*;
public class RRectApplet extends Applet
{
        public void paint(Graphics g)
        {
          g.drawRoundRect(10,10,60,60,10,10);
          g.fillRoundRect(80,10,60,60,30,30);
        }
}
```

程序的运行结果如下图所示。

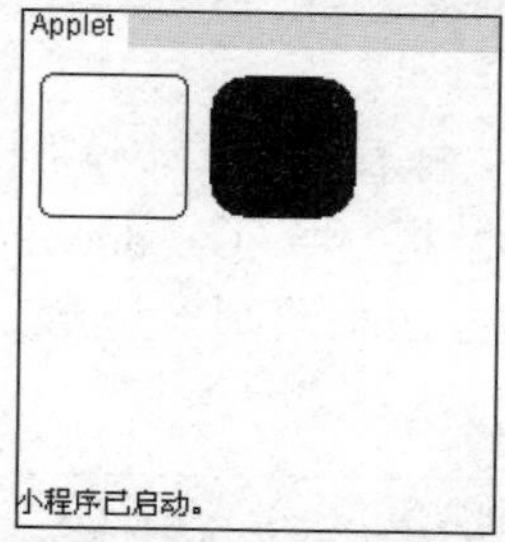

除了绘制普通矩形和圆角矩形以外，Graphics 类还可以绘制“三维”矩形。所谓

"三维"，是指通过阴影来表现凸起或凹进效果，给人以立体感，相应的方法是 draw3-Drect()和 fill3Drect()。这两个方法有 5 个参数，其中前 4 个参数与一般矩形相同，第 5 个参数取值为 true 代表凸起，取值为 false 代表凹进，如例 10-6 所示。

【例 10-6】绘制三维矩形。素材

```
import java.awt.*;
import java.applet.*;
public class Rect3DApplet extends Applet
{
        public void paint(Graphics g)
        {
                g.fill3DRect(20,20,60,60,true);
                g.fill3DRect(120,20,60,60,false);
        }
}
```

程序的运行结果如下图所示。

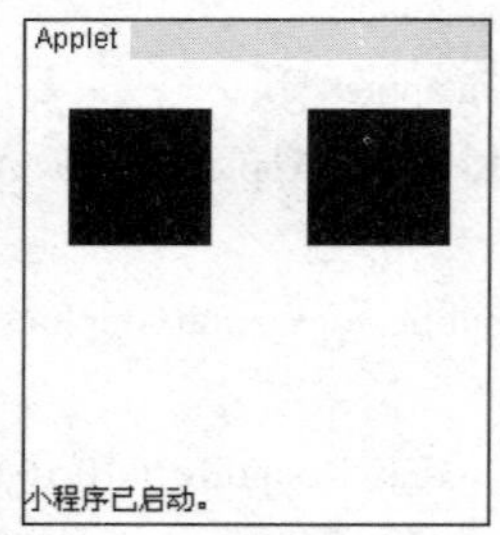

知识点滴

读者在上机实践时可能会发现：我们很难看到三维矩形的真实效果，这主要是由于线条太细了(至少在 JDK 1.4 中是这样)，如果换成非黑色，效果可能会好一点。

下面再来看看如何绘制多边形。Graphics 类提供了 drawPolygon()和 fillPolygon()方法来绘制多边形，如例 10-7 所示。

【例 10-7】绘制多边形(一)。素材

```
import java.awt.*;
import java.applet.*;
public class PolyApplet extends Applet
{
        public void paint(Graphics g)
        {
            int x[ ] = { 30,90,100,140,50,60,30 };
            int y[ ] = { 30,70,40,70,100,80,100 };
            int pts = x.length;
            g.drawPolygon(x,y,pts);
        }
}
```

从上述程序可以看出，drawPolygon()方法有 3 个参数：前两个参数为坐标数组，最后一个参数为坐标点的个数。程序的运行结果如下图所示。

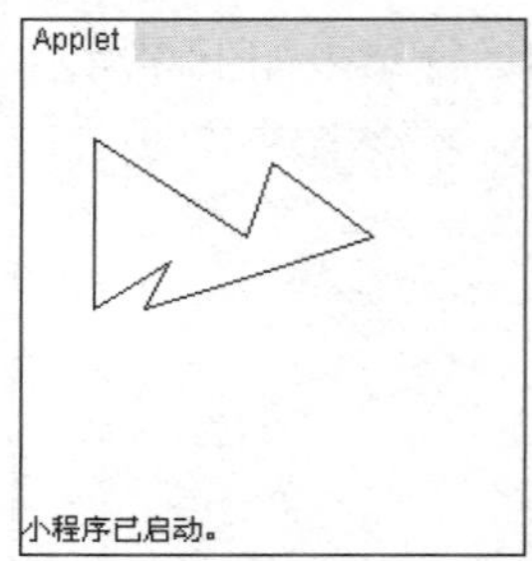

从程序的运行结果可以看出：多边形的最后一个坐标点会自动与第一个坐标点进行连接，以构成封闭的多边形。其实多边形的绘制也可以采取其他形式，例如：

```
int x[ ] = { 39,94,97,142,53,58,26 };
int y[ ] = { 33,74,36,70,108,80,106 };
int pts = x.length;
Polygon poly = new Polygon(x,y,pts);
g.fillPolygon(poly);
```

采用这种形式的好处是可以使用 poly.addPoint(x,y)方法添加多边形的坐标点。请看例 10-8。

【例 10-8】绘制多边形(二)。素材

```
import java.awt.*;
import java.applet.*;
public class Poly1Applet extends Applet
{
        public void paint(Graphics g)
        {
                int x[ ] = { 30,90,100,140,50,60,30 };
                int y[ ] = { 30,70,40,70,100,80,100 };
                int pts = x.length;
                Polygon poly = new Polygon(x,y,pts);
                poly.addPoint(50,50);    //添加坐标点
                g.fillPolygon(poly);     //以 Polygon 对象为参数调用 fillPolygon()方法
        }
}
```

Applet

小程序已启动。

程序的运行结果如右上图所示。

drawOval()和fillOval()方法用于绘制椭圆，它们的前两个参数代表包围椭圆的矩形的左上角坐标，后两个参数分别代表椭圆的宽度和高度。如果宽度和高度相等，就相当于画圆了。

【例 10-9】绘制椭圆。素材

```
import java.awt.*;
import java.applet.*;
public class OvalApplet extends Applet
{
        public void paint(Graphics g)
        {
            g.drawOval(20,20,60,60);
            g.fillOval(120,20,100,60);
        }
}
```

Applet

小程序已启动。

程序的运行结果如右上图所示。

此外，Graphics 类还提供了 drawArc()方法来绘制圆弧，以及 fillArc()方法来绘制扇形。它们都有 6 个参数，前 4 个参数与 drawOval()方法的相同，后两个参数用于指定圆弧的起始角和张角。特别地，当张角的取值大于 360° 时，就相当于画椭圆了。

【例 10-10】绘制圆弧。素材

```
import java.awt.*;
import java.applet.*;
public class ArcApplet extends Applet
```

```
{
    public void paint(Graphics g)
    {
        g.drawArc(10,20,150,50,90,180);
        g.fillArc(10,80,70,70,90,-180);
    }
}
```

Applet

小程序已启动。

程序的运行结果如右上图所示。

综合运用前面介绍的图形绘制方法，我们可以组合绘制出各种漂亮的图案，例 10-11 综合运用各种图形绘制方法绘制了一盏台灯的大致轮廓。

【例 10-11】绘制台灯的大致轮廓。素材

```
import java.awt.*;
import java.applet.*;
public class LampApplet extends Applet
{
    public void paint(Graphics g)
    {
        //绘制灯罩上的黑点
        g.fillArc(78,120,40,40,63,-174);
        g.fillArc(173,100,40,40,110,180);
        g.fillOval(120,96,40,40);
        //绘制灯罩的上下轮廓
        g.drawArc(85,157,130,50,-65,312);
        g.drawArc(85,87,130,50,62,58);
        //绘制灯罩的左右轮廓
        g.drawLine(85,177,119,89);
        g.drawLine(215,177,181,89);
        //绘制柱线
        g.drawLine(125,250,125,160);
        g.drawLine(175,250,175,160);
        //绘制底座
        g.fillRect(10,250,260,30);
    }
}
```

Applet

小程序已启动。

程序的运行结果如右上图所示。

10.3.3 图像

通过调用图形绘制方法生成的图形一般都比较简单，如果要在程序中显示漂亮的背景或图像，则可以使用 Graphics 类提供的 getImage()和 drawImage()方法，如例 10-12 所示。

【例 10-12】加载并显示图像。

```
import java.awt.*;
import java.applet.*;
public class PicApplet extends Applet
{
        Image pic;              //图像对象
        public void init( )
        {
            pic=getImage(getCodeBase(),"fish.jpg"); //获得图像
        }
        public void paint(Graphics g)
        {
            g.drawImage(pic,30,30,this);
        }
}
```

Applet

小程序已启动。

程序的运行结果如右上图所示。

图像可以使用特定的软件来制作，也可以使用摄像器材直接拍摄获取。图像文件一般是以二进制方式存储的，根据图像存储格式的不同，有 BMP、PNG、GIF 和 JPG 等格式，上面用到的就是 JPG 格式的图像。

10.3.4　声音

除显示图像外，还可以利用 Java 提供的 AudioClip 类来播放声音文件。为此，Audio Clip 类提供了许多方法，如 getAudioClip()、loop()和 stop()等，请看下面的例 10-13。

【例 10-13】播放声音。素材

```
import java.awt.*;
import java.applet.*;
public class AudioApplet extends Applet
{
        AudioClip audio;                                    //声音对象
        public void init( )
        {
            audio=getAudioClip(getCodeBase(),"fire.au"); //获得声音
        }
        public void paint(Graphics g)
        {
            g.drawString("循环播放声音的 Applet ",30,30);
        }
        public void start( )
        {
            audio.loop( );                                  //循环播放声音
        }
        public void stop( )
```

```
    {
        audio.stop( );                                  //停止播放
    }
}
```

上述代码中的“getAudioClip(getCodeBase(),"fire.au");”语句用来获得声音文件，而后可通过调用 loop()方法来循环播放声音文件。

10.3.5 动画

所谓“动画”，就是通过连续播放一系列画面，使人在视觉上产生连续变化的效果，这是动画最基本的原理。Java 语言中的动画技术，就是首先在屏幕上显示一系列连续图像的第一帧图像，然后每隔很短的时间就显示下一帧图像，如此往复，利用人眼视觉的暂停现象，使人感觉画面上的物体就像在运动一样。

前面我们使用 paint()方法在窗口中显示了一幅静态图像，当我们拖动边框改变窗口大小时，可以看到，图像被破坏了，但很快通过闪烁又恢复成原来的画面。这是为什么呢？原来，当系统发现窗口中的画面被破坏时，就会自动调用 paint()方法将画面重新画好。更确切地说，就是调用 repaint()方法来完成重画任务，而 repaint()方法又调用 update()方法，update()方法先清除整个窗口中的内容，再调用 paint()方法，从而完成一次重画操作。

这样我们就可以确定制作动画的基本方案了，那就是在 Applet 开始运行之后，每隔一段时间就调用一次 repaint()方法以重画一次。但如果这样的话，又会存在一些其他问题。例如，如果用户离开了网页，嵌入的 Applet 会继续运行，占用 CPU 资源。出于对网络高效使用的目的，可以采用多线程来实现动画。

1. 采用多线程实现动画文字

在 Java 中实现多线程的方法有两种：一种是继承 Thread 类；另一种是实现 Runnable 接口。对于 Applet，我们一般采用实现 Runnable 接口的方式。实现动画文字与实现动画的方法是一样的，可以通过实现 Runnable 接口来绘制动画文字，使文字就像打字一样一个一个地跳出，然后全部消隐，再重复显示，实现类似打字的效果。

【例 10-14】实现动画文字。素材

```
import java.awt.*;
import java.applet.Applet;
public class JumpText extends Applet implements Runnable{

Thread runThread;
String s="Happy New Year!";
int s_length=s.length();
int x_character=0;
Font wordFont=new Font("宋体",Font.BOLD,50);
public void start(){
```

```
  if(runThread==null){
    runThread=new Thread(this);
    runThread.start();
  }
 }
 public void stop(){
  if(runThread!=null){
    runThread.stop();
    runThread=null;
  }
 }
 public void run(){
  while(true){
    if(x_character++>s_length)
      x_character=0;
    repaint();
    try{
      Thread.sleep(300);
    }catch(InterruptedException e){}
  }
 }
 public void paint(Graphics g){
    g.setFont(wordFont);
    g.setColor(Color.red);
    g.drawString(s.substring(0,x_character),8,50);
 }
}
```


在成功编译上述程序后，在 IE 浏览器中加载动画，可以看到文字逐字跳出，然后全部消隐，最后重复显示。右上图展示了程序运行时的两个状态。

在例 10-14 中，我们首先声明了一个 Thread 类型的实例变量 runThread，用来存放新的线程对象；接着覆盖 start()方法，生成一个新线程并启动该线程。这里用到了 Thread 类的构造方法，格式如下：

```
Thread(Runnable target);
```

由于实现 Runnable 接口的正是 JumpText 类本身，因此参数 target 可以设置为 this。生成 Thread 对象后，就可以直接调用 start()方法，启动线程。这样程序中就有了两个线程：一个用来运行原有 Applet 中的代码；另一个则通过接口中唯一定义的 run()方法来运行。

为了不占用 CPU，应该在 Applet 被挂起时，停止线程的运行，所以我们还需要覆盖 stop()方法。将 Thread 对象设置为 null，在 Applet 挂起时让系统把这个无用的 Thread 对象当作垃圾收集掉，并释放内存。当用户再次进入页面时，Applet 又会重新调用 start()方法，从而生成一个新的线程并启动动画。

2. 显示动画

如果有人认为动画不仅仅是让文字跳来跳去，那么我们再来看看动画的形成，如例 10-15 所示。

【例 10-15】平移图片。素材

```
import java.awt.*;
import java.applet.*;
public class MovingImg extends Applet{
Image img0,img1;
int x=10;
public void init(){
  img0=getImage(getCodeBase(),"T5.gif");
  img1=getImage(getCodeBase(),"T1.gif");
}
public void paint(Graphics g){
  g.drawImage(img0,0,10,this);
  g.drawImage(img1,x,30,this);
  g.drawImage(img0,0,60,this);
  try{
    Thread.sleep(50);
    x+=5;
    if(x==550){
      x=10;
      Thread.sleep(1500);
    }
  }catch(InterruptedException e){}
  repaint();
}
}
```

Applet

Applet 小程序已启动。

程序的运行结果如右上图所示。

这是一个很简单的动画：在 Applet 中使用两条线作为点缀，将一幅由圆圈组成的图形不断地从左边移动到右边。例 10-15 创建了两个 Image 对象 img0 和 img1。这两个对象在 init()方法中被加载后，可通过 paint()方法分别绘制在合适的位置，img1 对象的横坐标由变量 x 确定。x 变量的初始值为 10，通过 x 变量的不断变化，使图形沿横坐标不断地向右移动。在 try 和 catch 语句块中，我们调用了 sleep()方法，作为 Thread 类中的类方法，调用 sleep()方法可以使程序休眠指定的毫秒数。休眠结束后将变量 x 加 5，这意味着 img1 对象的显示位置将向右移动 5 个像素点。当图形移动到 550 像素点的位置时，使变量 x 重新回到 10，图形又回到左边，继续向右移动。

paint()方法中的最后一条语句是调用 repaint()方法，repaint()方法的功能是重画图像：先调用 update()方法将显示区域清空，再调用 paint()方法绘制图像。这就形成了一个循环，paint()方法调用 repaint()方法，

repaint()方法又调用 paint()方法，从而使图形不停地移动。

运行例 10-15 时画面会有闪烁现象。一般来说，画面越大，闪烁就越严重，避免闪烁的方法有两种：一是覆盖 update()方法；二是使用屏幕缓冲区。如果画面较大，只使用 update()方法以背景色清除显示区域的时间将会比较长，不可避免地会产生闪烁。这时可以通过双缓冲技术来有效地消除闪烁。

3. 双缓冲技术

双缓冲技术是编写 Java 动画程序的关键技术之一，它实际上也是计算机动画的一项传统技术。当一组动画的每一幅图像的数据量都比较大时，计算机系统每次在屏幕上绘画的速度就会有所减慢，可能会造成画面的闪烁，在动画程序中使用双缓冲区技术就可以有效地避免画面的闪烁，但这是以占用大量的内存为代价的。

双缓冲技术是指当需要在屏幕上显示的图像又大又多时，在屏幕外创建虚拟的备用屏幕，计算机系统直接在备用屏幕上绘画，等画完以后，再将备用屏幕上的点阵内容直接切换给当前屏幕。直接切换准备好的画面的速度要比在屏幕上现场绘画(刷新画面)快得多。

双缓冲技术也可以这样解释：Java 动画程序在显示图形之前，首先创建两个图形缓冲区：一个是用于前台的显示缓冲；另一个是用于后台的图形缓冲。然后在显示(绘制)图形时，对两个缓冲区进行同步的图形数据更新。以上操作相当于为前台显示区域内的数据做了后台的图形数据备份，当前台显示区域内的图形数据需要恢复时，可以使用后台备份的图形数据来恢复。具体方法则是重写 paint()和 update()方法，将备份好的图形数据一次性画到屏幕上。

采用双缓冲技术需要完成以下几个步骤：

(1) 定义作为第二个缓冲区的 Image 对象和 Graphics 对象。

```
Image offScreenImg;   //声明备用屏幕类型
Graphics offScreenG;  //声明备用屏幕绘图类型
```

(2) 在 init()方法中创建这两个对象。

```
int applet_width=getSize().width;  //获取程序
                    //显示区域的宽度
int applet_height=getSize().height; //获取程序
                    //显示区域的高度
offScreenImg=createImage(applet_width,
   applet_height);//创建备用屏幕
offScreenG= offScreenImg.getGraphics();
                    //获取备用屏幕绘图环境
```

(3) 在 paint()方法中将要显示的图形和文字绘制在第二个缓冲区中。

```
offScreenG.drawImage(ximg,x,y,this);
     //将图像绘制在备用屏幕上
offScreenG.drawString("·········",x,y);
     //将字符绘制在备用屏幕上
```

(4) 在 update()方法中将第二个缓冲区中的内容绘制到 Java 动画程序的真正显示区域中。

```
g. drawImage(offScreenG,0,0,this);
     //将备用屏幕上的内容画到当前屏幕上
```

如果备用屏幕创建成功，Java 动画程序就将备用屏幕的绘图环境 offScreenG 传递给 paint()方法，这样 paint()方法所画的内容都将绘制在备用屏幕上。然后在 update()方法中调用 drawImage()方法，将备用屏幕 offScreenImg 上的内容画到当前屏幕上。

如果备用屏幕创建不成功，就将计算机系统生成的当前屏幕的绘图环境(Graphics 对象 g)传递给 paint()方法。

【例 10-16】使用双缓冲技术改进 Java 动画程序。
素材

```
import java.awt.*;
import java.applet.Applet;
public class MovingImg1 extends Applet{
Image new0,new1;
Image buffer;            //声明备用屏幕类型
Graphics gContext;       //声明备用屏幕绘图类型
int x=10;
public void init(){
  new0=getImage(getCodeBase(),"T5.gif");
  new1=getImage(getCodeBase(),"T1.gif");
  buffer=createImage(getWidth(),getHeight()); //创建备用屏幕
  gContext=buffer.getGraphics();                //获取备用屏幕的绘图环境
  }
public void paint(Graphics g){
  gContext.drawImage(new0,0,10,this);
  gContext.drawImage(new1,x,30,this);
  gContext.drawImage(new0,0,60,this);
  g.drawImage(buffer,0,0,this);
  try{
   Thread.sleep(50);                            //使程序休眠指定的毫秒数
   x+=5;
   if(x==550){
    x=10;                                       //使横坐标回到 10
    Thread.sleep(1500);
   }
  }catch(InterruptedException e){}
  repaint();
}
public void update(Graphics g){
  paint(g);
  }
}
```

改进后的程序相比原来的程序增加了 buffer 和 gContext 对象，另外还覆盖了 update()方法。buffer 是新增加的 Image 对象，用作屏幕缓冲区；gContext 是新增的 Graphics 对象，代表屏幕缓冲区的绘图环境。在 init()方法中，程序调用 createImage()方法，按照窗口的宽度和高度创建了屏幕缓冲区，然后调用 getGraphics()方法以创建 buffer 对象的绘图环境。

paint()方法改变了图像的输出方向，两幅图像都被画在屏幕缓冲区中。屏幕缓冲区不可见，当屏幕缓冲区中的画图任务完成以后，才调用 drawImage()方法将整个屏幕缓冲区复制到屏幕上，使用的是直接覆盖方式，因此不会产生闪烁。

10.4　HTML 简介

前面已经提到，为了运行 Applet，需要编写 HTML 文件，并通过＜APPLET＞和＜/APPLET＞标签将相应的 Applet 字节码文件嵌入其中。本节就向读者介绍 HTML(Hyper Text Markup Language，超文本标识语言)。所谓“超文本”，是指除了文本内容以外，还可以表现图形、图像、音频、视频、链接等非文本要素。事实上，Internet 上众多网页的基础，就是 HTML 语言，特别是在互联网发展的初期，几乎所有的网页都是直接使用 HTML 语言编写的。随着应用需求的发展，要求网页能够“动”起来，因此才在 HTML 页面中引入了脚本语言，比如 JavaScript、VBScript、JScript 等。再到后来，应用的复杂性又要求引入更强大的编程语言，比如现在很多网站就采用各种各样的 Web 编程语言，如 JSP(Java Server Pages)、ASP(Active Server Pages)、PHP 等，来进行 Web 应用的开发，这些 Web 编程语言可以实现诸如网络通信以及数据库访问等功能。不过，这些复杂的 Web 网页在经过特定的 Web 服务器解析后，仍然是以 HTML 页面的形式输出的。因此，远程客户端在收到这些最终的 HTML 页面后，就可以使用 IE 或 FireFox 等浏览器浏览页面的内容了。总的来说，HTML 开启了互联网的 Web 应用，它是 Web 编程最基础的语言。

虽然 HTML 能够表现超文本格式的内容，但 HTML 文件本身仍是文本格式的，因此需要使用支持文本文件格式的编辑器进行编辑，比如 Windows 提供的记事本和写字板就是最简单的 HTML 文件编辑器。如果使用 Microsoft Word 等文档编辑器，在编辑 HTML 文件时也应使用文本文件格式，而不应使用文档的格式功能，否则浏览器将无法正确解析。IDM 公司出品的 UltraEdit 软件是一款功能全面、高效的专业文本编辑程序，对于专业的网页设计者来说，UltraEdit 软件是非常不错的选择，当然也可以选择另一款类似软件 EditPlus。除此之外，其实更常用的网页编辑软件是 Dreamweaver 等可视化工具，这些工具允许网页设计者一边设计、一边查看页面效果，因此一经推出，便迅速占领市场，赢得大多数用户。

HTML 描述网页文件内容的方法是通过引入一些功能符号(又叫标签)来标记出各种特定效果，再由浏览器解析 HTML 的这些功能符号，将文件内容的效果展示出来。HTML 是一种标记语言，在 HTML 页面中，图形、图像、声音、视频等必须利用其他软件来制作，再使用 HTML 标签标记在网页文件中的某个位置，之后，浏览器才能根据相应标签的功能对它们进行解读，并在屏幕上显示相应的效果。因此，学习 HTML，最主要的就是学习各种 HTML 标签，HTML 标签通常是成对出现的，这一点从前面编写的 HelloApplet.html 页面也可以看出来。另外，需要注意的是，HTML 语言是不区分大小写的。下面具体介绍 HTML 文件的基本结构以及一些常用的 HTML 标签。

10.4.1　基本结构

HTML 文件是由文档头和文档体构成的，如下所示：

```
<HTML>
	<HEAD>
		头 部 信 息
	</HEAD>
	<BODY>
		正 文 部 分
	</BODY>
</HTML>
```

下面展示了一个最基本的 HTML 文件的源代码：

```
<HTML>
  <HEAD>
    <TITLE>一个简单的 HTML 文件示例</TITLE>
  </HEAD>
  <BODY>
    <CENTER>
      <H3>欢迎光临我的主页</H3>
      <BR><HR>
      <FONT SIZE=2>这是我第一次做主页，无论怎么样，我都会努力做好！</FONT>
    </CENTER>
  </BODY>
</HTML>
```

浏览效果如右上图所示。

超文本中的标签可以分为两种：单标签(较少)和双标签(居多)。

单标签的形式：<标签名称>。比如换行标签
，它用来实现换行操作。

双标签的形式：<标签名称 属性 1 属性 2 属性 3 …>内容</标签名称>。比如字体标签<FONT>，在“<FONT SIZE=2>这是我第一次做主页，无论怎么样，我都会努力做好！</FONT>”中，“这是我第一次做主页，无论怎么样，我都会努力做好！”是内容，而“SIZE=2”是属性，属性可以有多个，<FONT>标签中还可以有 COLOR(颜色)属性、STYLE(风格)属性等。

10.4.2 基本标签

下面介绍一些基本的 HTML 标签。

1. 页面布局与文字设计

页面布局与文字设计主要涉及以下内容：标题、换行、文本段落、水平线、文字的大小、文字的字体与样式、文字的颜色、位置控制等。

HTML 提供了 6 个等级的标题标签<H*n*>，*n* 越小，标题字号就越大。

<H1>…</H1>	第一级标题
<H2>…</H2>	第二级标题
<H3>…</H3>	第三级标题
<H4>…</H4>	第四级标题
<H5>…</H5>	第五级标题
<H6>…</H6>	第六级标题

浏览效果如下图所示。

在 HTML 语言规范中，每当浏览器窗口缩小时，浏览器就会自动将右边的文字转至下一行显示。所以，对于自己需要换行的地方，应该加上
标签。

文本段落的开始由<P>标记，文本段落的结束由</P>标记，其中</P>是可以省略的，因为下一个<P>的开始意味着上一个<P>的结束。<P>标签的 ALIGN 属性用来指明段落的对齐方式，可选值有 CENTER、LEFT、RIGHT 三个。

水平线标签<HR>用于在屏幕上显示

一条水平线，用来分隔页面中的不同部分。<HR>标签有 4 个属性：SIZE 控制水平线的宽度；WIDTH 控制水平线的长度，可以使用占屏幕宽度的百分比或像素值来表示；ALIGN 控制水平线的对齐方式，有 LEFT、RIGHT 和 CENTER 三个可选值；NOSHADE 控制水平线有无阴影。例如，<HR SIZE=3 WIDTH=88% ALIGN=CENTER NOSHADE>的显示效果如下图所示。

欢迎光临我的主页

这是我第一次做主页，无论怎么样，我都会努力做好！

HTML 提供了用于设置文字的<FONT>标签，<FONT>标签的 SIZE 属性用于设置字号，SIZE 属性的取值范围为 1~7，默认值为 3。另外，我们也可以在 SIZE 属性值之前加上+或-字符，以指定相对于字号初始值的增量或减量。此外，<FONT>标签还提供了用于定义字体的 FACE 属性。FACE 属性的值可以是本机上的任意一种字体，但需要注意的是：只有当对方的计算机中也装有相同的字体时，才可以在对方的浏览器中显示预先设置的字体。设置字体的方式如下：<FONT FACE="字体">。

为了让文字更富有魅丽，或者为了刻意强调某一部分，HTML 提供了一些标签用来产生这些效果，现将常用的标签列举如下：

<B>	</B>	粗体
<I>	</I>	斜体
<U>	</U>	加下画线
<TT>	<TT>	打字机字体
<BIG>	</BIG>	大型字体
<SMALL>	</SMALL>	小型字体
<EM>	</EM>	表示强调，一般为斜体
<STRONG>	</STRONG>	表示特别强调，一般为粗体
<CITE>	</CITE>	用于引证、举例，一般为斜体

设置文字颜色的语法格式如下：

```
<FONT COLOR= COLOR _VALUE>…</FONT>
```

这里的颜色值可以是十六进制数(以#作为前缀)，也可以是颜色名称，例如：

```
Black = "#000000"        Green = "#00FF00"
Red   = "#FF0000"        Blue = "#0000FF"
< FONT FACE=宋体  COLOR =RED>    <H1> 字体   </H1>   </FONT>
< FONT FACE =华文新魏  COLOR =#00FF00>    <H1> 字体    </H1>   </ FONT >
< FONT FACE =楷体_GB2312    COLOR =#0000FF>    <H1> 字体    </H1>    </ FONT >
```

读者可以自行编写相应的 HTML 页面并浏览效果。

2. 列表

列表分为无序号列表和有序号列表两种。无序号列表使用的是标签对<UL>和</UL>，并且在每一个列表项前使用<LI>，语法结构如下：

```
<UL>
    <LI>第一项
    <LI>第二项
    <LI>第三项
</UL>
```

浏览效果如下图所示。

欢迎光临我的主页

这是我第一次做主页，无论怎么样，我都会努力做好！

- 第一项
- 第二项
- 第三项

有序号列表和无序号列表的使用方法基本相同，前者使用的是标签对<OL>和</OL>，并且在每一个列表项前也使用<LI>。在有序号列表中，列表项有前后顺序之分，并用数字标识。语法结构如下：

```
<OL>
    <LI>第一项
    <LI>第二项
    <LI>第三项
</OL>
```

浏览效果如右上图所示。

欢迎光临我的主页

这是我第一次做主页，无论怎么样，我都会努力做好！

1. 第一项
2. 第二项
3. 第三项

3. 多媒体效果

在 HTML 页面中，可以通过标签来插入图像、播放音乐和视频等，从而展示网页的多媒体效果。超文本支持的图像格式有 GIF、JPEG 等。用于插入图像的 HTML 标签是<IMG>，这是一个单标签，语法格式如下：

```
<IMG SRC="图像文件的地址">
```

其中，图像文件的地址既可以是 Web 服务器的本机地址，也可以是网络地址，但要确保地址存在才行。

当需要在网页中嵌入音乐时，可以将音乐做成链接，例如：

```
<A HREF="音乐地址">乐曲名</A>
```

当光标移至“乐曲名”上方时，光标形状会由箭头变成手形。此时，单击即可下载或直接播放相应的音乐，这种方式常见于音乐下载网站。如果希望刚进入某个页面时，不用任何操作就能立刻听见音乐响起，则可以采用自动载入音乐的方式，基本语法格式如下：

```
<EMBED SRC="音乐文件地址">
```

下面请看相应的示例：

```
<HTML>
<HEAD>
  <TITLE>一个简单的 HTML 示例</TITLE>
</HEAD>
<BODY>
  <CENTER>
    <H3>欢迎光临我的主页</H3>
```

```
  <BR>
  <HR>
  <FONT SIZE=2>  这是我第一次做主页，无论怎么样，我都会努力做好！
  </FONT>
  <p>
   <IMG SRC="d.gif">
  </p>
  <p>
   <A HREF="wyc.mp3"> 忘忧草-周华健</A>
   <EMBED SRC="wyc.mp3" hidden>
  </p>
 </CENTER>
</BODY>
</HTML>
```

浏览效果如右上图所示。

上述页面在打开时，即可听见音乐响起，因为 HTML 文本中有这样一行代码：<EMBED SRC="wyc.mp3" hidden>。另外，你还可以看见两个人在月亮之上翩翩起舞，其实这只是一幅动画图片而已。需要注意的是，上述动画图片和音乐文件的地址采用的都是本机的相对地址形式，这表明这些文件与 HTML 文件处于同一目录中。

同理，借助<A>、</A>和<EMBED>标签，我们还可以在网页中实现视频文件的播放，将视频文件做成超链接的方法如下：

```
<A  HREF="视频文件地址">视频名称</A>
```

自动载入视频也与音乐的播放一样，可以使用<EMBED>标签，语法格式如下：

```
<EMBED SRC="视频文件地址">
```

4. 表格

下面简单介绍一下表格的基本结构、表格的标题、表格的尺寸设置、表格内文字的对齐与布局、跨多行多列的单元格、表格的颜色等内容。

表格的基本结构可以通过下面的标签来定义：

```
<TABLE>…</TABLE >      定义表格
<CAPTION>…</CAPTION >   定义标题
<TR>    定义表行
<TH>    定义表头
<TD>    定义单元格(表格的具体数据)
```

表格标题的位置可以通过 ALIGN 属性来设置，位置可以是表格的上方或下方。

设置表格标题位于表格上方：

```
<CAPTION ALIGN=TOP>…</CAPTION>
```

设置表格标题位于表格下方：

```
<CAPTION ALIGN=BOTTOM>…</CAPTION>
```

一般情况下，表格的总长度和总宽度是根据所有行和列的长度及宽度的总和自动调整的，也可以使用下面的方式固定表格的大小：

```
<TABLE WIDTH=N1 HEIGHT=N2>
```

以上代码使用 WIDTH 和 HEIGHT 属性为表格指定了固定的宽度和长度，N1 和 N2 既可以用像素单位来表示，也可以用百分比(与整个屏幕的大小相比)来表示。

表格的边框可以使用 BORDER 属性来设置。将 BORDER 属性设置为不同的值，就会有不同的边框效果。例如：

```
<TABLE BORDER=10   WIDTH=250>
   <CAPTION>定货单</CAPTION >
   <TR><TH>苹果</TH><TH>香蕉</TH><TH>葡萄</TH>
   <TR ><TD>200 公斤</TD><TD>200 公斤</TD><TD>100 千克</TD>
</TABLE>
```

单元格之间的线称为格间线，线的宽度可以使用<TABLE>中标签的 CELLSPACING 属性来调节，设置格式如下：

```
<TABLE   CELLSPACING=#>            #表示要使用的像素值
```

例如：

```
<TABLE BORDER =11    CELLSPACING=15>
```

我们还可以在<TABLE>标签中设置 CELLPADDING 属性，从而规定内容与格间线之间的宽度，设置格式如下：

```
<TABLE   CELLPADDING=#>            #表示要使用的像素值
```

例如：

```
<TABLE BORDER =3    CELLSPACING =5>
```

表格中数据的排列方式有两种：左右排列和上下排列。左右排列可以通过 ALIGN 属性来设置，上下排列则可以通过 VALIGN 属性来设置。

其中左右排列的位置分为 3 种：居左(LEFT)、居右(RIGHT)和居中(CENTER)。上下排列比较常用的有 4 种：上齐(TOP)、居中(MIDDLE)、下齐(BOTTOM)和基线(BASELINE)。例如：

```
<TR ALIGN=#>    <TH ALIGN=#>    <TD ALIGN=#>      #=LEFT, CENTER, RIGHT
<TR VALIGN=#>   <TH VALIGN=#>   <TD VALIGN=#>    #=TOP，MIDDLE，BOTTOM，BASELINE
```

在表格中，既可以为整个表格填入底色，也可以为某一行或某个单元格使用背景色。设置格式如下：

```
表格的背景色   <TABLE BGCOLOR=#>
行的背景色     <TR BGCOLOR =#>
单元格的背景色  <TH BGCOLOR =#>或<TD BGCOLOR =#>
```

其中，#=既可以是 rrggbb(一种十六进制的 RGB 色彩编码)，也可以是下列预定义的颜色名称：

```
BLACK、OLIVE、TEAl、RED、BLUE、MAROON、NAVY、GRAY、LIME、FUCHSIA、WHITE、GREEN、PURPLE、SILVER、YELLOW、AQUE 等
```

对于初学者，我们提出一些关于学习 HTML 的建议：首先，对于难记的属性不必强行记忆，在使用的时候翻一下语法手册，多用几次自然就掌握了；其次，刚开始时，可以先选择几个不错的网页加以模仿，“照葫芦画瓢”，完成自己的页面；最后，看到好的网页，可以在浏览器的【编辑】菜单中选择【源文件】命令，查看源代码，学习别人制作网页的一些方法和技巧，有时候通过这种方式可以学到很多书本上没有的知识。

10.5　上机练习

目的：掌握 Java Applet 的基本结构和开发过程。

内容：按以下步骤进行上机练习。

(1) 打开任一文本编辑器。

(2) 键入如下程序：

```
import java.awt.Graphics;
import java.applet.Applet;
public class HelloWorld2 extends Applet{
   public void paint(Graphics g){
      g.drawString("Hello World!",25,25);
   }
}
```

(3) 检查无误后(注意大小写)保存文件，将文件保存在“D:\Java\”目录中。注意文件名为 HelloWorld2.java。

(4) 进入命令行模式，设定当前目录为“D:\Java\”，运行 Java 编译器：

```
D:\Java>javac HelloWorld2.java
```

(5) 如果输出错误信息，可根据错误信息提示返回文本编辑器进行修改。如果没有输出任何信息，则认为编译成功，此时会在当前目录中生成 HelloWorld2.class 文件。

(6) 在文本编辑器中创建一个新的文本文件。

(7) 键入如下 HTML 程序：

```
<HTML>
<HEAD><TITLE> HelloWorld2</TITLE>
</HEAD>
<BODY>
<APPLET CODE=HelloWorld2 WIDTH=300
        HEIGHT=200></APPLET>
</BODY>
</HTML>
```

(8) 检查后保存文件。文件名为 HelloWorld2.html，保存在“D:\Java\”目录下。

(9) 直接双击这个 HTML 文件，查看 Applet 在浏览器中的运行结果。也可以打开 Web 浏览器(例如 IE)，在地址栏中键入这个 HTML 文件的完整路径(D:\Java\HelloWorld2.html)，查看 Applet 在浏览器中的运行结果。

(10) 进入命令行模式，设定当前目录为“D:\Java\”，利用模拟的 Applet 运行环境解释运行这个 Java Applet 并观察运行结果：

```
D:\Java>Appletviewer HelloWorld2.html
```

第 11 章

GUI 编程

本章将介绍图形用户界面(GUI)技术的概念和历史，以 Java AWT 组件集为重点，详细介绍各类 AWT 组件，并对 AWT 的事件处理机制进行分析说明，最后简要介绍 Sun 公司在 AWT 之后新推出的组件集 Swing，希望读者在学好 AWT 的基础上，再继续学习更先进的 GUI 开发技术。

11.1 概述

GUI(Graphical User Interface，图形用户界面)大大方便了人机交互，它是一种结合了计算机科学、美学、心理学、行为学以及各商业领域需求分析的人机系统工程，强调将人-机-环境三者作为整体进行设计。大家最为熟悉的图形用户界面莫过于美国微软公司开发的Windows 操作系统了，有人评价微软公司对于 IT 领域最杰出的贡献有两项：图形用户界面技术和 Web 服务技术。不过，事实上 GUI 技术并不是微软首创的，因为早在 20 世纪 70 年代，施乐公司帕洛阿尔托研究中心(Xerox PARC)就提出了“图形用户界面”这一概念，他们建构了 WIMP(也就是视窗、图标、菜单、点选器和下拉菜单)范例，并率先在施乐的一台实验性计算机上使用，而微软公司的第一个视窗版操作系统 Windows 1.0 直到 1985 年才发布，并且是基于苹果操作系统的 GUI 设计开发的(有人还因此批评过微软涉嫌抄袭)，Windows 1.0 是基于 MS-DOS 的图形化用户界面操作系统。

下面以时间为序，简单介绍一下与图形用户界面技术相关的发展史：

- 1973 年施乐公司帕洛阿尔托研究中心最先提出了“图形用户界面”这一概念，并建构了 WIMP 图形界面。
- 1980 年发布的 Three Rivers Perq Graphical Workstation。
- 1981 年发布的 Xerox Star。
- 1983 年发布的 Visi On。Visi On 最初是一家公司为一个电子制表软件设计的图形用户界面，这个电子制表软件就是具有传奇色彩的 VisiCalc。1983 年，Visi On 首先引入了 PC 环境下的“视窗”和“鼠标”的概念，虽然早于“微软视窗”出现，但 Visi On 并没有成功研制出来。
- 1984 年苹果公司发布 Macintosh。Macintosh 是首款成功使用 GUI 并将其用于商业用途的产品。从 1984 年开始，Macintosh 的 GUI 随着时间的推移一直在修改，并在 System 7 中做了一次主要升级。2001 年 Mac OS X 问世，这也是最大规模的一次修改。
- 1985 年微软发布第一个视窗版操作系统 Windows 1.0，其后陆续推出 Windows 2.0、Windows 3.0、Windows NT、Windows 95、Windows 98、Windows Me、Windows 2000、Windows XP、Windows 2003 Server 和 Windows Vista 等。

通常，图形用户界面的开发都要遵循一些设计原则，主要有如下几条：

(1) 用户至上。设计界面时一定要充分考虑使用者的实际需要，使程序能真正吸引住用户，让用户觉得简单易用。

(2) 交互界面要友好。在程序与用户进行交互时，弹出的对话框、提示栏等一定要美观。另外，能替用户做的事情，最好都放在后台处理掉。切忌在不必要的时候弹出任何提示信息，否则可能会使用户产生厌烦。

(3) 配色方案要合理。建议采用柔和的色调，不要用太刺眼的颜色，至于具体的色彩搭配，还得看大家的艺术细胞，当然也可以参考一些现成的成熟产品(比如 Windows 操作系统本身就是很好的范例)。

基于 Java 的图形用户界面开发工具(也就是组件集)最主流的有三个：AWT、Swing 和 SWT。其中前两个是美国 Sun 公司随 JDK 一起发布的，而 SWT 则是由 IBM 领导的开源项目 Eclipse 的一个子项目(现在已经脱离 IBM 了)。这就意味着如果使用 AWT 或 Swing，那么只要机器上安装了 JDK 或 JRE，发布软件时便无须携带其他的类库；但如果使用的是 SWT，那么在发布时就必须带上 SWT 的

.dll(Windows 平台)或.so(Linux & UNIX 平台)文件以及相关的*.jar 打包文件。虽然 SWT 最初仅仅是 Eclipse 团队为了开发 Eclipse IDE 环境而编写的一组底层图形界面 API，但或许是无心插柳，又或许是有意为之，目前看来，SWT 无论在性能还是外观上都不逊色于 Sun 公司提供的 AWT 和 Swing 组件集。但受限于篇幅，SWT 组件集在本书中不做介绍，感兴趣的读者可以自行学习。我们将重点介绍基础性的 AWT 组件集，同时对 Swing 组件集做简要介绍，这样安排是为了照顾大多数急切想要学习 Java 图形界面开发而又没有多少基础的初学者，同时也是为了强调一下基础的重要性。

11.2 AWT 组件集

AWT(Abstract Windowing Toolkit，抽象窗口工具集)是 Java 提供的用于开发图形用户界面的基本工具。AWT 由 JDK 的 java.awt 包提供，其中包含了许多可用来建立图形用户界面的类，一般称这些类为组件，AWT 提供的这些图形用户界面基本组件可用于编写 Java Applet 或 Java 应用程序。

AWT 常用组件的继承关系如下图所示。

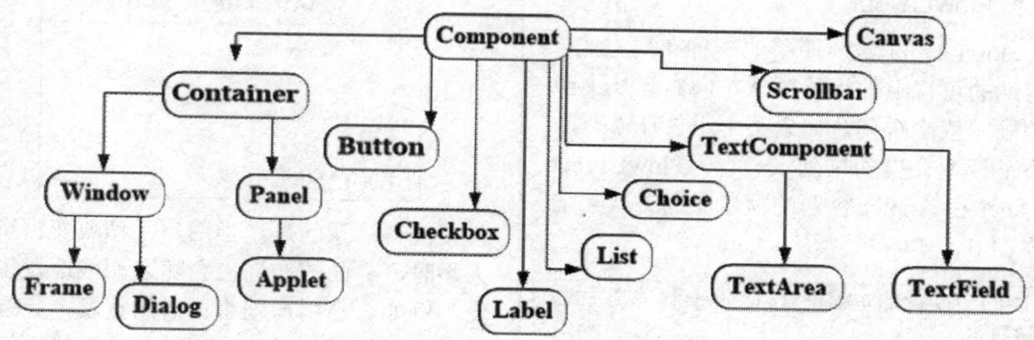

AWT 组件大致可以分为如下三类：

- 容器类组件
- 布局类组件
- 普通组件

下面将详细介绍这三类组件。

11.2.1 容器类组件

容器类组件由 Container 类派生而来，常用的有窗口类型的 Frame 类和 Dialog 类，以及面板类型的 Applet 类。容器类组件可以用来容纳其他普通组件或容器组件自身，起到组织用户界面的作用。通常，一个程序的图形用户界面总是对应一个总的容器组件，如 Frame。这个容器组件既可以直接容纳普通组件(如 Label、List、Scrollbar、Choice 和 Checkbox 等)，也可以容纳其他容器类组件，如 Panel 等。之后可在容器中布置其他组件，照此即可设计出满足用户需求的程序界面。容器类组件都有一定的范围和位置，并且采用的布局已从整体上决定了所容纳组件的位置。因此，在界面设计的初始阶段，首先要考虑的就是容器类组件的布局。

11.2.2 布局类组件

布局类组件本身是非可视组件，但它们却能很好地在容器中对其他普通的可视组件进行布局。AWT 提供了 5 种基本的布局方式：FlowLayout、BorderLayout、GridLayout、GridBagLayout 和 CardLayout 等，它们都是 Object 类的子类，如下图所示。

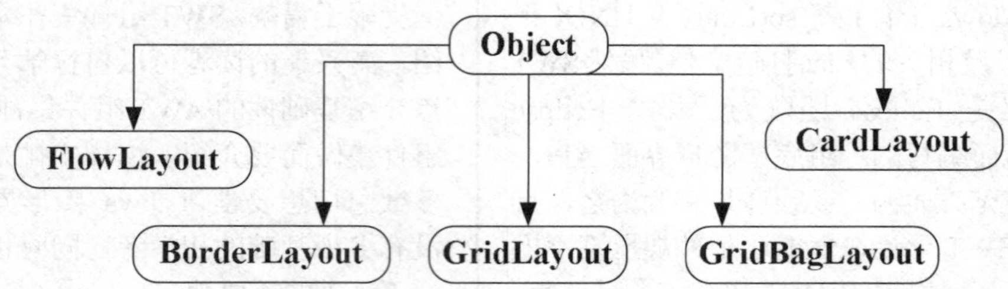

上述布局类组件的布局方式不使用绝对坐标，也就是不采用传统的像素坐标来设定容器内组件的位置，这样可以使设计好的 UI 界面与平台无关，使程序在不同平台上运行时都能保持同样的界面效果，这也是 Java 语言平台无关性的重要表现之一。下面具体介绍每一种布局方式的特点。

1. FlowLayout

FlowLayout 是最简单的一种布局方式，被容纳的可视组件将按照从左向右、从上至下的顺序依次排列。如果某个组件在本行放置不下，就会自动排到下一行，FlowLayout 是 Panel 和 Applet 容器的默认布局方式。请看例 11-1。

【例 11-1】为 Applet 容器设置 FlowLayout 布局方式。素材

```
import java.awt.*;
 import java.applet.Applet;
 public class myButtons extends Applet {
        Button button1, button2, button3;
        public void init() {
              button1 = new Button("确认");
              button2 = new Button("取消");
              button3 = new Button("关闭");
              add(button1);
              add(button2);
              add(button3);
        }
}
```

上述 Applet 利用 AWT 提供的可视组件 Button 创建了 3 个按钮，按钮上显示的文本分别为“确认”“取消”“关闭”，之后再通过 add()方法分别将这 3 个按钮添加到名为 myButtons 的 Applet 子类容器中。显示效果如下图所示。

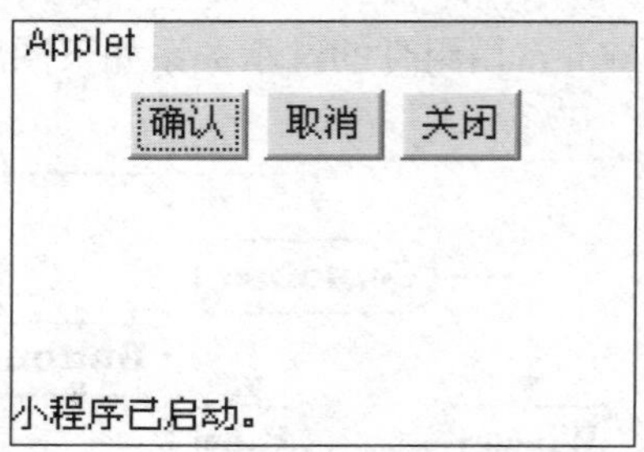

值得注意的是，当用户手动改变窗口的大小时，界面的布局也会随之相应地发生改变。例如，当用户缩小窗口的宽度，导致按钮在一行放不下时，按钮就会自动排至下一行，如下图所示。

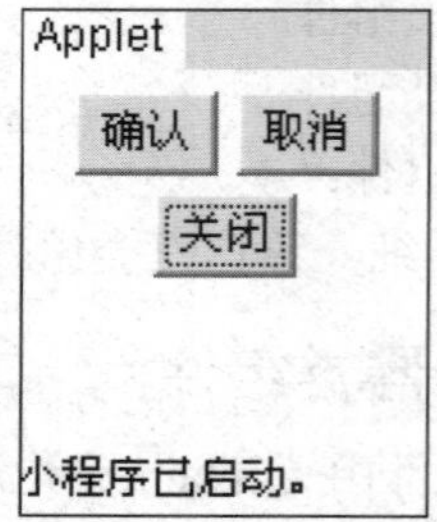

另外，对于其他的容器类组件，如 Frame 或 Dialog，由于默认布局方式为 BorderLayout，因此，为了在 Frame 或 Dialog 容器中使用 FlowLayout 布局方式，需要调用

Container.setLayout() 方法来显式地进行设置，如例 11-2 所示。

【例 11-2】为 Frame 容器设置 FlowLayout 布局方式。
素材

```
import java.awt.*;
 public class myButtons1    {
   public static void main(String[] args)
   {   Frame frame = new Frame();
       frame.setLayout(new FlowLayout( ) );
       frame.add(new Button("第 1 个按钮"));
       frame.add(new Button("第 2 个按钮"));
       frame.add(new Button("第 3 个按钮"));
       frame.add(new Button("第 4 个按钮"));
       frame.add(new Button("第 5 个按钮"));
       frame.setSize(200,200);
       frame.show();
   }
 }
```

编译并运行程序，用户界面将如右上图所示。

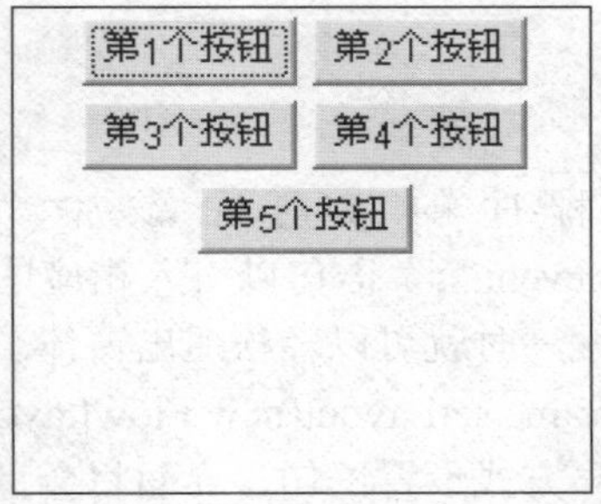

默认情况下，FlowLayout 布局使用的对齐方式为 CENTER。除此之外，FlowLayout 还提供了其他对齐方式，如 LEFT 或 RIGHT。如果想让按钮按左对齐方式排列的话，可以将“frame.setLayout(new FlowLayout( ));”语句修改为“frame.setLayout(new FlowLayout (FlowLayout.LEFT));”，界面效果如下图所示。

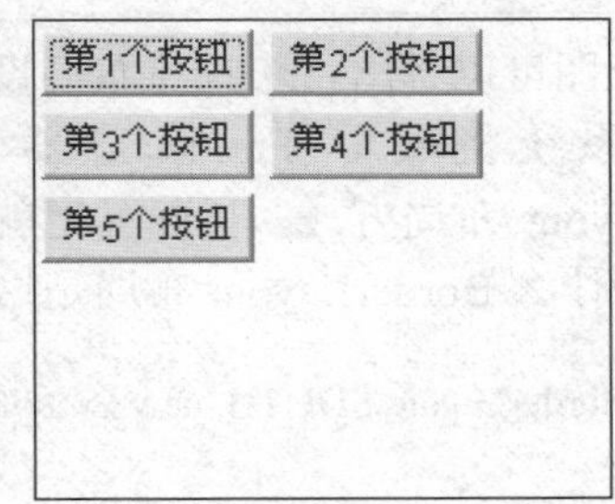

当然，除了在构造方法中进行对齐方式的设置以外，也可以使用 setAlignment()方法来进行设置。此外，对于右上方图片中的 3 行按钮，我们还可以设置它们的水平和垂直间距，间距通常以像素为单位。默认情况下，水平和垂直间距均为 3 像素。我们也可以通过下面的 FlowLayout 构造方法进行设置：

```
frame.setLayout(new FlowLayout( FlowLayout.LEFT, 9, 12) );
```

上述语句将可视按钮组件的水平和垂直间距分别设置为 9 和 12 像素。

不过，读者可能会发现：上述程序在运行后，单击窗体右上角的“关闭”按钮无法退出，怎么办呢？没有关系，只要在“frame.show();”语句前添加如下语句即可：

```
frame.addWindowListener( new WindowAdapter( ) {
  public void windowClosing(WindowEvent e)
  {
       System.exit(0);
  }
```

```
    }
);
```

在程序的最前面添加“import java.awt.event.*;”语句以引入相应的包，再次运行程序时就可以轻松退出窗体了。如果去掉“frame.setLayout(new FlowLayout( ));”这一布局方式设置语句，界面将会呈现下图所示的默认的布局效果：

第5个按钮

从上图可以看出，一旦将布局设置语句去掉，系统将采用 Frame 容器默认的 BorderLayout 布局方式，界面马上就发生了改变，为什么 BorderLayout 布局是这样的效果呢？下面就介绍这种布局方式。

2. BorderLayout

BorderLayout 布局方式将容器划分为“东”“西”“南”“北”“中”5 个区域，分别为 BorderLayout.EAST、BorderLayout. WEST、BorderLayout.SOUTH、BorderLayout.NORTH 和 BorderLayout.CENTER。由于在每个区可以摆放一个组件，因此最多可以在使用 BorderLayout 布局的容器组件中放置 5 个子组件。前面已经提到过，这种布局是 Frame 或 Dialog 容器类组件的默认布局方式。与 FlowLayout 布局方式相同，如果要在容器组件中添加子组件，也需要调用 add()方法，不过 BorderLayout 布局的 add()方法多了一个参数，用来指明子组件在容器中的方位。如要在南边布置按钮，则可以使用如下代码：

```
add(BorderLayout.SOUTH, new Button("南边按钮"));
```

或

```
add(new Button("南边按钮"), BorderLayout.SOUTH);
```

或

```
add(new Button("南边按钮"), "South");
```

或

```
add("South", new Button("南边按钮"));
```

知识点滴

需要注意的是，上面的方位字符串"South"不能写成"south"，否则会出错。

当然，也可以不指出方位，这时就采用默认的 BorderLayout.CENTER 方位。由于每一个按钮的方位都是 BorderLayout. CENTER，因此后加入的按钮遮住了前面的按钮。一般情况下，应给每个组件指定不同的方位，请看例 11-3。

【例 11-3】在 Frame 容器的不同方位放置按钮。

素材

```
import java.awt.*;
import java.awt.event.*;
```

```
public class myButtons2   {
   public static void main(String[] args)
   {   Frame frame = new Frame();
       frame.add(new Button("第 1 个按钮"),BorderLayout.EAST);
       frame.add(new Button("第 2 个按钮"),BorderLayout.WEST);
       frame.add(new Button("第 3 个按钮"),BorderLayout.SOUTH);
       frame.add(new Button("第 4 个按钮"),BorderLayout.NORTH);
       frame.add(new Button("第 5 个按钮"),BorderLayout.CENTER);
       frame.setSize(200,200);
       frame.addWindowListener( new WindowAdapter( ) {
           public void windowClosing(WindowEvent e)
           {
                System.exit(0);
           }
        }
       );
       frame.show();
   }
}
```

上述程序的运行效果如右上图所示。

对于“东”“西”方向上的组件，在水平方向进行延伸并占满；对于“南”“北”方向上的组件，在垂直方向进行延伸并占满；居中的组件则占满剩下的区域。下图为仅在“南”“北”“中”三个方位添加按钮后的界面效果。

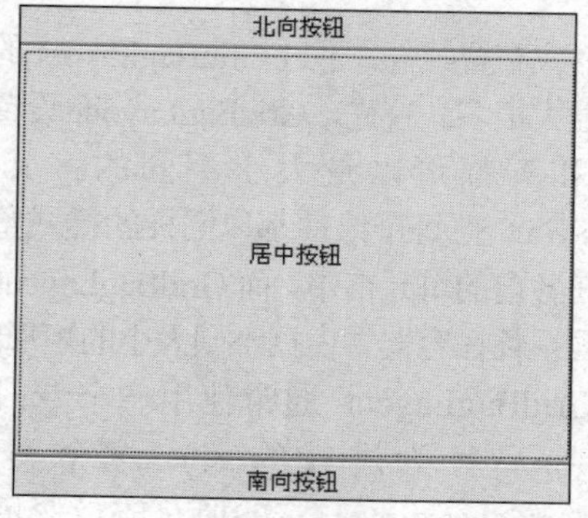

此外，BorderLayout 布局也允许在组件之间设置水平和垂直间距，间距同样以像素为单位。

3. GridLayout

GridLayout 布局将容器划分为行和列的网格，在每个网格单元中可以放置一个组件，组件通过 add()方法按从上到下、从左至右的顺序放入各个网格单元。因此，使用这种布局时，用户应该首先设计好排列位置，然后依次调用 add()方法进行添加。在创建 Grid Layout 布局组件时，需要指定网格的行数和列数，如下所示：

```
setLayout(new GridLayout(3, 3));
```

GridLayout 布局也允许在组件之间设置水平和垂直间距，间距同样以像素为单位。下面的语句将创建 6 行 6 列的、水平间隔和垂直间隔均为 10 像素的 GridLayout 布局对象：

```
setLayout(new GridLayout(6, 6, 10, 10));
```

【例 11-4】GridLayout 布局示例。素材

```
import java.awt.*;
 import java.awt.event.*;
 public class myButtons3    {
    public static void main(String[] args)
    {   Frame frame = new Frame();
        frame.setLayout(new GridLayout(3,3,6,18));
        frame.add(new Button("第 1 个按钮"));
        frame.add(new Button("第 2 个按钮"));
        frame.add(new Button("第 3 个按钮"));
        frame.add(new Button("第 4 个按钮"));
        frame.add(new Button("第 5 个按钮"));
        frame.add(new Button("第 6 个按钮"));
        frame.add(new Button("第 7 个按钮"));
        frame.add(new Button("第 8 个按钮"));
        frame.add(new Button("第 9 个按钮"));
        frame.setSize(200,200);
        frame.addWindowListener( new WindowAdapter( ) {
              public void windowClosing(WindowEvent e)
              {
                    System.exit(0);
              }
        }
        );
        frame.show();
    }
}
```

第1个按钮 第2个按钮 第3个按钮
第4个按钮 第5个按钮 第6个按钮
第7个按钮 第8个按钮 第9个按钮

编译并运行上述程序，界面效果如右上图所示。

4. GridBagLayout

GridBagLayout 是所有 AWT 布局方式中最复杂，同时也是功能最强大的一种布局方式，因为它提供了许多设置参数，从而使得容器的布局方式可以得到准确的控制。尽管设置步骤相对复杂，但是只要理解背后的基本布局思想，就可以很容易地使用 GridBagLayout 进行界面的布局设计。

GridBagLayout 通过名字也可以大致想到，它其实与 GridLayout 相似，都是在容器中以网格的形式布置组件，不过 GridBagLayout 的功能却要强大很多。首先，GridBagLayout 设置的所有行和列都可以是大小不同的；其次，GridLayout 把每个组件都以同样的样式整齐地限制在各自的单元格中，而 GridBagLayout 则允许不同组件在容器中占据不同大小的矩形区域。

GridBagLayout 通常使用一个专门的类来对布局行为进行约束，这个类就是 GridBagConstraints，它的所有成员变量都是公共的。为了掌握如何使用 GridBagLayout，你首先需要熟悉这些约束变量，以及如何设置它们。以下是 GridBagConstraints 类中常用的成员变量：

```
public girdx              //组件所处位置的起始单元格的列号
public gridy              //组件所处位置的起始单元格的行号
public gridheight         //组件在垂直方向占据的单元格个数
public gridwidth          //组件在水平方向占据的单元格个数
public double weightx     //容器缩放时，单元格在水平方向的缩放比例
public double weighty     //容器缩放时，单元格在垂直方向的缩放比例
public int anchor         //当组件较小时，指定组件在网格中的起始位置
public int fill           //当组件分布区域变大时指明是否缩放以及如何缩放
public Insets insets      //组件与外部分布区域边缘的间距
public int ipadx          //组件在水平方向的内部缩进
public int ipady          //组件在垂直方向的内部缩进
```

当把 gridx 变量的值设置为 GridBagConstriants.RELETIVE 时，添加的组件将被放置在前一个组件的右侧；同理，当把 gridy 变量的值设置为 GridBagConstraints.RELETIVE 时，添加的组件将被放置在前一个组件的下方。这其实是一种根据前一个组件来决定当前组件的相对位置的方式。对于 gridwidth 和 gridheight 变量，也可以使用 GridBagConstraints.REMAINDER 方式，此时，创建的组件将从创建的起点位置开始一直延伸到容器所能允许的范围为止。该功能使得用户可以创建跨越某些行或列的组件，从而控制相应方向上的组件数量。weightx 和 weighty 变量用来控制当容器变形时，单元格本身如何缩放，这两个变量都是浮点型的，它们描述了每个单元格在拉伸时横向或纵向的分配比例。当组件在横向或纵向上小于分配到的单元格面积时，anchor 变量就会起作用，在这种情况下，anchor 变量将决定组件如何在可用的空间中进行对齐，默认情况下组件会固定在单元格的中心，并在周围均匀地分布剩余空间。用户也可以指定其他对齐方式，包括如下几种：

```
GridBagConstraints.NORTH
GridBagConstraints.SOUTH
GridBagConstraints.NORTHWEST
GridBagConstraints.SOUTHWEST
GridBagConstraints.SOUTHEAST
GridBagConstraints.NORTHEAST
GridBagConstraints.EAST
GridBagConstraints.WEST
```

weightx 和 weighty 变量控制的是容器增长时单元格缩放的程度，但它们对各个单元格中的组件并没有直接影响。实际上，当容器变形时，容器的所有单元格都增长了，而网格内的组件并没有相应地增长，这是因为在分配的单元格内部，组件的增长是由 GridBagConstraints 对象的 fill 成员变量控制的，fill 变量的取值有如下几个：

```
GridBagConstraints.NONE          // 不增长
GridBagConstraints.HORIZONTAL    // 只横向增长
GridBagConstraints.VERTICAL      // 只纵向增长
GridBagConstraints.BOTH          // 双向增长
```

当创建 GridBagConstraints 对象时，fill 变量默认为 NONE。所以，在单元格增长时，单元格内部的组件并不会增长。另外，可以使用 insets 变量来调整组件周围的空间大小，而 ipadx 和 ipady 两个变量则用于在对容器使用 GridBagLayout 布局组件时，把每个组件的最小尺寸作为如何分配空间的约束条件。如果一个按钮的最小尺寸是 20 像素宽、15 像素高，而在关联的约束对象中，ipadx 变量为 3、ipady 变量为 2，那么按钮的最小尺寸将会变为横向 26 像素、纵向 19 像素。

至于其他设置，这里不再赘述，请读者自行参考 JDK 相关文档。需要注意的是，上述约束变量一经设置，就将对后面的所有添加组件生效，直到下一次修改设置为止。

下面来看两个 GridBagLayout 布局示例。

【例 11-5】GridBagLayout 布局示例(一)。素材

```
import java.awt.*;
public class GridBag1 extends Panel {
 private Panel panel1 = new Panel();
 private Panel panel2 = new Panel();
 public GridBag1() {
  panel1.setLayout(new GridLayout(3, 1));
  panel1.add(new Button("1"));
  panel1.add(new Button("2"));
  panel1.add(new Button("3"));
  panel2.setLayout(new GridLayout(3, 1));
  panel2.add(new Button("a"));
  panel2.add(new Button("b"));
  setLayout(new GridBagLayout());
  GridBagConstraints c = new GridBagConstraints();
  c.gridx = 0; c.gridy = 0;
  add(new Button("上左"), c);
  c.gridx = 1;
  add(new Button("上中"), c);
  c.gridx = 2;
  add(new Button("上右"), c);
  c.gridx = 0; c.gridy = 1;
  add(new Button("中左"), c);
  c.gridx = 1;
  add(panel1, c);
  c.gridy = 2;
  add(new Button("中下"), c);
  c.gridx = 2;
  add(panel2, c);
  }
```

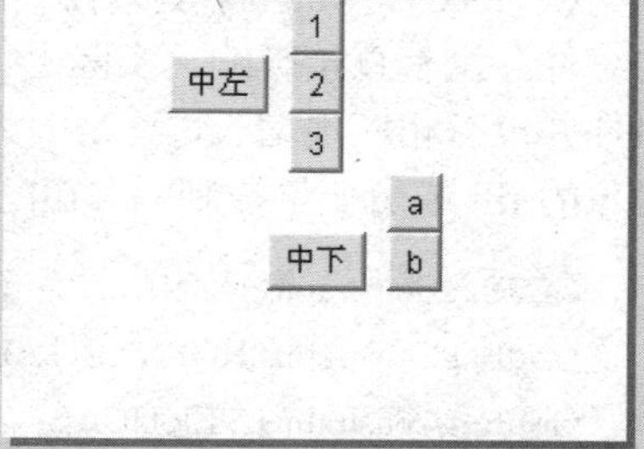

```
    public static void main(String args[]) {
     Frame f = new Frame("GridBagLayout 布局");
     f.add(new GridBag1());
     f.pack();
     f.setVisible(true);
    }
}
```

编译并运行上述程序，界面效果如上页右下图所示。

【例 11-6】GridBagLayout 布局示例(二)。素材

```
import java.awt.*;
import java.util.*;
import java.applet.Applet;
public class GridBag extends Applet {
 protected void addbutton(String name,GridBagLayout gridbag, GridBagConstraints c) {
        Button button = new Button(name);
        gridbag.setConstraints(button, c);
        add(button);
    }
 public void init() {
        GridBagLayout gridbag = new GridBagLayout();
        GridBagConstraints c = new GridBagConstraints();
        setFont(new Font("Helvetica", Font.PLAIN, 14));
        setLayout(gridbag);
        c.fill = GridBagConstraints.BOTH;
        c.weightx = 1.0;
        addbutton("Button1", gridbag, c);
        addbutton("Button2", gridbag, c);
        addbutton("Button3", gridbag, c);
        c.gridwidth = GridBagConstraints.REMAINDER;  //行末
        addbutton("Button4", gridbag, c);
        c.weightx = 0.0;
        addbutton("Button5", gridbag, c);            //下一行
        c.gridwidth = GridBagConstraints.RELATIVE;   //扩展至行末
        addbutton("Button6", gridbag, c);
        c.gridwidth = GridBagConstraints.REMAINDER;  //行末
        addbutton("Button7", gridbag, c);
        c.gridwidth = 1;
        c.gridheight = 2;
```

```
            c.weighty   =   1.0;
            addbutton("Button8",   gridbag,   c);
            c.weighty   =   0.0;
            c.gridwidth   =   GridBagConstraints.REMAINDER;
            c.gridheight   =   1;
            addbutton("Button9",   gridbag,   c);
            addbutton("Button10",   gridbag,   c);
            setSize(200,   300);
        }
    public   static   void   main(String   args[])   {
        Frame   f   =   new   Frame("GridBagLayout 示例");
        GridBag   gb   =   new   GridBag();
        gb.init();
        f.add("Center",   gb);
        f.pack();
        f.setSize(f.getPreferredSize());
        f.show();
    }
}
```

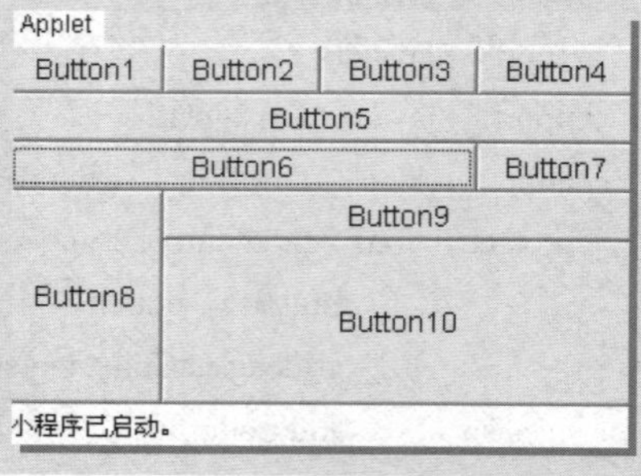

编译并运行上述程序，界面效果如右上图所示。

5. CardLayout

CardLayout 会将组件(通常是 Panel 类的容器组件)像扑克牌(卡片)一样摞起来，每次只能显示其中的一张，实现分页效果。每一页都有各自的界面，这相当于扩展了原本有限的屏幕区域。

CardLayout 布局组件提供了以下方法来对各张卡片进行切换：

```
public void first (Container parent)                    //显示第一张卡片
public void next (Container parent)                     //显示下一张卡片
public void previous (Container parent)                 //显示上一张卡片
public void show (Container parent, String name)        //显示指定的卡片
public void last (Container parent)                     //显示最后一张卡片
```

【例 11-7】CardLayout 布局示例(一)。素材

```
import java.awt.*;
import java.awt.event.*;
public class cardLayout   {
    public static void main(String[] args) throws InterruptedException
    {   Frame frame = new Frame();
        CardLayout cardLayout = new CardLayout( ) ;
        frame.setLayout(cardLayout);
        Button a = new Button("按钮 1");
```

```
        Button b = new Button("按钮 2");
        Button c = new Button("按钮 3");
        frame.add("第 1 页",a);
        frame.add("第 2 页",b);
        frame.add("第 3 页",c);
        frame.setSize(200,200);
        frame.show();
        Thread.sleep(1000L);
        cardLayout.show(frame,"第 2 页");
        Thread.sleep(1000L);
        cardLayout.previous(frame);
        Thread.sleep(1000L);
        cardLayout.next(frame);
        Thread.sleep(1000L);
        cardLayout.first(frame);
        Thread.sleep(1000L);
        cardLayout.last(frame);
        frame.addWindowListener( new WindowAdapter( ) {
            public void windowClosing(WindowEvent e)
            {
                    System.exit(0);
            }
          }
        );
    }
}
```

运行上述程序时，将首先显示第 1 页（“按钮 1”），然后通过调用“cardLayout.show(frame,"第 2 页");”语句显示第 2 页(“按钮 2”)，接着通过调用其他方法陆续显示第 1 页、第 2 页、第 1 页和最后的第 3 页，每一页的显示时间被间隔为 1000 ms。

【例 11-8】CardLayout 布局示例(二)。素材

```
import java.awt.*;
import java.applet.*;
public class CardApplet extends Applet
{
    CardLayout cardLayout;
    Panel panel;
    Button button1, button2, button3;
    public void init()
    {
```

```
        panel = new Panel();
        add(panel);
        cardLayout = new CardLayout(0, 0);
        panel.setLayout(cardLayout);
        button1 = new Button("Button1");
        button2 = new Button("Button2");
        button3 = new Button("Button3");
        panel.add("Button1", button1);
        panel.add("Button2", button2);
        panel.add("Button3", button3);
    }
    public boolean action(Event evt, Object arg)
    {
        cardLayout.next(panel);
        return true;
    }
}
```

例 11-8 与例 11-7 不同，后者通过 Thread.sleep()来自动切换不同的卡片，前者则借助事件(如单击按钮)处理来实现翻页功能。事实上，事件处理在图形用户界面设计中占据非常重要的地位，图形用户界面中各元素的功能以及界面的变换都需要依靠事件处理来实现。关于事件处理的相关知识，将在 11.2.4 节中详细介绍。

尽管有些 Java IDE(如 JBuilder)提供了广大编程者十分熟悉的基于绝对像素坐标的 XYLayout 布局(用户在这种布局方式下可进行可视化的拖放操作)，但用户需要清楚，Java 图形用户界面设计的独到之处恰恰在于与平台无关的布局方式。因此，一般不建议大家采用 XYLayout 布局，这种布局不但使用起来要依赖于特定的包，而且有损 Java 的独立性，不利于程序移植，除非用户认定编写的程序只在某个特定平台(如 Windows)上运行。

11.2.3 普通组件

AWT 提供了一系列的普通组件以构建图形用户界面，主要包括标签、文本框、文本域、按钮、复选框、单选按钮、列表框、下拉框、滚动条和菜单等，下面分别对这些普通组件逐一进行介绍。

1. 标签

标签是最简单的一种组件，一般用来显示标识性的文本信息，通常放置于其他组件的旁边起提示作用。AWT 提供的标签类为 Label，可以通过创建 Label 对象来创建标签。Label 类的构造方法有如下几个：

```
Label()              //构造不显示任何信息的标签
Label(String text) //构造显示 text 信息的标签
Label(String text, int alignment) //构造显示 text 信息的标签，并指定对齐方式
```

标签的对齐方式有 Label.LEFT、Label. CENTER 和 Label.RIGHT 三种，分别代表左对齐、居中对齐和右对齐。

Label 类提供的方法较少，主要有如下几个：

```
public String getText()        // 获取 Label 对象的当前文本
public void setText()          // 设置 Label 对象的显示文本
public int getAlignment()      // 返回 Label 对象的对齐方式
public void setAlignment()     // 设置 Label 对象的对齐方式
```

标签同样是通过调用容器类组件的 add() 方法加入界面中的，请看例 11-9。

【例 11-9】Label 标签组件示例。素材

```
import java.awt.*;
import java.applet.Applet;
public class myLabel extends Applet {
    Label Label1, Label2, Label3;
    public void init() {
        Label1 = new Label("确认");
        Label2 = new Label("取消");
        Label3 = new Label("关闭");
        add(Label1);
        add(Label2);
        add(Label3);
    }
}
```

Applet

确认　取消　关闭

小程序已启动。

上述 Applet 的运行效果如右上图所示。

2. 文本框

文本框组件在图形用户界面中用于接收用户的输入或程序的输出，并且只允许输入或显示单行文本信息。用户可以限定文本框的宽度。AWT 提供的文本框类为 TextField，该类直接继承自 TextComponent 类，而 TextComponent 类则从 Component 类继承而来。TextField 类提供的构造方法如下：

```
public TextField()                          //创建 TextField 文本框对象
public TextField(int columns)               //创建限定宽度的 TextField 文本框对象
public TextField(String text)               //创建带有初始文本的 TextField 文本框对象
public TextField(String text, int columns)  //创建限定宽度且带有初始文本的 TextField 文本框对象
```

TextField 类的常用方法有如下几个：

```
public String getText()            //获取文本框中的文本
public String getSelectedText()    //获取文本框中选中的文本
public boolean isEditable()        //返回文本框是否可输入
```

```
public void setEditable(boolean b)     //设置文本框的状态：可输入或不可输入
public int getColumns()                //获取文本框的宽度
public void setColumns(int columns)//设置文本框的宽度
public void setText(String t)          //设置文本框中的文本为 t
```

其中，上述列表中的前 4 个方法是从父类 TextComponent 继承而来的。

【例 11-10】TextField 文本框组件示例。素材

```
import java.awt.*;
import java.applet.Applet;
public class myTextField extends Applet {
    TextField TextField1, TextField2, TextField3, TextField4;
    public void init() {
        TextField1 = new TextField();
        TextField2 = new TextField(10);
        TextField3 = new TextField("北京");
        TextField4 = new TextField("南京",10);
        add(TextField1);
        add(TextField2);
        add(TextField3);
        add(TextField4);
    }
}
```


上述 Applet 的运行效果如右上图所示。

细心的读者可能会发现，上述程序只是通过构造方法来创建文本框对象，并没有调用其他的常用方法。这里顺便说明一下，关于组件的常用方法的调用将在介绍事件处理时再进行介绍，因为组件的方法通常是在事件处理中调用的。

3. 文本域

文本域组件也是用来接收用户输入或显示程序输出的，与文本框组件不同的是，前者允许进行多行输入或输出，因此一般用于处理大量文本。AWT 提供的文本域组件类为 TextArea，它也是从 TextComponent 类继承而来的。TextArea 类的构造方法如下：

```
public TextArea()                      //创建 TextArea 文本域对象
public TextArea(int rows, int columns) //创建 rows 行 columns 列的 TextArea 文本域对象
public TextArea(String text)           //创建初始文本为 text 的 TextArea 文本域对象
public TextArea(String text, int rows, int columns) //创建 rows 行 columns 列且初始文本为 text 的 TextArea
                                                    //文本域对象
public TextArea(String text, int rows, int columns, int scrollbars)//创建初始文本为 text 的 rows 行 columns
```

```
//列的 TextArea 文本域对象，滚动条的可见性由 scrollbars 决定，取值可以是 SCROLLBARS_BOTH
//(带水平和垂直滚动条)、SCROLLBARS_VERTICAL_ONLY(带垂直滚动条)、
//SCROLLBARS_HORIZONTAL_ONLY(带水平滚动条)和 SCROLLBARS_NONE(不带滚动条)
```

TextArea 类的常用方法有如下几个：

```
public String getText()            //获取文本域中的文本
public String getSelectedText() //获取文本域中选中的文本
public boolean isEditable()       //返回文本域是否可输入
public void setEditable(boolean b)//设置文本域的状态：可输入或不可输入
public void append(String str)          //在原有文本后插入 str 文本
public void replaceRange(String str,int start,int end)   //将 start 与 end 位置的文本替换为 str 文本
public int getRows()             //获取文本域对象的行数设置
public void setRows(int rows)    //设置文本域对象的行数
public int getColumns()            //获取文本域对象的列数设置
public void setColumns(int columns)    //设置文本域对象的列数
public int getScrollbarVisibility()       //获取文本域中滚动条的可见性
```

【例 11-11】TextArea 文本域组件示例。素材

```
import java.awt.*;
 import java.applet.Applet;
 public class myTextArea extends Applet {
      TextArea TextArea1, TextArea2, TextArea3, TextArea4;
      public void init() {
           TextArea1 = new TextArea(5,5);
TextArea2 = new TextArea("Java 程序设计教程");
           TextArea3 = new TextArea("清华大学出版社",20,10);
           TextArea4 = new TextArea("高等教育出版社",15,10,TextArea.SCROLLBARS_NONE);
           add(TextArea1);
           add(TextArea2);
           add(TextArea3);
           add(TextArea4);
      }
}
```

上述 Applet 的运行效果如下图所示。

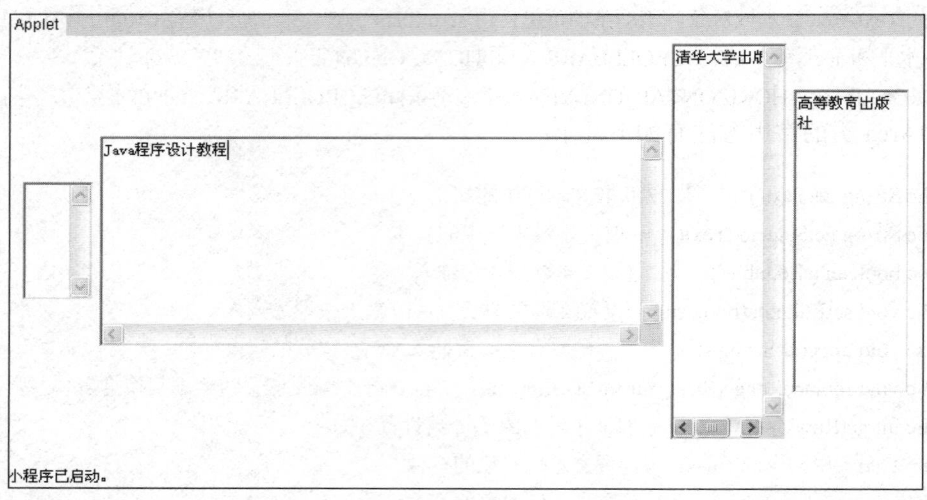

4. 按钮

按钮组件在前面介绍布局方式时你已经接触过，它主要用于接收用户的输入(如单击或双击鼠标等)并完成特定的功能，这里我们先了解一下按钮组件的基本情况。AWT 提供的按钮类为 Button，Button 类是从 Component 类直接继承而来的。Button 类的构造方法有如下两个：

```
public Button()                    //创建按钮对象
public Button(String label)        //创建带有文本标识的按钮对象
```

Button 类的常用方法有如下几个：

```
public String getLabel()                 //获取按钮的文本标识
public void setLabel(String label)       //设置按钮的文本标识
```

由于你在前面已经接触过按钮组件，这里不再举例。

5. 复选框

复选框组件也是图形用户界面中用于接收用户输入的一种快捷方式。设计人员一般会在界面上提供多个复选框，用户可以根据实际情况，选中其中的一个或多个，也可一个都不选。AWT 提供的复选框类为 Checkbox。事实上，复选框组件类似于具有开关选项的按钮，用户单击选中，再次单击则取消选中。Checkbox 类的构造方法有如下几个：

```
public Checkbox()                                  //创建 Checkbox 类对象
public Checkbox(String label)                      //创建带文本标识的 Checkbox 类对象
public Checkbox(String label, boolean state)       //创建带文本标识和初始状态的 Checkbox 类对象
```

Checkbox 类的常见方法有如下几个：

```
public String getLabel()                  //获取文本标识
public void setLabel(String label)        //设置文本标识
public boolean getState()                 //获取复选框的状态：选中或未选中
```

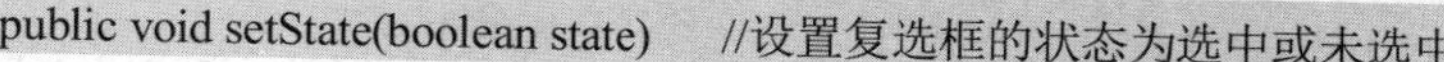

```
public void setState(boolean state)      //设置复选框的状态为选中或未选中
```

【例 11-12】复选框组件示例。 素材

```
import java.awt.*;
import java.applet.Applet;
public class myCheckbox extends Applet {
    Checkbox Checkbox1, Checkbox2, Checkbox3, Checkbox4, Checkbox5;
    public void init() {
        Checkbox1 = new Checkbox("篮球",true);
        Checkbox2 = new Checkbox("足球",false);
        Checkbox3 = new Checkbox("跳水",true);
        Checkbox4 = new Checkbox("跨栏",true);
        Checkbox5 = new Checkbox("体操",false);
        add(new Label("请选出您希望观看的奥运会比赛项目"));
        add(Checkbox1);
        add(Checkbox2);
        add(Checkbox3);
        add(Checkbox4);
        add(Checkbox5);
    }
}
```

Applet

请选出您希望观看的奥运会比赛项目

☑ 篮球 ☐ 足球 ☑ 跳水 ☑ 跨栏 ☐ 体操

小程序已启动。

上述 Applet 的运行效果如右上图所示。

6. 单选按钮

有时候，程序界面可能给用户提供多个选项，但是只允许用户选择其中的一项，这就是单选按钮所要发挥的作用。事实上，单选按钮是从复选框衍生而来的，也采用 Checkbox 作为组件类。不过为了实现单选效果，还需要使用另一个组件类：CheckboxGroup。当我们把 Checkbox 对象添加到某个 CheckboxGroup 对象后，添加的复选框就成了单选按钮。为此，Checkbox 类提供了如下构造方法：

```
public Checkbox(String label, boolean state, CheckboxGroup group)
public Checkbox(String label, CheckboxGroup group, boolean state)
//创建带有 label 标识、初始状态为 state 并且属于 group 单选按钮组的 Checkbox 对象，此时的 Checkbox
//对象不再是复选框，而是单选按钮
```

CheckboxGroup 类的常用方法有如下几个：

```
public Checkbox getSelectedCheckbox()              //获取选中的单选按钮
public void setSelectedCheckbox(Checkbox box)   //设置选中的单选按钮
```

此外，CheckboxGroup 类针对单选按钮组件还提供了如下两个常用方法：

```
public CheckboxGroup getCheckboxGroup()                //获取单选按钮所属的组信息
public void setCheckboxGroup(CheckboxGroup group)   //设置单选按钮属于哪一组
```

【例 11-13】单选按钮组件示例。素材

```
import java.awt.*;
 import java.applet.Applet;
 public class myCheckboxGroup extends Applet {
      Checkbox Checkbox1, Checkbox2, Checkbox3, Checkbox4, Checkbox5;
      public void init() {
           CheckboxGroup c = new CheckboxGroup();
           Checkbox1 = new Checkbox("西瓜", false,c);
           Checkbox2 = new Checkbox("苹果", true, c);
           Checkbox3 = new Checkbox("香蕉", false,c);
           Checkbox4 = new Checkbox("菠萝", false,c);
           Checkbox5 = new Checkbox("柠檬", false,c);
           add(new Label("请选出您最喜欢的水果"));
           add(Checkbox1);
           add(Checkbox2);
           add(Checkbox3);
           add(Checkbox4);
           add(Checkbox5);
      }
 }
```

Applet
请选出您最喜欢的水果
西瓜 苹果 香蕉
菠萝 柠檬
小程序已启动。

上述 Applet 的运行效果如右上图所示。

7. 列表框

列表框组件看起来很像文本域组件，可以有多行，每行文本代表一项。文本域组件常作用户编辑之用，而列表框组件多用于为用户提供选项以便做出选择，可以多选也可以单选。AWT 提供的列表框类为 List，List 类直接继承自 Component 类。List 类的构造方法如下：

```
public List()                                    //创建 List 对象
public List(int rows)                            //创建允许容纳 rows 个选项的 List 对象
public List(int rows, boolean multipleMode)      //创建允许容纳 rows 个选项的 List 对象，并指明是否允许
                                                 //用户多选
```

List 类的常用方法有如下几个：

```
public void add(String item)                      //在 List 对象中添加 item 选项
public void add(String item,int index)            //在 List 对象的 index 位置插入 item 选项
public void replaceItem(String newValue,int index)  //使 newValue 替换 index 位置的选项
```

```
public void removeAll()                    //删除 List 对象中的所有选项
public void remove(String item)            //删除 List 对象中的 item 选项
public void remove(int position)           //删除 List 对象中 position 位置的选项
public int getSelectedIndex()              //获取被选中选项的位置，-1 代表没有选中任何选项
public int[] getSelectedIndexes() //获取被选中选项的位置数组，数组长度为 0 代表没有选中任何选项
public String getSelectedItem()  //获取被选中选项的文本信息
public String[] getSelectedItems()  //获取被选中选项的文本数组
public void select(int index)          //选中 index 位置的选项
public void deselect(int index)        //不选中 index 位置的选项
public boolean isIndexSelected(int index) //判断 index 位置的选项是否被选中
public int getRows()                       //获取 List 对象的选项个数
public boolean isMultipleMode()            //判断是否支持多选模式
public void setMultipleMode(boolean b)     //设置是否支持多选模式
```

以上方法可用来对 List 对象进行各种各样的操作，以实现列表框的各种功能。

【例 11-14】列表框组件示例。素材

```
import java.awt.*;
import java.applet.Applet;
public class myList extends Applet {
    public void init() {
        add(new Label("请选出您希望观看的奥运会比赛项目"));
        List   list = new List(5,true);
        list.add("篮球");
        list.add("足球");
        list.add("跳水");
        list.add("跨栏");
        list.add("体操");
        add(list);          //将列表框对象 list 添加到 myList 容器中
    }
}
```

上述 Applet 的运行效果如右上图所示。

8. 下拉框

下拉框组件用于在图形用户界面中提供一些选项供用户做出选择，但每次只能选择一项，选中的项会被单独显示出来。下拉框相比列表框而言，占据的界面区域较小。

AWT 提供的下拉框类为 Choice，Choice 类直接继承自 Component 类，并且只有一个构造方法，如下所示：

```
public Choice()     //创建下拉框对象
```

Choice 类的常用方法有如下几个：

```
public void add(String item)                      //添加选项
public void insert(String item,int index)   //在 index 位置插入选项
public void remove(String item)               //删除 item 选项
public void remove(int position)              //删除 position 位置的选项
public void removeAll()                          //删除所有选项
public String getSelectedItem()               //获取被选中选项
public int getSelectedIndex()                  //获取被选中选项的序号
public void select(int pos)                      //选中 pos 位置的选项
public void select(String str)                  //选中 str 选项
```

【例 11-15】下拉框组件示例。素材

```
import java.awt.*;
 import java.applet.Applet;
 public class myChoice extends Applet {
      public void init() {
            add(new Label("请选出您希望观看的奥运会比赛项目"));
            Choice   choice = new Choice();
            choice.add("篮球");
            choice.add("足球");
            choice.add("跳水");
            choice.add("跨栏");
            choice.add("体操");
            choice.add("乒乓球");
            choice.add("游泳");
            choice.add("射击");
            add(choice);          //将下拉框对象 choice 添加到 myChoice 容器中
      }
 }
```

Applet
请选出您希望观看的奥运会比赛项目 体操
篮球
足球
跳水
跨栏
体操
乒乓球
游泳
射击
小程序已启动。

上述 Applet 的运行效果如右上图所示。

9. 滚动条

滚动条也是图形用户界面中常见的组件之一，既可以用作取值器，也可以用来滚动显示某些较长的文本信息。AWT 提供的滚动条类为 Scrollbar，Scrollbar 类也是直接从 Component 类继承而来的。Scrollbar 类的构造方法如下：

```
public Scrollbar()                          //创建滚动条对象
public Scrollbar(int orientation)      //创建指定方位的滚动条对象
public Scrollbar(int orientation, int value, int visible, int minimum, int maximum)
//创建带有方位、初始值、可见量、最小值和最大值的滚动条对象
```

其中，参数 orientation 代表方位，可以取值为 HORIZONTAL、VERTICAL 或 NO_ORIENTATION，而可见量主要用于滚动显示某些较长的文本信息。

Scrollbar 类的常用方法有如下几个：

```
public int getMaximum()                          //获取滚动条对象的最大取值
public void setMaximum(int newMaximum)           //设置滚动条对象的最大取值
public int getVisibleAmount()                    //获取可见量
public void setVisibleAmount(int newAmount)      //设置可见量
public void setValues(int value,int visible,int minimum,int maximum)   //设置各个参数的值
```

【例 11-16】滚动条组件示例。素材

```
import java.awt.*;
import java.applet.Applet;
public class myScrollbar extends Applet {
    Scrollbar red,green,blue;
    public void init() {
        add(new Label("请滚动选择红、绿、蓝三原色的各自分量值(0~255)"));
        red=new Scrollbar(Scrollbar.VERTICAL, 0, 1, 0, 255);
        green=new Scrollbar(Scrollbar.VERTICAL, 100, 1, 0, 255);
        blue=new Scrollbar(Scrollbar.VERTICAL, 250, 1, 0, 255);
        add(red);
        add(green);
        add(blue);
    }
}
```

Applet
请滚动选择红、绿、蓝三原色的各自分量值
(0~255)
小程序已启动。

上述 Applet 的运行效果如右上图所示。

10. 菜单

菜单也是图形用户界面中最常见的组件之一，通过菜单的形式可以将系统的各种功能以直观的形式展现出来，供用户选择，大大方便了用户与系统之间进行交互。菜单与其他组件类相比比较特殊，菜单系统是由一些菜单相关类共同构成的。AWT 提供的菜单相关类包括 MenuBar、MenuItem、Menu、CheckboxMenuItem 以及 PopupMenu，它们之间的继承关系如右图所示。

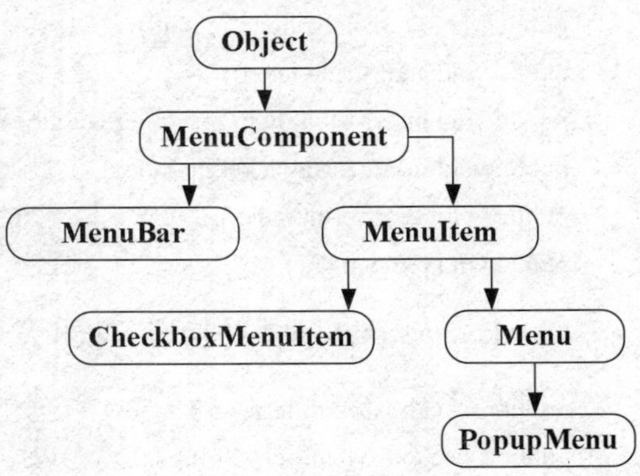

从图中可以看出，菜单系统比较特殊，它们不是从 Component 类继承而来的，而是从 MenuComponent 类继承而来的。

MenuBar 类对应整个菜单系统，Menu 类对应菜单系统中的菜单(实际上只是一种特殊的菜单项)，MenuItem 和 CheckboxMenuItem 类则对应具体的菜单项，

其中 CheckboxsMenuItem 为带复选框的菜单项，PopupMenu 对应弹出式快捷菜单，PopupMenu 类是菜单类 Menu 的子类。

MenuBar 类的构造方法和常用方法有如下几个：

```
public MenuBar()                    //创建 MenuBar 对象
public Menu add(Menu m)         //添加菜单 m
public void remove(int index)   //删除 index 位置的菜单
public void remove(MenuComponent m)    //删除菜单 m
public int getMenuCount()        //获取菜单数
public Menu getMenu(int i)      //获取序号为 i 的菜单
```

MenuItem 类的构造方法和常用方法有如下几个：

```
public MenuItem()                          //创建 MenuItem 菜单项
public MenuItem(String label)           //创建带 label 标识的 MenuItem 菜单项
public MenuItem(String label,MenuShortcut s) //创建带 label 标识和快捷方式的 MenuItem 菜单项
public String getLabel()                   //获取 MenuItem 菜单项的 label 标识
public void setLabel(String label)      //设置 MenuItem 菜单项的 label 标识
public boolean isEnabled()                //判断 MenuItem 菜单项是否可用
public void setEnabled(boolean b)     //设置 MenuItem 菜单项是否可用
```

Menu 类的构造方法和常用方法有如下几个：

```
public Menu()                      //创建菜单
public Menu(String label)       //创建带 label 标识的菜单
public int getItemCount()       //获取菜单项的数量
public MenuItem getItem(int index)     //获取 index 位置的菜单项
public MenuItem add(MenuItem mi)     //给菜单添加 mi 菜单项
public void add(String label)               //同上，但这是一种更方便的添加方法
public void insert(MenuItem menuitem,int index) //在菜单的 index 位置插入菜单项
public void insert(String label,int index)    //同上，但更方便
public void remove(int index)                   //删除 index 位置的菜单项
public void removeAll()                          //删除所有菜单项
```

CheckboxMenuItem 类的构造方法和常用方法有如下几个：

```
public CheckboxMenuItem()                     //创建带复选框的菜单项
public CheckboxMenuItem(String label)    //创建带复选框和 label 标识的菜单项
public CheckboxMenuItem(String label,boolean state) //创建带复选框、label 标识和初始状态的菜单项
public boolean getState()            //获取带复选框的菜单项的当前状态
public void setState(boolean b)   //设置带复选框的菜单项的当前状态
```

PopupMenu 类的构造方法和常用方法有如下几个：

```
public PopupMenu()                    //创建弹出式菜单
public PopupMenu(String label)   //创建带标识的弹出式菜单
public void show(Component origin,int x,int y)   //在 origin 组件的(x, y)坐标位置显示弹出式菜单
```

知识点滴

由于各个类之间存在继承关系，因此子类可以调用父类提供的部分常用方法。菜单系统创建好之后，可以通过调用 Frame 类的 setMenuBar()方法来加入框架界面。

【例 11-17】菜单组件示例。素材

```
import java.awt.*;
public class myMenu1 extends Frame {
   String[] operations = { "撤销", "重做", "剪切", "复制",   "粘贴" };
   MenuBar mb1 = new MenuBar();
   Menu f = new Menu("文件");
   Menu m = new Menu("编辑");
   Menu s = new Menu("特殊功能");
   CheckboxMenuItem[] specials = {
      new CheckboxMenuItem("插入文件"),
      new CheckboxMenuItem("删除活动文件")
   };
   MenuItem[] file = {
      new MenuItem("新建"),
      new MenuItem("打开"),
      new MenuItem("保存"),
      new MenuItem("关闭")
   };
   public myMenu1() {
      for(int i = 0; i < operations.length; i++)
         m.add(new MenuItem(operations[i]));
      for(int i = 0; i < specials.length; i++)
         s.add(specials[i]);
      for(int i = 0; i < file.length; i++){
         f.add(file[i]);
         // 每隔三个菜单项添加一条间隔线
         if((i+1) % 3 == 0)
            f.addSeparator();
      }
      f.add(s);
      mb1.add(f);
      mb1.add(m);
```

```
        setMenuBar(mb1);
    }
    public boolean handleEvent(Event evt) {
        if(evt.id == Event.WINDOW_DESTROY)
            System.exit(0);
        else
            return super.handleEvent(evt);
        return true;
    }
    public static void main(String[] args) {
        myMenu1 f = new myMenu1();
        f.resize(300,200);
        f.show();
    }
}
```

编译并运行上述程序，菜单效果如右上图所示。

11.2.4 事件处理

到目前为止，我们已经学习了很多图形用户界面组件。有可见的，也有不可见的；有容器类的，也有非容器类的(即普通的组件)。大家也都熟悉了这些组件的常用方法，但何时调用它们来实现相应的功能呢？其实前面已经提到过，大多数方法都是在事件处理程序中进行调用的，下面就来详细介绍AWT提供的事件处理机制。

在JDK 1.0中，提供的是称为层次事件模型的事件处理机制。在层次事件模型中，当一个事件发生后，首先传递给直接相关的组件，再由组件对事件进行处理，也可以忽略事件不处理。如果组件没有对事件进行处理，则AWT事件处理系统会将事件继续向上传递给组件所在的容器。同样，容器可以对事件进行处理，也可以忽略不处理。如果事件又被忽略，则AWT事件处理系统将事件继续向上传递。以此类推，直到事件被处理或者已经传递到顶层容器为止。这种基于层次事件模型的事件处理机制由于效率不高，在JDK 1.1以后的版本中便被基于事件监听模型的事件处理机制取代了。也有人将后面这种机制称为事件派遣机制或授权事件机制，处理效率相比层次事件模型大为提高，如下图所示。

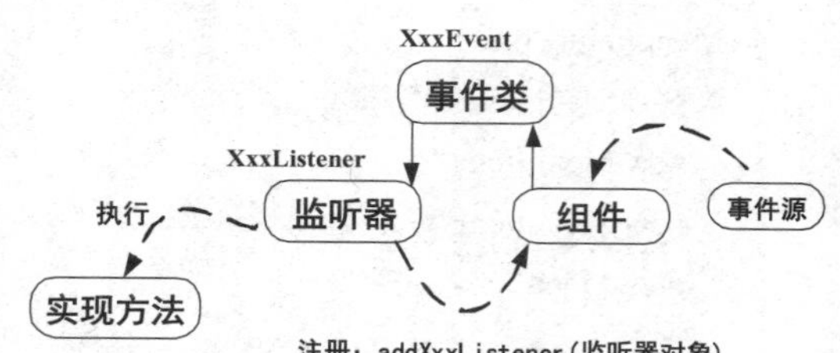

在基于事件监听模型的事件处理中，组件作为事件源可以触发事件，并通过addXxxListener()方法向组件注册监听器。一个组件可以注册多个监听器，如果组件触发了相应类型的事件，那么事件就会被传送给注册的监听器，事件监听器通过调用相应的实现方法来处理事件。

知识点滴

事件监听器的方法实现中通常会调用前面介绍过的组件的常用方法，从而对组件按需进行修改。

AWT提供了很多事件类以及对应的监听器(其实就是接口)，它们都被放置在JDK的java.awt.event包中。

▶ ActionEvent 类

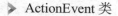

ActionEvent 类表示广义的行为事件，可以是使用鼠标单击按钮或菜单，也可以是列表框中的某个选项被双击或者在文本框中按回车键。ActionEvent 类对应的监听器是 ActionListener 接口，该接口只有一个抽象方法：

```
public abstract void actionPerformed(ActionEvent actionevent);
```

注册行为事件监听器时需要调用组件的 addActionListener()方法，撤销时则需要调用组件的 removeActionListener()方法。

▶ KeyEvent 类

当用户按下或释放某个按键时将产生键盘事件，对应的监听器为 KeyListener 接口，该接口定义了如下 3 个抽象方法：

```
public abstract void keyTyped(KeyEvent keyevent);
public abstract void keyPressed(KeyEvent keyevent);
public abstract void keyReleased(KeyEvent keyevent);
```

注册键盘监听器时可以通过调用组件的 addKeyListener()方法来实现。

▶ MouseEvent 类

当用户按下鼠标、释放鼠标或移动鼠标时，都会产生鼠标事件。鼠标事件对应两种监听器，分别是 MouseListener 和 MouseMotionListener 接口。鼠标按键相关的事件监听器由实现了 MouseListener 接口的对象表示，而鼠标移动相关的事件监听器则由实现了 MouseMotionListener 接口的对象表示。MouseListener 接口定义的抽象方法有如下 5 个：

```
public abstract void mouseClicked(MouseEvent mouseevent);
public abstract void mousePressed(MouseEvent mouseevent);
public abstract void mouseReleased(MouseEvent mouseevent);
public abstract void mouseEntered(MouseEvent mouseevent);
public abstract void mouseExited(MouseEvent mouseevent);
```

MouseMotionListener 接口定义的抽象方法则有如下两个：

```
public abstract void mouseDragged(MouseEvent mouseevent);
public abstract void mouseMoved(MouseEvent mouseevent);
```

注册鼠标事件监听器时可以调用组件的 addMouseListener()和 addMouseMotionListener()方法。

▶ TextEvent 类

当文本框或文本域的内容发生改变时，就会产生相应的文本事件，对应的监听器为 TextListener 接口，该接口只有一个抽象方法：

```
public abstract void textValueChanged(TextEvent textevent);
```

注册文本事件监听器时需要调用组件的 addTextListener()方法。

▶ FocusEvent 类

当组件得到或失去焦点时，就会产生焦点事件。在当前活动窗口中，有且只有一个组件拥有焦点。当用户使用 Tab 键切换组件或使用鼠标单击其他组件时，焦点就会转移至其他组件上，此时就会产生焦点事件。焦点事件对应的监听器为 FocusListener 接口，该接口有如下两个抽象方法：

```
public abstract void focusGained(FocusEvent focusevent);
public abstract void focusLost(FocusEvent focusevent);
```

注册焦点事件监听器时需要调用组件的 addFocusListener()方法。

▶ WindowEvent 类

当窗口被打开、关闭、激活、取消激活、图标化或取消图标化时，就会产生窗口事件，对应的监听器为 WindowListener 接口，该接口定义了如下 7 个抽象方法：

```
public abstract void windowOpened(WindowEvent windowevent);
public abstract void windowClosing(WindowEvent windowevent);
public abstract void windowClosed(WindowEvent windowevent);
public abstract void windowIconified(WindowEvent windowevent);
public abstract void windowDeiconified(WindowEvent windowevent);
public abstract void windowActivated(WindowEvent windowevent);
public abstract void windowDeactivated(WindowEvent windowevent);
```

注册窗口事件监听器时需要调用组件的 addWindowListener()方法。

▶ AdjustmentEvent 类

当调整可调整的组件(如移动滚动条)时，就会产生调整事件，对应的监听器为 AdjustmentListener 接口，该接口只有一个抽象方法：

```
public abstract void adjustmentValueChanged(AdjustmentEvent adjustmentevent);
```

注册调整事件监听器时需要调用组件的 addAdjustmentListener()方法。

▶ ItemEvent 类

当列表框和下拉框中的选项以及复选框被选中或取消选中时，将会触发选项类事件，对应的监听器为 ItemListener 接口，该接口只有一个抽象方法：

```
public abstract void itemStateChanged(ItemEvent itemevent);
```

注册选项事件监听器时需要调用组件的 addItemListener()方法。

除了以上事件类以外，还有如下其他几个事件类：ComponentEvent、ContainerEvent、InputEvent、PaintEvent 等，这里不再赘述。读者如果想知道与它们对应的接口中定义的抽象方法，可以参考其他资料或使用 Java 反编译器直接将 java.awt.event 包中的字节码文件打开并进行查看。

事件处理程序的编写步骤大致如下：

(1) 实现某一事件的监听器接口(定义事件处理类并实现监听器接口)。

(2) 在事件处理类中根据实际需要实现相应的抽象方法。

(3) 给组件注册相应的事件监听器以指明事件源有哪些。

如果说组件用来构成程序的界面，那么事件处理则用来构成程序的逻辑。换句话说，组件是程序的视图(View)元素，而事件处理才是程序的真正控制者(Controller)。下面列举几个实例以具体说明事件处理的实现机制。

【例 11-18】ActionEvent 行为事件处理示例。素材

```
import java.awt.*;
import java.awt.event.*;
public class ActionEvent1
{
private static Frame frame;       //定义为静态变量以便 main()方法使用
private static Panel myPanel;   //用来放置按钮组件
private Button button1;          //定义按钮组件
private Button button2;
private TextField textfield1;    //定义文本框组件
private TextField textfield2;
private Label info;               //显示哪个按钮被单击或哪个文本框中发生了回车
public ActionEvent1()           //构造方法，建立图形界面
{
 //创建面板容器类组件
 myPanel = new Panel();
 //创建按钮组件
 button1 = new Button("按钮 1");
 button2 = new Button("按钮 2");
 textfield1 = new TextField();
 textfield2 = new TextField();
 //创建标签组件
 info = new Label("目前没有任何行为事件发生");
 MyListener myListener = new MyListener();
 //建立行为监听器，由两个按钮共享
 button1.addActionListener(myListener);
 button2.addActionListener(myListener);
 textfield1.addActionListener(myListener);
 textfield2.addActionListener(myListener);
 myPanel.add(button1); // 添加组件到面板容器中
 myPanel.add(button2);
 myPanel.add(textfield1);
 myPanel.add(textfield2);
 myPanel.add(info);
 }
//定义行为事件处理类，它实现了 ActionListener 接口
private class MyListener implements ActionListener
{
 /*
```

```
  利用行为事件处理类监听所有行为事件源产生的事件
*/
 public void actionPerformed(ActionEvent e)
 {
  //利用 getSource()方法获得组件对象
  //也可以利用 getActionCommand()方法获得组件标识信息，如 e.getActionCommand().equals("按钮 1")
  Object obj = e.getSource();
  if (obj == button1)
      info.setText("按钮 1 被单击");
  else if (obj == button2)
      info.setText("按钮 2 被单击");
  else if (obj == textfield1)
       info.setText("文本框 1 回车");
  else
       info.setText("文本框 2 回车");
 }
}
public static void main(String s[])
{
 ActionEvent1 ae = new ActionEvent1(); // 新建 ae 组件
 frame = new Frame("ActionEvent1");    // 新建 frame 组件
 //窗口关闭事件的常见处理方法(属于匿名内部类)
 frame.addWindowListener(new WindowAdapter() {
 public void windowClosing(WindowEvent e)
 {System.exit(0);} });
 frame.add(myPanel);
 frame.pack();
 frame.setVisible(true);
 }
}
```

按钮1	按钮2	|		文本框1回车

编译并运行上述程序，如果用户单击“按钮 1”，则标签信息显示“按钮 1 被单击”；如果单击“按钮 2”，则标签信息显示“按钮 2 被单击”；如果在第一个文本框中按回车键，则标签信息显示“文本框 1 回车”，如右上图所示；如果在第二个文本框中按回车键，则标签信息显示“文本框 2 回车”。

下面我们分析一下上述代码是如何工作的。我们在 main()方法中定义了一个框架窗体，然后将面板 myPanel 添加到这个框架窗体中。myPanel 面板中包含两个按钮、两个文本框和一个标签，相应的成员变量 frame、myPanel、button1、button2、textfield1、textfield2 和 info 都定义在类体的开头部分。main()方法首先实例化 ActionEvent1 类型的对象 ae，通过构造方法构建面板界面：创建按钮、文本框和标签组件，并将它们添加到面板容器中。此外，按钮和文本框组件还通过调用各自的 addActionListerner()方法注册了行为事件监听器 myListener。这样，当用户单击按钮或者在文本框中按回车键时，程序就会调用 actionPerformed()方法，并通过 if 语句来判断是哪个按钮被单击或是在哪个文本框中按了回车键，然后使用标签显示相应的行为事件信息。

建议读者亲自上机实践一下，并且尝试将“textfield1.addActionListener(myListener);”语句注释掉，然后重新编译并运行程序，这时读者就会发现第一个文本框不再监听回车这一行为事件。换言之，用户即使在文本框中按回车键，程序中的 actionPerformed()方法也不会被调用，标签也就不会显示信息“文本框 1 回车”。

上述程序仅仅使用监听器 myListener 来同时监听 4 个组件的行为事件，这种方式的特点是：当同时监听多个组件时，需要使用一大堆的 if 语句来进行判断处理。其实，也可以为每个组件(或某一类组件)设置监听器。比如，既可以为按钮类组件和文本框类组件设置监听器，也可以分别为 4 个组件设置各自的监听器，后者的实现代码如下：

```
private class Button1Handler implements ActionListener
    {
        public void actionPerformed(ActionEvent e)
        {
            info.setText("按钮 1 被单击");
        }
    }
private class Button2Handler implements ActionListener
    {
        public void actionPerformed(ActionEvent e)
        {
            info.setText("按钮 2 被单击");
        }
    }
private class TextField1Handler implements ActionListener
    {
        public void actionPerformed(ActionEvent e)
        {
            info.setText("文本框 1 回车");
        }
    }
private class TextField2Handler implements ActionListener
    {
        public void actionPerformed(ActionEvent e)
        {
            info.setText("文本框 2 回车");
        }
    }
```

```
button1.addActionListener(new Button1Handler());
button2.addActionListener(new Button2Handler());
textfield1.addActionListener(new TextField1Handler());
textfield2.addActionListener(new TextField2Handler());
```

相信读者应该可以根据上述代码，编写出为按钮类组件和文本框类组件设置监听器的实现代码。这种设置多个同类监听器的做法，虽然使单个监听处理器的代码减少了，但总的代码量其实并没有减少，读者可以根据个人喜好决定采用哪一种方式。

事实上，Java 还允许用户采用匿名内部类的方式实现对各个组件的行为事件的监听，比如也可以这样编写代码，为例 11-8 中的 4 个组件分别设置监听器：

```
// 定义并创建匿名内部类来监听各个组件的行为事件
button1.addActionListener(
    new ActionListener()
    {
        public void actionPerformed(ActionEvent e)
        {
            info.setText("按钮 1 被单击");
        }
    }
);
button2.addActionListener(
    new ActionListener()
    {
        public void actionPerformed(ActionEvent e)
        {
            info.setText("按钮 2 被单击");
        }
    }
);
textfield1.addActionListener(
    new ActionListener()
    {
        public void actionPerformed(ActionEvent e)
        {
            info.setText("文本框 1 回车");
        }
    }
);
textfield2.addActionListener(
    new ActionListener()
```

```
	{
		public void actionPerformed(ActionEvent e)
		{
			info.setText("文本框 2 回车");
		}
	}
);
```

从以上代码可以看出，当决定为每个组件设置一个监听器时，使用匿名内部类会显得更简洁。下面来看一个关于处理菜单事件的示例。

【例 11-19】菜单事件处理示例。 素材

```
import java.awt.*;
import java.awt.event.*;
public class myMenu2 extends Frame {
  TextArea info = new TextArea("",10,25,TextArea.SCROLLBARS_VERTICAL_ONLY);
  MenuBar mb = new MenuBar();
  Menu f = new Menu("文件");
  Menu s = new Menu("特殊功能");
  CheckboxMenuItem[] specials = {
    new CheckboxMenuItem("功能 1"),
    new CheckboxMenuItem("功能 2")
  };
  MenuItem[] file = {
    new MenuItem("新建"),
    new MenuItem("打开"),
    new MenuItem("保存"),
    new MenuItem("关闭")
  };
  //创建普通菜单项的行为事件监听器
  MyMenuListener myMenuListener = new MyMenuListener();
  //创建复选菜单项的选项事件监听器
  MyCheckBoxMenuListener myCheckBoxMenuListener = new MyCheckBoxMenuListener();
  public myMenu2() {
    for(int i = 0; i < specials.length; i++){
      s.add(specials[i]);
      //给复选菜单项添加监听器
      specials[i].addItemListener(myCheckBoxMenuListener);
    }
    for(int i = 0; i < file.length; i++){
      f.add(file[i]);
```

```
            //给普通菜单项添加监听器
            file[i].addActionListener(myMenuListener);
            // 每隔三个菜单项画一条间隔线
            if((i+1) % 3 == 0)
                f.addSeparator();
        }
        f.add(s);
        mb.add(f);
        setMenuBar(mb);
        add(info);
    }
//定义行为事件处理类
private class MyMenuListener implements ActionListener
{
  /*
     利用这个内部类监听所有菜单的行为事件
  */
public void actionPerformed(ActionEvent e)
{
   String str = e.getActionCommand();
   if (str.equals("新建"))
        info.append("行为事件:单击[新建]菜单        ");
   else if (str.equals("打开"))
        info.append("行为事件:单击[打开]菜单        ");
   else if (str.equals("保存"))
        info.append("行为事件:单击[保存]菜单        ");
   else if (str.equals("关闭"))
        System.exit(0);
  }
}
//定义选项事件处理类
private class MyCheckBoxMenuListener implements ItemListener
{
  /*
     利用这个内部类监听复选菜单项
  */
  public void itemStateChanged(ItemEvent itemevent)
  {
    Object obj = itemevent.getItem();
    if (obj.equals("功能 1"))
```

```
        if(itemevent.getStateChange()==ItemEvent.SELECTED)
        info.append("行为事件：选中[功能 1]        ");
        else
            info.append("行为事件：取消[功能 1]        ");
    else if (obj.equals("功能 2"))
        if (itemevent.getStateChange()==ItemEvent.SELECTED)
            info.append("行为事件：选中[功能 2]        ");
        else
            info.append("行为事件：取消[功能 2]        ");
    }
  }
  public static void main(String[] args) {
        myMenu2 f = new myMenu2();
        f.pack();
        f.show();
    }
}
```

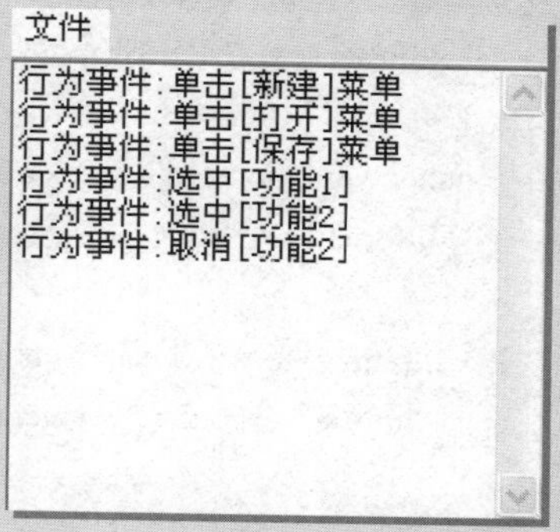

以上代码定义了行为事件处理类 MyMenuListener，该类可以对用户的菜单操作相应地做出处理，但是由于复选菜单项不会触发行为事件，而只触发选项事件，因此以上代码又定义一个实现了 ItemListener 接口的 MyCheckBoxMenuListener 选项事件处理类，用于处理用户对复选菜单项“功能 1”和“功能 2”执行的操作。程序的运行效果如上图所示。

【例 11-20】鼠标事件处理示例。 素材

```
import java.awt.*;
import java.awt.event.*;
public class MouseEvent1 extends Frame {
  Panel keyPanel = new Panel();
  Label info = new    Label("");
  public MouseEvent1() {
    keyPanel.add(info);
    add(keyPanel);
    //添加匿名鼠标监听器
    keyPanel.addMouseListener(new ML());
    }
    //定义鼠标监听器
    class ML implements MouseListener {
    public void mouseClicked(MouseEvent e) {
      info.setText("MOUSE Clicked");
```

```
    }
    public void mousePressed(MouseEvent e) {
      info.setText("MOUSE Pressed");
    }
    public void mouseReleased(MouseEvent e) {
      showMouse(e);
    }
    public void mouseEntered(MouseEvent e) {
      info.setText("MOUSE Entered");
    }
    public void mouseExited(MouseEvent e) {
      info.setText("MOUSE Exited");
    }
    void showMouse(MouseEvent e) {
        info.setText(" x = " + e.getX() +", y = " + e.getY());
    }
  }
  public static void main(String[] args) {
    MouseEvent1 f = new MouseEvent1();
    // 处理窗口关闭事件的常用方法(匿名适配器类)
    f.addWindowListener(new WindowAdapter() {
        public void windowClosing(WindowEvent e)
        {System.exit(0);} });
    f.pack();
    f.show();
  }
}
```

MOUSE Exited

编译并运行程序，效果如右上图所示。

【例 11-21】键盘事件处理示例。素材

```
import java.awt.*;
import java.awt.event.*;
import java.applet.*;
public class KeyEvent1 extends Applet implements KeyListener {
  TextArea info= new TextArea("",7,20,TextArea.SCROLLBARS_VERTICAL_ONLY);
  TextField tf = new TextField(30);
  public void init() {
    add(tf);
```

```
    add(info);
    //给 TextField 组件 tf 添加按键监听器
    tf.addKeyListener(this);
  }
  public void keyPressed(KeyEvent e) {

  }
  public void keyReleased(KeyEvent e) {
    info.append("键盘事件:"+e.getKeyChar()+"-Key-Released     ");
  }
  public void keyTyped(KeyEvent e) {
    info.append("键盘事件:"+e.getKeyChar()+"-Key-Typed     ");
  }
}
```


上述程序没有定义单独的事件处理类，而是选择在定义 Applet 的子类 KeyEvent1 时实现 KeyListener 接口。Java 是支持这种事件处理方式的，不过读者需要注意这种新的事件处理方式存在如下缺点：当事件处理类不再是单独的类之后，其他类就不能共享事件处理类了。根据前面的知识，我们知道 Java 只允许 KeyEvent1 类继承一个父类，但却可以实现多个接口，因此除了 KeyListener 接口以外，KeyEvent1 类还可以同时实现其他接口，如 MouseMotionListener、MouseListener、FocusListener 或 ComponentListener 等，以便同时实现对鼠标事件、焦点事件等事件的处理。上述程序的运行效果如右上图所示。

在 Java 中，当实现一个接口时，必须对该接口中的所有抽象方法进行具体的实现，即使有些抽象方法根本用不上，也要实现，比如 keyPressed()方法。为此，Java 提供了一种称为适配器类的抽象类来简化事件处理程序的编写。

Java 为具有多个抽象方法的监听接口提供了对应的适配器类，比如 WindowListener、WindowStateListener 和 WindowFocusListener 一起对应 WindowAdapter，KeyListener 对应 KeyAdapter，MouseListener 对应 MouseAdapter，等等。大家也可以到 java.awt.event 包中查看其他的适配器类，当然，对于 ActionListener 接口，由于它只有一个抽象方法，因此不提供适配器类。适配器类很简单，它其实就是一个实现了接口中所有抽象方法的“空”类，因而本身不提供实际功能。比如，WindowAdapter 类是这样定义的：

```
package java.awt.event;
public abstract class WindowAdapter implements WindowListener, WindowStateListener, WindowFocusListener
{
    public WindowAdapter()
    {
    }
    public void windowOpened(WindowEvent windowevent)
    {
    }
```

```
    public void windowClosing(WindowEvent windowevent)
    {
    }
    public void windowClosed(WindowEvent windowevent)
    {
    }
    public void windowIconified(WindowEvent windowevent)
    {
    }
    public void windowDeiconified(WindowEvent windowevent)
    {
    }
    public void windowActivated(WindowEvent windowevent)
    {
    }
    public void windowDeactivated(WindowEvent windowevent)
    {
    }
    public void windowStateChanged(WindowEvent windowevent)
    {
    }
    public void windowGainedFocus(WindowEvent windowevent)
    {
    }
    public void windowLostFocus(WindowEvent windowevent)
    {
    }
}
```

有了适配器类，用户在编写一些简单的事件处理程序时就方便多了。比如在前面的程序中，我们就已经用过这样的代码：

```
// 处理窗口关闭事件的常用方法(匿名适配器类)
f.addWindowListener(new WindowAdapter() {
    public void windowClosing(WindowEvent e)
    {System.exit(0);} });
```

上述代码很简洁，主要是因为我们采用了适配器类来实现简单的事件处理。由于这里只需要用到 windowClosing()方法，因此只需要给出它的覆盖实现即可，而无须关心其他方法。

前面的内容都是介绍 AWT 工具集的，然而随着 Java 的发展，后来又出现了新的图形用户界面工具集，如 Sun 公司发布的 Swing 和 Eclipse 自带的 SWT 等。11.3 节将简单介绍 Swing 的相关知识。

11.3 Swing 组件集简介

当 Java 程序创建并显示 AWT 组件时，其实真正创建和显示的是本地组件(称为 Peer，也就是对等组件)。对等组件是用于完成 AWT 对象所委托任务的本地用户界面组件，负责完成所有的具体工作，包括绘制自身、对事件做出响应等，所以 AWT 组件只需要在适当的时间与自己的对等组件进行交互即可。通常，人们把 AWT 提供的这种与本地对等组件相关联的组件称为重量级组件，它们的外观和显示直接依赖于本地系统。因此，在移植这类程序时经常会出现界面不一致的情况。为此，Sun 公司在 AWT 组件的基础上又开发了一种灵活而强大的 GUI 组件集——Swing。

Swing 是在 AWT 组件的基础上构建的，因此，在某种程度上可以认为 Swing 组件实际上也是 AWT 的一部分。与 AWT 一样，Swing 支持 GUI 组件的自动销毁，Swing 还支持 AWT 的自底向上和自顶向下的构建方法。Swing 使用了 AWT 的事件处理模型和支持类，例如 Colors、Images 和 Graphics 等。但是，Swing 同时又提供了大量新的、比 AWT 更好的图形用户界面组件(这些组件通常以字母 J 打头)，如 JButton、JTree、JSlider、JSplitPane、JTabbedPane、JTable 和 JTableHeader 等，它们都是使用纯 Java 编写的模拟组件，所以同 Java 本身一样可以跨平台运行。这一点不像 AWT，我们把这种不依赖于特定平台的模拟组件称为轻量级组件。Swing 是 Java 基础类库(Java Foundation Classes，JFC)的一部分，支持可更换的观感(Look & Feel)和主题(各种操作系统默认的特有主题)。然而，Swing 并不是真的使用特定平台提供的代码，而仅仅是在表面上模仿它们，这就意味着用户可以在任意平台上使用 Swing 支持的任意观感。Swing 轻量级组件集带给开发人员的好处是可以在所有平台上获得统一的效果，缺点则是执行速度相比本地 GUI 程序来说慢一些，因为 Swing 无法充分利用本地硬件的 GUI 加速器以及本地主机的 GUI 操作等优点。不过 Sun 公司已经花费大量的人力来改进新版 Swing 的性能，相信这个缺点会被逐渐克服。

如果说 AWT 是 Sun 公司的第一代图形用户界面组件集的话，那么 Swing 可以说是第二代。Swing 组件集实现了模型与组件的分离：对于所有的 Swing 组件(如文本、按钮、列表、表格、树)来说，模型与组件都是分离的，这样就可以根据应用程序的实际需求来使用模型，并在多个视图之间进行共享。为了方便起见，所有组件类型都提供了默认的模型。此外，每个组件的外观(外表以及如何处理输入事件等)都是由一种单独的、可动态替换的实现进行控制的，这样用户就可以改变基于 Swing 的 GUI 的部分或全部外观。

与 AWT 不同的是，Swing 不是线程安全的，这就意味着用户需要关心在应用程序中到底是哪个线程在负责更新 GUI。如果在运行线程的过程中出现了错误，就可能发生不可预料的结果，如图形用户界面故障等。

Swing 提供了相比 AWT 更多、功能更强的组件，增加了新的布局管理方式(如 BoxLayout)，同时还设计了更多的处理事件。如果读者已经掌握了 AWT 编程技能，那么学习 Swing 就不会遇到什么困难了！因此，下面仅列举几个典型的 Swing 编程实例，以引导读者入门学习 Swing 编程。

【例 11-22】Swing 编程示例(一)。素材

```
import java.awt.*;
import java.awt.event.*;
import javax.swing.*;
class ButtonPanel extends JPanel implements ActionListener
{  public ButtonPanel()
   {  setBackground(Color.white);
      yellowButton = new JButton("红色");
      blueButton = new JButton("绿色");
      redButton = new JButton("蓝色");
      add(yellowButton);
      add(blueButton);
      add(redButton);
      yellowButton.addActionListener(this);
      blueButton.addActionListener(this);
      redButton.addActionListener(this);
   }
   public void actionPerformed(ActionEvent evt)
   {  Object source = evt.getSource();
      Color color = getBackground();
      if (source == yellowButton) color = Color.red;
      else if (source == blueButton) color = Color.green;
      else if (source == redButton) color = Color.blue;
      setBackground(color);
      repaint();
   }
   private JButton yellowButton;
   private JButton blueButton;
   private JButton redButton;
}
class ButtonFrame extends JFrame
{  public ButtonFrame()
   {  setTitle("按钮测试");
      setSize(300, 200);
      addWindowListener(new WindowAdapter()
         {  public void windowClosing(WindowEvent e)
            {  System.exit(0);
            }
         } );
      Container contentPane = getContentPane();
```

```
        contentPane.add(new ButtonPanel());
    }
}
public class JButtonTest
{   public static void main(String[] args)
    {   JFrame frame = new ButtonFrame();
        frame.show();
    }
}
```

红色　绿色　蓝色

Swing 的编程结构其实与 AWT 基本相同，所不同的就是将原来的 AWT 组件替换为 J 开头的 Swing 组件。另外，一些 Swing 组件的功能和用法可能也会有些不同，比如 JFrame 组件不支持直接添加子组件或直接设置布局管理方式，而是需要将这些操作赋予通过调用 getContentPane()方法获取的 Container 容器对象。

上述程序的主要功能是：通过单击界面上的三个不同的按钮，将界面的颜色分别设置为红色、绿色和蓝色。运行效果如上图所示。

【例 11-23】Swing 编程示例(二)。素材

```
import java.awt.event.*;
import javax.swing.*;
public final class OtherButtons {
    JFrame f = new JFrame("测试其他按钮组件");
    JLabel info = new JLabel("信息标签");
    JToggleButton toggle = new JToggleButton("开关按钮");
    JCheckBox checkBox = new JCheckBox("复选按钮");
    JRadioButton radio1 = new JRadioButton("单选按钮 1");
    JRadioButton radio2 = new JRadioButton("单选按钮 2");
    JRadioButton radio3 = new JRadioButton("单选按钮 3");
    public OtherButtons() {
        f.setDefaultCloseOperation(JFrame.EXIT_ON_CLOSE);
        //设置网格布局方式
        f.getContentPane().setLayout(new java.awt.GridLayout(6,1));
        // 为开关按钮添加行为监听器
        toggle.addActionListener(new ActionListener() {
            public void actionPerformed(ActionEvent e) {
                JToggleButton toggle = (JToggleButton) e.getSource();
                if (toggle.isSelected()) {
                    info.setText("打开开关按钮");
                } else {
                    info.setText("关闭开关按钮");
```

```
                }
            }
        });
        // 为复选按钮添加选项监听器
        checkBox.addItemListener(new ItemListener() {
            public void itemStateChanged(ItemEvent e) {
                JCheckBox jcb = (JCheckBox) e.getSource();
                info.setText("复选按钮状态值： " + jcb.isSelected());
            }
        });
        // 使用按钮组对象包容一组单选按钮
        ButtonGroup group = new ButtonGroup();
        // 生成新的动作监听器对象以备用
        ActionListener radioListener = new ActionListener() {
            public void actionPerformed(ActionEvent e) {
                JRadioButton radio = (JRadioButton) e.getSource();
                if (radio == radio1) {
                    info.setText("选中单选按钮 1");
                } else if (radio == radio2) {
                    info.setText("选中单选按钮 2");
                } else {
                    info.setText("选中单选按钮 3");
                }
            }
        };
        // 为各个单选按钮添加行为监听器
        radio1.addActionListener(radioListener);
        radio2.addActionListener(radioListener);
        radio3.addActionListener(radioListener);
        // 将单选按钮添加到单选按钮组中
        group.add(radio1);
        group.add(radio2);
        group.add(radio3);
        f.getContentPane().add(info);
        f.getContentPane().add(toggle);
        f.getContentPane().add(checkBox);
        f.getContentPane().add(radio1);
        f.getContentPane().add(radio2);
        f.getContentPane().add(radio3);
        f.setSize(160, 200);
```

```
    }
    public void show() {
        f.show();
    }
    public static void main(String[] args) {
        OtherButtons ob = new OtherButtons();
        ob.show();
    }
}
```

关闭开关按钮
开关按钮
☑ 复选按钮
◉ 单选按钮1
○ 单选按钮2
○ 单选按钮3

编译并运行程序，效果如右上图所示。

上述程序对开关按钮、复选按钮和单选按钮等 Swing 组件进行了测试，其中只使用如下一条语句就实现了关闭窗口(也就是退出 Java 程序)的功能，避免了 AWT 中监听接口的实现或相应适配器类的创建，这主要得益于 Swing 对 AWT 组件集所做的进一步扩充和封装。

```
f.setDefaultCloseOperation(JFrame.EXIT_ON_CLOSE);
```

【例 11-24】Swing 编程示例(三)。素材

```
import java.awt.*;
import java.awt.event.*;
import javax.swing.*;
class MyPanel extends JPanel implements ActionListener
{   public MyPanel()
    {   JButton createButton = new JButton("创建新的框架窗口");
        add(createButton);
        //给 createButton 组件增添行为事件监听器
        createButton.addActionListener(this);
        closeAllButton = new JButton("关闭所有框架窗口");
        add(closeAllButton);
    }
    public void actionPerformed(ActionEvent evt)
    {
        SubFrame f = new SubFrame();
        number++;
        f.setTitle("新的框架窗口-" + number);
        f.setSize(100, 100);
        f.setLocation(600-100 * number, 600-100 * number);
        f.show();
        //每个新创建的 f 框架对象的行为事件都由 closeAllButton 组件负责监听
        closeAllButton.addActionListener(f);
```

```
        closeAllButton.addActionListener(f);
    }
    private int number = 0;
    private JButton closeAllButton;
}
class MainFrame extends JFrame
{   public MainFrame()
    {   setTitle("JFrame 测试");
        setSize(300, 100);
        addWindowListener(new WindowAdapter()
            {   public void windowClosing(WindowEvent e)
                {   System.exit(0);
                }
            } );
        Container contentPane = getContentPane();
        contentPane.add(new MyPanel());
    }
}
public class JFrameTest
{   public static void main(String[] args)
    {   JFrame f = new MainFrame();
        f.show();
    }
}
class SubFrame extends JFrame implements ActionListener
{   public void actionPerformed(ActionEvent evt)
    {   // 释放框架对象
        dispose();
    }
}
```

创建新的框架窗口　关闭所有框架窗口

上述程序的运行效果如右上图所示。

当用户单击“创建新的框架窗口”按钮时，程序就新建一个子框架窗口，再次单击，就再创建一个新的子框架窗口，可以一直创建。当用户单击“关闭所有框架窗口”按钮时，则通过行为事件中的 dispose()方法将所有的子框架窗口一一关闭并释放。

11.4　上机练习

目的：练习鼠标事件的处理。

内容：按以下步骤进行上机练习。

(1) 编写如下程序。

```
import java.applet.Applet;
import java.awt.*;
import java.awt.event.*;
public class MouseEvent1 extends Applet implements MouseListener{
  int x,y;
  TextField tf1=new TextField(16);
  public void init() {
    add(tf1);
    addMouseListener(this);
  }
  public void mousePressed(MouseEvent e){
    x=e.getX();
    y=e.getY();
    tf1.setText("坐标值："+Integer.toString(x)+","+Integer.toString(y));
  }
  public void mouseClicked(MouseEvent e){}
  public void mouseEntered(MouseEvent e){}
  public void mouseReleased(MouseEvent e){}
  public void mouseExited(MouseEvent e){}
}
```

(2) 将编译成功后的字节码文件嵌入 HTML 页面，观察 Applet 的运行效果，然后修改程序，添加文本框 tf2，其中可以容纳 8 个字符；修改 mousePressed(MouseEvent e)方法，使得 x 坐标在文本框 tf1 中显示，y 坐标在文本框 tf2 中显示。

(3) 使用适配器类将没有用到的鼠标事件处理方法去掉。

第 12 章

I/O 编程

很多计算机程序都会涉及数据的输入输出，因此，Java 语言也提供了相应的输入输出功能。本章将结合 Java 语言提供的输入输出包 java.io，对各种输入输出功能进行详细介绍，包括流的概念、字节流、字符流以及一些常见的文件操作等。另外，需要特别指出的是：java.io 包在给开发者提供强大输入输出功能的同时，本身也体现了各种面向对象技术，值得读者模仿和借鉴。

12.1 引言

计算机程序的一般模型可以归纳为如下几个模块：输入、计算和输出。输入输出是人机交互的重要手段之一，设计合理的程序应该首先允许用户根据具体的情况输入不同的数据，然后经过程序算法的计算和处理，最后以用户容易接受的方式输出计算结果。事实上，在本书的第一个 Java 程序中，你就已经接触到“输出”的概念。当时，程序中唯一的一条语句“System.out.println("Hello,welcome to Java programming.");”被称为标准输出语句，用于将信息输出至标准输出设备(计算机屏幕)。另外，你在第 4 章的例 4-3 中使用的 InputStreamReader、BufferedReader 和 System.in 等涉及的其实就是输入，正是通过这些输入类和标准输入流对象，程序才实现了用户的交互式输入，交互式输入使得程序的计算数据可以由用户在运行时灵活地进行控制，而不必写“死”在程序中，从而大大提高了程序的灵活性。由此可见，输入输出对于程序来说，是不可或缺的重要环节。

12.2 流的概念

Java 使用流的概念来看待输入输出。Java 提供的输入输出功能十分强大，而且非常灵活。美中不足的是：起初看上去输入输出代码并不是很简洁(如第 4 章中的交互式输入)，因为往往需要创建许多不同的流对象。在 Java 类库中，I/O(输入/输出)部分的内容有很多，大家看看 JDK 的 java.io 包就知道了，主要的关键类有 InputStream、OutputStream、Reader、Writer 和 File 等。在熟悉了 Java 的输入输出流以后，读者会发现，其实 Java 的 I/O 流使用起来还是挺方便的，因为 Java 已经对各种 I/O 流的操作做了相当程度的简化处理。

流(Stream)是对数据传送的一种抽象，当预处理数据从外界“流入”程序时，就称为输入流；相反，当程序中的结果数据“流到”外界(如计算机屏幕、文件等)时，就称为输出流。也就是说，输入输出其实是从程序的角度来讲的。InputStream 和 OutputStream 类是用来处理字节(8 位)流的，Reader 和 Writer 类是用来处理字符(16 位)流的，而 File 类则是用来处理文件的。细心的读者可能会问：“那么前面章节中使用的 System.out.println() 和 System.in.read()又算哪一种呢？”事实上，它们是 Java 提供的标准输入输出流，其中 System 是 Java 自动导入的 java.lang 包中的一个类，这个类包含三个内建的静态流对象——err、in 和 out，分别用于标准错误输出、标准输入和标准输出。在程序中，可以直接使用这三个流对象，比如通过调用 out 对象的 println()方法和 in 对象的 read()方法来实现标准输入输出功能。默认情况下，标准输入 in 用于读取键盘输入，而标准输出 out 和标准错误输出 err 用于把数据输出到启动程序运行的终端屏幕上。需要说明的是，in 属于 InputStream 对象，而 err 和 out 则属于 PrintStream(从 OutputStream 间接派生)对象。因此，在这个层面上可以认为，标准输入输出属于字节流的范畴，它们的数据处理是以字节为单位的。但是，Java 提供的 Decorator(装饰)技术又允许用户将标准输入输出流转换为以双字节为处理单位的字符流。所以，字节流和字符流是相对的，它们之间也可以相互转换。另外，利用 System 类的以下静态方法，我们还可以把标准输入输出中的数据流重定向到文件或另一个数据流。

```
public static void setIn(InputStream in)
public static void setOut(PrintStream out)
public static void setErr(PrintStream err)
```

标准错误输出只用来输出错误信息，即使被重定向到其他地方，也仍然会在控制台进行输出显示，而标准输入和标准输出则用于交互式的 I/O 处理。下面将对标准输入输出进行具体介绍。

12.2.1 标准输出

System.out 是标准输出流对象，可以通过调用 println()、print()或 write()方法实现对各种数据的输出显示。

```
boolean checkError()    //错误检查
void close()            //关闭输出流
void flush()            //刷新输出流
void print(boolean b)   //输出布尔型数据
void print(char c)      //输出字符型数据
void print(char[] s)    //输出字符数组
void print(double d)    //输出双精度浮点数
void print(float f)     //输出单精度浮点数
void print(int i)       //输出 int 类型的数据
void print(long l)      //输出 long 类型的数据
void print(Object obj)  //输出对象类型的数据
void print(String s)    //输出字符串类型的数据
void println()          //换行
void println(boolean x)
void println(char x)
void println(char[] x)
void println(double x)
void println(float x)
void println(int x)
void println(long x)
void println(Object x)
void println(String x)
protected    void setError()                //设置错误
void write(byte[] buf, int off, int len)    //输出字节数组 buf 中从下标 off 开始的 len 个数据
```

在上述方法中，println()和print()是类似的，只不过前者在输出完数据之后会自动执行换行操作。write()方法在前面的章节中并没有被用到过，它主要用于输出字节数组中的数据。下面来看一个简单的例子。

【例 12-1】标准输出方法举例。素材

```
public class Test {
    public static void main(String args[])
    {
```

```
    boolean boo=true;
    char c = 'a';
    char[] cs = {'C','h','i','n','a'};
    double d = 1.2;
    float f = 1.1f;
    int i = 10;
    long l = 20;
    Object obj="2008";
    String str="Beijing";
    byte b[] = {'O','l','y','m','p','i','c'};
    System.out.println(boo);
    System.out.println(c);
    System.out.println(cs);
    System.out.println(d);
    System.out.println(f);
    System.out.println(i);
    System.out.println(l);
    System.out.println(obj);
    System.out.println(str);
    System.out.write(b,0,7);
    }
}
```

编译并运行程序，输出结果如下：

```
true
a
China
1.2
1.1
10
20
2008
Beijing
Olympic
```

由此可见，标准输出还是比较简单的。下面再来看一下稍微复杂一些的标准输入。

12.2.2 标准输入

System.in 是标准输入流对象，可以通过调用 read()方法从键盘读入数据。由于输入比输出容易出错，一不小心的输入错误可能就会导致整个程序的计算结果出错，甚至引发程序中断退出。因此，Java 对输入操作强制设置了异常保护，用户在编写相应的程序时必须抛出或捕获异常，否则程序将不能编译通过。以下展示了输入流对象 in 可以调用的 read()方法：

```
int read()              //读入字节数据，值(0~255)以 int 整型格式返回
int read(byte[] b)      //读入字节数组 b
int read(byte[] b, int off, int len)   //读入字节数组 b 中从 off 位置开始的 len 个字节数据
```

int read(byte[] b) 方法其实是 int read(byte[] b, int off, int len)方法的特例，相当于 off 的值为 0、len 的值为 b.length。

下面来看一个例子。

【例 12-2】标准输入方法举例。 素材

```
import java.io.*;       // IOException 位于 java.io 包中，因此需要将这个包导入
public class Test {
  public static void main(String args[]) throws IOException   //抛出异常
  {
    byte c1;
    byte c2[]=new byte[3];
    byte c3[]=new byte[6];
    System.out.print("请输入：");
```

```
    c1=(byte)System.in.read();
      System.in.read(c2);
      System.in.read(c3,0,6);
      //输出刚才读入的字节数据
      System.out.println((char)c1);   //若去除强制类型转换，则输出字符'a'的 ASCII 码值 97
      System.out.write(c2,0,3);
      System.out.println();
      System.out.write(c3,0,6);
      System.out.println();
      System.out.print("输入流中还剩余"+System.in.available()+"字节");
  }
}
```

编译并运行上述程序，输入输出结果如下所示：

```
请输入：aabcabcdefg(回车换行)
a
abc
abcdef
输入流中还有剩余 3 字节
```

我们在上述程序运行时输入了 aabcabcdefg，其中语句“c1=(byte)System.in.read();”将第一个字符'a'(也就是 97，因为字符'a'的 ASCII 码值为 97)赋值给字节类型的变量 c1，语句“System.in.read(c2);”自动读入前三个字符到 c2 数组中，语句“System.in.read(c3,0,6);”则读入接下来的 6 个字符 abcdef，最后还剩字符'g'(事实上，还应该包括回车符和换行符这两个控制字符，这可以从后面的 System.in.available()语句返回 3 得到验证)。程序最后通过调用标准输出方法对获取到的字节数据进行输出显示。

知识点滴

我们通常所说的字符是指 ASCII 字符，它们属于单字节编码数据，这一点可以从上述程序的系统输入看出，但由于 Java 采用的字符存储类型使用的是 Unicode 编码，因此需要的存储空间为 2 字节，这就很容易使读者产生疑惑：字符到底是单字节还是双字节呢？其实，这要视具体情况而定。对于多数程序设计语言(如 C 和 Pascal)来说，处理的字符一般都是单字节的；而对于 Java 来说，情况比较特别，在用户输入字符(此时为单字节)给 Java 程序后，如果程序中用于存放字符的数据类型为 char，那么原本的单字节会自动在高位补 0 以扩充为双字节进行存储。当然，也可以像上述程序一样，定义单字节的 byte 类型来存放普通字符。

Java 之所以采用双字节来存储原本为单字节的普通字符，主要是为了将普通字符与其他字符(如汉字字符)统一起来，方便处理。后面 12.4 节介绍的(Unicode)字符流是指双字节流。

上述标准输入对象提供的 read()方法显然不够方便，因为是以单字节或字节数组的方式获取输入的，而用户输入的数据通常却是其他类型的，如字符串、int、double 等。那该怎么办呢？Java 采用一种称为 Decorator(装饰)的设计模式对标准输入进行了功能扩充，具体什么是 Decorator 设计模式，这里不做介绍，大家只要知道这种设计模式用来扩充功能就可以了。例如，第 4 章的例 4-3 引入的交互式输入中就有这样的代码：

```
//以下代码为通过控制台交互式地输入行李重量
InputStreamReader reader=new InputStreamReader(System.in);
BufferedReader input=new BufferedReader(reader);
System.out.println("请输入旅客的行李重量：");
String temp=input.readLine();
w = Float.parseFloat(temp);   //将字符串转换为单精度浮点型
```

System.in 标准输入流对象原本只能提供以字节为单位的数据输入，在引入 InputStreamReader 和 BufferedReader 类对象并对其进行两次包装(第一次将 System.in 对象包装为 reader 对象的内嵌成员，第二次又将 reader 对象包装为 input 对象的成员)后，就可以使用 BufferedReader 类提供的 readLine()方法，实现以行为单位(对应字节数据流中以换行符为间隔)的字符串输入功能。在获取到字符串数据以后，再根据具体的数据类型相应地进行转换，比如例 12-2 是将字符串转换为单精度浮点型数据。另外，也可以使用 Double 类提供的 parseDouble()方法或 Integer 类提供的 parseInt()方法进行相应的转换。请看下面的示例程序。

【例 12-3】经过扩充的标准输入方法。素材

```
import java.io.*;
public class Test {
   public static void main(String args[]) throws IOException
   {
   String temp;
   float f;
   double d;
   int i;
   //将 System.in 对象包装到 InputStreamReader 对象中
   InputStreamReader reader=new InputStreamReader(System.in);
   //将 reader 对象包装到 BufferedReader 对象中
   BufferedReader input=new BufferedReader(reader);
   System.out.println("请输入字符串数据：");
   temp=input.readLine();
   System.out.println("刚才输入的字符串为："+temp);
   System.out.println("请输入单精度浮点数：");
   temp=input.readLine();
   //将字符串转换为单精度浮点型数据
   f = Float.parseFloat(temp);
   System.out.println("刚才输入的单精度浮点数为："+f);
   System.out.println("请输入双精度浮点数：");
   temp=input.readLine();
   //将字符串转换为双精度浮点型数据
```

```
    d = Double.parseDouble(temp);
    System.out.println("刚才输入的单精度浮点数为："+d);
    System.out.println("请输入 int 型数据：");
    temp=input.readLine();
    //将字符串转换为 int 型数据
    i = Integer.parseInt(temp);
    System.out.println("刚才输入的 int 型数据为："+i);
    }
}
```

程序的运行结果如下：

```
请输入字符串数据:
I Love China
刚才输入的字符串为：I Love China
请输入单精度浮点数:
1.1
刚才输入的单精度浮点数为：1.1
请输入双精度浮点数:
2.2
刚才输入的单精度浮点数为：2.2
请输入 int 型数据:
5
刚才输入的 int 型数据为：5
```

通过例 12-3 可知，使用 Java 的包装及类型转换技术，我们可以灵活地进行各种类型数据的交互式输入。另外，为了避免在不同的地方进行交互式输入时每次都要编写包装语句，建议读者将上述常用的交互式输入单独定义为用户输入类 MyInput，并将其放置到用户自定义的类包 myPackage 中，这样在以后的程序中就可以通过 MyInput 类方便地进行交互式输入了。请看下面的例子。

【例 12-4】定义用户输入类 MyInput。素材

```
package myPackage;
import java.io.*;
public class MyInput {
  public static String inputStr() throws IOException
  {
    //将 System.in 对象包装到 InputStreamReader 对象中
    InputStreamReader reader=new InputStreamReader(System.in);
    //将 reader 对象包装到 BufferedReader 对象中
    BufferedReader input=new BufferedReader(reader);
    String temp=input.readLine();
```

```
        return temp;
    }
    public static String strData() throws IOException
    {
        //将 System.in 对象包装到 InputStreamReader 对象中
        InputStreamReader reader=new InputStreamReader(System.in);
        //将 reader 对象包装到 BufferedReader 对象中
        BufferedReader input=new BufferedReader(reader);
        System.out.println("请输入字符串数据：");
        String temp=input.readLine();
        return temp;
    }
    public static float floatData() throws IOException
    {
        System.out.println("请输入单精度浮点数：");
        String temp=inputStr();
        float f = Float.parseFloat(temp);
        return f;
    }
    public static double doubleData() throws IOException
    {
        System.out.println("请输入双精度浮点数：");
        String temp=inputStr();
        double d = Double.parseDouble(temp);
        return d;
    }

    public static int intData() throws IOException
    {
        System.out.println("请输入 int 型数据：");
        String temp=inputStr();
        int i = Integer.parseInt(temp);
        return i;
    }
}
```

【例 12-5】测试用户输入类 MyInput。素材

```
import myPackage.MyInput;
import java.io.*;
public class Test {
```

```
public static void main(String args[]) throws IOException
{
    String str=MyInput.strData();
    System.out.println("刚才输入的字符串为："+str);
    float f=MyInput.floatData();
    System.out.println("刚才输入的单精度浮点数为："+f);
    double d=MyInput.doubleData();
    System.out.println("刚才输入的双精度浮点数为："+d);
    int i=MyInput.intData();
    System.out.println("刚才输入的 int 型数据为："+i);
  }
}
```

编译上述测试程序，运行过程如下：

```
F:\me>java Test
请输入字符串数据：
hello
刚才输入的字符串为：hello
请输入单精度浮点数：
1
刚才输入的单精度浮点数为：1.0
请输入双精度浮点数：
2.2
刚才输入的双精度浮点数为：2.2
请输入 int 整数据：
10
刚才输入的 int 型数据为：10
```

通过上面自定义的用户输入类 MyInput，我们可以更方便、快捷地编写交互式输入程序了。希望读者能将这种自定义用户类的策略应用到以后的编程实践中。事实上，自定义类与自定义方法在本质上是一样的，都是为了提高程序的可重用性，进而达到提高编程效率的目的。只不过由于类的"粒度"比方法大，同时类中封装的成员变量和成员方法通常都是紧密相关的，具有良好的"结构相关性"，因此类比方法更能体现程序复用的思想。正是由于引入了类的概念，才使程序设计从原先的面向过程(方法)上升到面向对象(类)的高度，从而极大促进了软件行业的发展。

12.3 字节流

以字节为处理单位的流称为字节流，字节流相应地分为字节输入流和字节输出流两种。本节将分别对它们进行简要介绍。

12.3.1 InputStream

字节输入流的基类都是 InputStream，InputStream类是从Object类直接继承而来的抽象类，其中声明了多个用于字节输入的方法，从而为其他字节输入流派生类奠定了基础，InputStream类与其派生类的之间继承关系如下图所示。

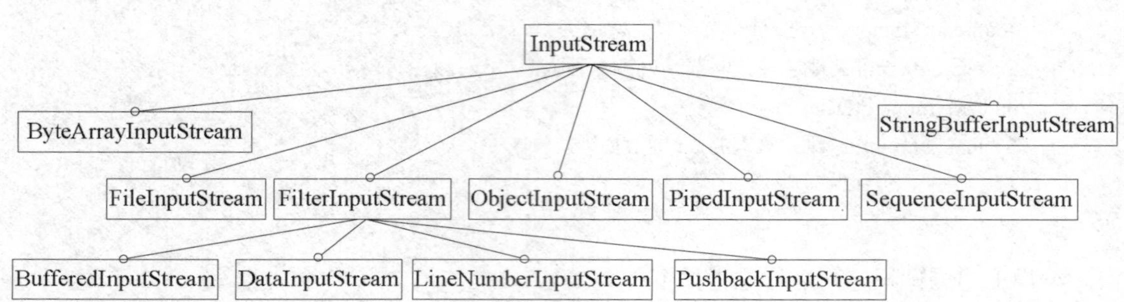

InputStream类可以处理各种类型的输入流，其中提供的大多数方法在遇到错误时都会抛出 IOException 异常。InputStream 类提供的常用方法如下：

```
int available()                    //输入流中剩余数据(尚未读取)的字节数
void close()                       //关闭输入流，同时释放相关资源
void mark(int readlimit)           //在输入流中的当前位置做标记，并且直到从这个位置
                                   //开始的 readlimit 字节被读取后才失效
boolean markSupported()            //当前输入流是否支持标记功能
abstract   int read()              //从输入流中读入 1 字节的数据
int r00ead(byte[] b)               //从输入流中读入 b.length 字节到字节数组 b 中
int read(byte[] b, int off, int len) //从输入流中的 off 位置开始读入 len 字节到字节数组 b 中
void reset()                       //把输入流的读指针重置到标记位置，以重新读取前面的数据
long skip(long n)                  //从输入流的当前读指针位置跳过 n 字节，同时返回实际
                                   //跳过的字节数
```

下面对 InputStream 类的子类分别进行简要介绍。

1) ByteArrayInputStream

ByteArrayInputStream 输入流类包含 4 个成员变量：buf、count、mark 和 pos。buf 为字节数组缓冲区，用于存放输入流；count 为计数器，用于记录输入流数据的字节数；mark 用来做标记，以实现重读部分输入流数据；pos 为位置指示器，用于指明当前读指针的位置，这表示前面已读取 pos - 1 字节的数据。ByteArrayInputStream 输入流类提供的方法基本上与基类 InputStream 是一样的。因此，可以说 ByteArrayInputStream 是一个比较简单且基础的字节输入流类。

2) FileInputStream

FileInputStream 输入流类是用来从文件中读取字节流数据的，该类也是从抽象类 InputStream 直接继承而来的。不过，有些方法，比如 mark()和 reset()等，FileInputStream 输入流类并不支持，因为该类只能实现文件的顺序读取。另外，FileInputStream 既然属于字节输入流类，因而不适合用来读取字符

文件，而适合读取字节文件(如图像文件)。字符文件的读取可以使用后面将要介绍的字符输入流类 FileReader。

FileInputStream 输入流类一共有 3 个构造方法，如下所示：

```
public FileInputStream(String name) throws FileNotFoundException
public FileInputStream(File file) throws FileNotFoundException
public FileInputStream(FileDescriptor fdObj)
```

前两个构造方法需要抛出 FileNotFoundException 异常。其中：name 为文件名；file 为 File 类(后面将会介绍)对象；fdObj 为 FileDescriptor 文件描述类对象，既可以对应打开的文件，也可以对应打开的套接字(socket)。例如，下面的语句将采用第一个构造方法创建文件输入流对象：

```
FileInputStream fis = new FileInputStream("data.dat");
```

创建好文件输入流对象后，就可以通过调用相应的 read()方法以字节为单位读取数据了。当不再需要从文件输入流读入数据时，可以调用 close()方法，关闭文件输入流，同时释放相应的资源。

【例 12-6】测试 FileInputStream 输入流类。素材

```
import java.io.*;
public class TestFileInputStream
{
   public static void main(String args[]) throws IOException
   {
     try
     { //创建文件输入流对象 fis
        FileInputStream fis = new FileInputStream("data.dat");
        byte buf[] = new byte[128];
        int count;                    //记录实际读取的字节数
        count=fis.read(buf);  //从文件输入流 fis 中读取字节数据
        System.out.println("共读取"+count+"字节");
        System.out.print(new String(buf));
        fis.close();                  //关闭 fis 文件输入流
     }
     catch (IOException ioe)
     {
       System.out.println("I/O 异常");
     }
   }
}
```

如果程序的当前目录下没有 data.dat 文件，程序运行时将引发 FileNotFoundException 异常，此时异常保护语句就会被执行，输出 I/O 异常信息；如果有 data.dat 文件，并且其中有字符串"Beijing 2008 Olympic Games"，程序运行时将会从文件中读入这一信息并在屏幕上输出，如下所示：

```
共读取 26 字节                //一个普通 ASCII 字符占用 1 字节
Beijing 2008 Olympic Games
```

如果数据文件中的内容是“Beijing 2008 奥运会”，那么屏幕上显示的信息将如下所示：

```
共读取 19 字节               //一个汉字占用 2 字节
Beijing 2008 奥运会
```

由此可见，使用 FileInputStream 文件输入流对象，可以实现从文件中以字节为单位读取数据。

3) FilterInputStream

FilterInputStream 类与 InputStream 类相比，差别并不大，那么为什么还要引入 FilterInputStream 类呢？其实，大家只要注意看一下 FilterInputStream 类的定义，就可以发现，其构造方法是这样定义的：

```
protected FilterInputStream(InputStream in)
```

上述构造方法的参数是 InputStream 对象，看到这里，读者可能就会联想到前面提到过的包装技术，没错！FilterInputStream 就是为了包装 InputStream 类而引入的中间类，说它是中间类，是因为其构造方法的访问控制符是 protected，因而用户不能直接将其实例化，也就不能直接创建 FilterInputStream 对象。FilterInputStream 类把具体的包装任务交给自己的子类来完成，这些子类有 BufferedInputStream、CheckedInputStream、CipherInputStream、DataInputStream、DigestInputStream、InflaterInputStream、LineNumberInputStream、ProgressMonitorInputStream 和 PushbackInputStream 等，每一个子类都以现成的 InputStream 流对象为数据源，试图对 InputStream 对象做进一步处理。当然，有兴趣的读者也可以尝试定义一个从 FilterInputStream 类继承而来的加强输入流类，以实现对输入流的特殊处理(如按位读取等)。下面选取其中几个子类进行简单的介绍。

知识点滴

JDK 类库中的大量类采用了类似 FilterInputStream 的设计，它们虽然没有定义为抽象类，但却通过不提供对外的实例化构造方法，把自己变成了伪抽象类或者说是中间类，真正的处理代码则交给相应的子类来完成。这其实也涉及“设计模式”的概念，建议有一定基础的读者边学习 Java、边学习“设计模式”的相关知识，以提升自己对面向对象技术的理解程度。

- BufferedInputStream

BufferedInputStream 类在 FilterInputStream 类(或者说 InputStream 类)的基础上添加了读取缓冲功能，因此，也有人说 BufferedInputStream 应该合并到 InputStream 中才对。不过，我们更关心的是缓冲到底能带来多大的性能提高，例 12-7 展示了如何测试缓冲性能，有兴趣的读者可以亲自上机验证一下。我们在自己的计算机上对输入流的缓冲与否做了测试，测试时读取的是一个图片文件，大小约为 2.52 MB，结果表明，二者之间的速度差别还是非常明显的。对于小输入流的读取况且如此，那么对于大输入流的情况，缓冲带来的效果就可想而知了。BufferedInputStream 类的构造方法如下：

```
public BufferedInputStream(InputStream in)
public BufferedInputStream(InputStream in,int size)
```

上面第二个构造方法的 size 参数用于设置缓冲区的大小。

【例 12-7】测试 BufferedInputStream 输入流类带来的性能提升情况。素材

```
import java.io.*;
public class TestBufferedInputStream
{
  public static void main(String args[]) throws IOException
  {
    try
    {//创建文件输入流对象 fis，为取得更明显的效果，我们在 Big.dat 文件中编辑了大量数据
    InputStream fis =new BufferedInputStream(new FileInputStream("Big.dat"));
          System.out.println("测试开始...");
    while (fis.read()!=-1)   //从文件输入流对象 fis 中读取字节数据
    {
    //读取整个文件输入流
    }
    System.out.println("测试结束");
    fis.close();              //关闭文件输入流
  }
  catch (IOException ioe)
  {
   System.out.println("I/O 异常");
   }
 }
}
```

有兴趣的读者可以尝试将上述程序中的如下语句

```
InputStream fis =new BufferedInputStream(new FileInputStream("Big.dat"));
```

改写为

```
InputStream fis =(new FileInputStream("Big.dat");
```

这时，你将发现文件输入流的读取速度大大低于使用缓冲时的情况。

➤ DataInputStream

DataInputStream 类直接从 InputStream 类继承而来，并且实现了 DataInput 接口。DataInputStream 类提供的主要方法如下：

```
public final int read(byte[] b) throws IOException
public final int read(byte[] b, int off,int len) throws IOException
```

```
public final void readFully(byte[] b)   throws IOException
public final void readFully(byte[] b,int off,int len)   throws IOException
public final int skipBytes(int n)   throws IOException
public final boolean readBoolean()   throws IOException
public final byte readByte()   throws IOException
public final int readUnsignedByte()   throws IOException
public final short readShort()   throws IOException
public final int readUnsignedShort()   throws IOException
public final char readChar()   throws IOException
public final int readInt()   throws IOException
public final long readLong()   throws IOException
public final float readFloat()   throws IOException
public final double readDouble()   throws IOException
public final String readLine()   throws IOException
public final String readUTF()   throws IOException
public static final String readUTF(DataInput in)   throws IOException
```

在上述方法中，一部分是从 InputStream 类继承而来的，另一部分则源于 DataInput 接口中方法的实现。输入流对象在读到流的结尾时一般都返回 - 1，而 DataInputStream 输入流对象在读到流的结尾时还会同时抛出 EOFException 异常。因此，也可以通过捕获该异常来判断输入流是否已经读取完。特别地，上面的 readLine()方法是用来实现一行一行地读取输入流的。因此，readLine()方法在很多情况下非常有用。不过，由于 readLine()方法不能将字节数据正确地转换为对应的字符，所以在 JDK 1.1 及以后版本中，已不建议使用，而改用 BufferedReader.readLine()方法。BufferedReader 属于字符输入流类，我们将在后面的 12.4 节中进行介绍。

- LineNumberInputStream

LineNumberInputStream 类提供了行号跟踪功能，可以通过如下方法获取或设置行号：

```
public int getLineNumber()
public void setLineNumber(int lineNumber)
```

不过，这些方法目前已过时，不建议再使用。LineNumberInputStream 类的功能可以用字符流类 LineNumberReader(详见 12.4 节)替代。

- PushbackInputStream

PushbackInputStream 类在 FilterInputStream 类的基础上增加了回退/复读功能，作用类似于 mark()/reset()方法。对应的回退方法有如下几个：

```
public void unread(int b) throws IOException
public void unread(byte[] b,int off,int len) throws IOException
public void unread(byte[] b) throws IOException
```

4) ObjectInputStream

在 Java 程序的运行过程中，很多数据是以对象的形式存放在内存中的，我们有时希望能够直接将内存中的整个对象存储到数据文件中，以便程序在下次运行时可以从数据文件中读取出数据，还原为原来的对象状态，这时可以通过 ObjectInputStream 和 ObjectOutputStream 类来实现这一功能。Java 规定，如果要直接存储对象，那么定义对象的类必须实现 java.io.Serializable 接口，而 Serializable 接口中实际上并没有规范任何必须实现的方法。所以，这里所谓的“实现”其实只有象征意义，作用是表明这个类的对象是可序列化的(Serializable)，同时表明该类的所有子类也将自动变为可序列化的。下面是一段使用 ObjectInputStream 对象输入流的示例代码：

```
FileInputStream istream = new FileInputStream("data.dat"); //创建文件输入流对象
ObjectInputStream p = new ObjectInputStream(istream);      //包装为对象输入流
int i = p.readInt();                                 //读取整型数据
String today = (String)p.readObject();   //读取字符串数据
Date date = (Date)p.readObject();         //读取日期型数据
istream.close();                                     //关闭输入流对象
```

ObjectInputStream 类直接继承自 InputStream 类，并同时实现了 3 个接口：DataInput、ObjectInput 和 ObjectStreamConstants。ObjectInputStream 类的主要功能是通过 readObject()方法来实现的，利用 readObject()方法可以很方便地恢复使用 ObjectOutputStream.writeObject()方法保存的对象状态数据。

5) PipedInputStream

PipedInputStream 被称为管道输入流，它必须和相应的管道输出流 PipedOutputStream 一起使用，才能共同构成一条管道，后者输入数据，前者读取数据。通常，PipedOutputStream 输出流工作在称为生产者的进程中，而 PipedInputStream 输入流工作在称为消费者的进程中。只要管道的输出流和输入流是连接着的(可以通过 connect()方法建立连接)，就可以一边往管道中写入数据，另一边从管道中读取数据。这让我们能够将一个程序的输出直接作为另一个程序的输入，从而规避了中间的 I/O 环节。

知识点滴

不建议在单线程中同时进行 PipedInputStream 输入流和 PipedOutputStream 输出流的处理，因为这样做容易引起线程死锁。

“管道”是 UNIX 最先提出的概念，它被用来实现进程(或线程)之间大量数据的同步传输。

6) SequenceInputStream

SequenceInputStream 类可以将多个输入流连接在一起，形成一条更长的输入流。当读取到这条更长输入流中某个子流的末尾时，一般不返回 -1(表示 EOF)，只有当到达最后一个子流的末尾时才返回结束标志。SequenceInputStream 类的构造方法如下：

```
public SequenceInputStream(Enumeration e)
public SequenceInputStream(InputStream s1, InputStream s2)
```

第一个构造方法可以连接多个输入子流，这些子流可以是 ByteArrayInputStream、FileInputStream、ObjectInputStream、PipedInputStream 或 StringBufferInputStream 等各种输入流类型；第二个构造方法则只能连接两个输入流。

通过 SequenceInputStream 类，用户可以构造各种各样、功能各异的组合流。

7) StringBufferInputStream

StringBufferInputStream 类的构造方法如下：

```
public StringBufferInputStream(String s);
```

以上构造方法可通过 String 对象生成对应的字节输入流，由于字符是使用 Unicode 编码的，因此 StringBufferInputStream 类采取如下转换策略：将 Unicode 字符的高位字节丢弃，只保留低位字节。这样，原来字符串中的字符个数就与转换后的输入流的字节数相等。这种处理方式对于 ASCII 码值在 0 和 255 之间的普通字符是没有问题的，但对于其他字符(如汉字字符)，则会由于高位字节信息的丢失而导致转换错误。因此，在 JDK 1.1 及以后版本中，StringBufferInputStream 类已被弃用并改由字符流类 StringReader 替代。

12.3.2 OutputStream

抽象类 OutputStream 是所有字节输出流类的基类，它们之间的派生关系如下图所示。

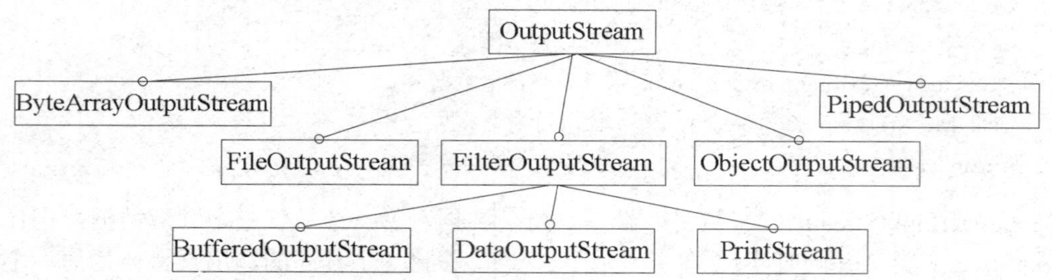

从上图中可以看出：OutputStream 类派生了与 InputStream 子类对应的输出流类，如 ByteArrayOutputStream、FileOutputStream、FilterOutputStream、ObjectOutputStream 和 PipedOutputStream 等。细心的读者可能会发现，没有与 StringBufferInputStream 输入流类对应的输出流类，这其实与 Java 的 String 类是不可修改的有关。流写入了，String 类就必须相应地进行扩展，显然这是矛盾的，因此也就无法定义对应的输出流类。下面对上图中的各个派生类进行简单的介绍。

1) ByteArrayOutputStream

ByteArrayOutputStream 类与 ByteArrayInputStream 类对应，并且也有两个受保护的成员变量：

```
protected byte[] buf
protected int count
```

字节数组 buf 用来存放输出数据，而变量 count 则用来记录输出数据的字节数。

ByteArrayOutputStream 类的构造方法如下：

```
public ByteArrayOutputStream()
public ByteArrayOutputStream(int size)
```

第一个构造方法创建的输出流对象的起始存储区大小为 32 字节，并且可以随着输入的增加而相应扩大；第二个构造方法创建的输出流对象的存储区大小为 size 字节。

另外，ByteArrayOutputStream 类还提供了如下常用方法：

```
public void write(int b)
public void write(byte[] b,int off,int len)
public void writeTo(OutputStream out) throws IOException
public void reset()
public byte[] toByteArray()
public int size()
```

```
public String toString()
public String toString(String enc) throws UnsupportedEncodingException
public String toString(int hibyte)
public void close() throws IOException
```

在上述方法中，write()方法与 ByteArrayInputStream 类中的 read()方法相对应。

2) FileOutputStream

FileOutputStream 类与前面的 FileInputStream 类相对应，用于输出数据流到文件中进行保存，如例 12-8 所示。

【例 12-8】FileOutputStream 应用示例。素材

```
import java.io.*;
public class TestFileOutputStream {
  public static void main(String args[])
  {
     try
     {
        System.out.print("请输入数据：");
        int count,n=128;
        byte buffer[] = new byte[n];
        count = System.in.read(buffer);     //读取标准输入流
        FileOutputStream fos = new FileOutputStream("test.dat");
        //创建文件输出流对象
        fos.write(buffer,0,count);              //写入输出流
        fos.close();                             //关闭输出流
        System.out.println("已将上述输入数据输出保存为 test.dat 文件。");
     }
    catch (IOException ioe)
    {
    System.out.println(ioe);
    }
     catch (Exception e)
    {
      System.out.println(e);
    }
  }
}
```

上述程序的运行结果如下：

```
请输入数据：Earthquake occured in Sichuang Wenchuang has caused great casualties!(回车)
已将上述输入数据输出保存为 test.dat 文件。
```

在上述程序所在目录中打开新建的test.dat文件(原本没有这个文件)，可以发现刚刚输入的数据已经被输出保存。再次运行程序：

```
请输入数据：donation(回车)
已将上述输入数据输出保存为 test.dat 文件。
```

此时，再次打开 test.dat 文件进行查看，就会发现原来的输出数据被新的输出数据替代。这是因为 FileOutputStream 类不支持文件续写或定位等功能，而只能实现最基本的文件输出操作。

3) FilterOutputStream

FilterOutputStream 类与 FilterInputStream 类相对应，也是伪抽象类，由它派生出的子类包括 BufferedOutputStream、CheckedOutputStream、CipherOutputStream、DataOutputStream、DeflaterOutputStream、DigestOutputStream 和 PrintStream 等。这里我们只介绍其中 3 个子类。

- BufferedOutputStream

BufferedOutputStream类与BufferedInputStream类实现的功能是一样的，都是对数据进行缓冲，从而提高性能，只不过后者输入(读)缓冲，前者输出(写)缓冲。读者可以尝试改写例 12-8，将文件输出流对象包装为缓冲对象，在输出大量数据时，比较二者的写入速度。

知识点滴

缓冲输入是指在读取输入流时，先从输入流中一次读入一批数据并置入缓冲区，再从缓冲区中读取数据，当缓冲区中的数据不足时才从输入流中再次批量读取数据；同样，使用缓冲输出时，写入的数据也不会直接输出至目的地，而是先输出至缓冲区中，当缓冲区满了以后才启动一次对目的地的批量输出。比如当输入输出文件时，通过缓冲就可以极大地减少对磁盘的 I/O 操作，从而提高文件的存取速度。

- DataOutputStream

DataOutputStream 类与 DataInputStream 类相对应，它实现的接口为 DataOutput，提供的输出方法主要有如下几个：

```
public final void writeBoolean(boolean v) throws IOException
public final void writeByte(int v) throws IOException
public final void writeShort(int v)   throws IOException
public final void writeChar(int v) throws IOException
public final void writeInt(int v)   throws IOException
public final void writeLong(long v)   throws IOException
public final void writeFloat(float v)   throws IOException
public final void writeDouble(double v) throws IOException
public final void writeBytes(String s)   throws IOException
public final void writeChars(String s) throws IOException
public final void writeUTF(String str) throws IOException
```

- PrintStream

PrintStream 类也是 FilterOutputStream 类的派生类，它实现的输出功能与 DataOutputStream 类差不多，输出方法都以 print()和带行分隔的 println()命名，部分输出方法如下：

```
public void print(boolean b)
public void print(char c)
public void print(int i)
```

```
public void print(String s)
public void print(Object obj)
public void println()
public void println(boolean x
public void println(int x)
public void println(char[] x)
public void println(Object x)
```

标准输出流 System.out 是 PrintStream 类的静态对象。因此，PrintStream 类其实对大家来说应该并不陌生。

4) ObjectOutputStream

ObjectOutputStream 类与 ObjectInputStream 类相对应，用来保存对象的状态数据，例如下面的示例代码段：

```
FileOutputStream ostream = new FileOutputStream("data.dat"); //创建文件输出流对象
ObjectOutputStream p = new ObjectOutputStream(ostream);     //包装为对象输出流
p.writeInt(12345);                                          //输出整型数据
p.writeObject("Beijing 2008  奥运会");                      //输出字符串
p.writeObject(new Date());                                  //输出日期型数据
p.flush();                                                  //刷新输出流
ostream.close();                                            //关闭输出流
```

由此可见，ObjectOutputStream 类主要通过相应的 write()方法来保存对象的状态数据。

5) PipedOutputStream

PipedOutputStream 类与 PipedInputStream 类相对应，前面已经讲过，利用它们可以实现输入流与输出流的同步，从而提高输入输出效率。UNIX 中管道的概念与此类似。

介绍完了字节流，12.4 节将介绍双字节的字符流。

12.4 字符流

字符流是为了方便处理 16 位的 Unicode 字符而(在 JDK 1.1 之后)引入的输入输出流，字符流以 2 字节为基本输入输出单位，适合处理文本类型的数据。Java 的字符流体系中有两个基本类：Reader 和 Writer，分别对应字符输入流和字符输出流。下面就对它们分别进行介绍。

12.4.1 Reader

Reader 是抽象类，本身不能被实例化，因此真正实现字符流输入功能的是其派生类，如 BufferedReader、CharArrayReader、FilterReader、InputStreamReader、PipedReader 和 StringReader 等，其中一些类又进一步派生出其他功能的子类，它们之间的继承关系如下图所示。

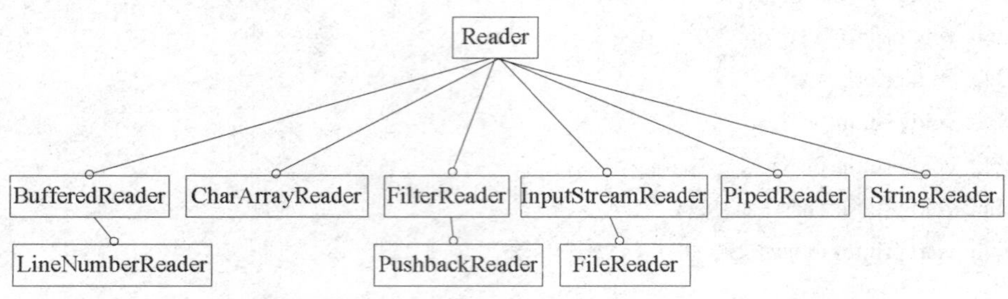

Reader 抽象类提供了如下处理字符输入流的基本方法：

```
public int read()    throws IOException  //读取一个字符，返回值为读取的字符(一个介于 0 和
                                         //65535 之间的值)或 - 1(表示读取到输入流的末尾)
public int read(char[] cbuf) throws IOException  //读取一系列字符到字符数组 cbuf 中，返回值为实际
                                                 //读取的字符数
public abstract int read(char[] cbuf,int off,int len) throws IOException
//读取 len 个字符，从字符数组 cbuf 的下标 off 处开始存放，返回值为实际读取的字符数
//read()方法为抽象方法，具体代码由子类实现
public long skip(long n) throws IOException   //跳过输入流中的 n 个字符
public boolean ready() throws IOException     //判断输入流是否能读
public boolean markSupported()                //判断当前流是否支持在流中做标记
public void mark(int readAheadLimit)   throws IOException  //为当前流做标记，最多支持 readAheadlimit
                                                           //个字符的回溯
public void reset() throws IOException        //将当前流重置到标记处，准备再次读取
public abstract void close()   throws IOException
//关闭输入流的抽象方法，由子类具体实现
```

上面就是抽象类 Reader 中的基本方法，其中两个抽象方法必须由 Reader 类的子类来实现，其他方法则可以由子类来覆盖，以提供新的功能或更好的性能。可以看出，Reader 类与 InputStream 字节输入流类提供的方法差不多，只不过前者以字节为单位进行输入，而后者以字符(2 字节)为单位进行读取。事实上，字节流可以认为是字符流的基础。下面对 Reader 类的各个子类分别进行简单介绍。

1) BufferedReader

BufferedReader 与 BufferedInputStream 的功能一样，都是对输入流进行缓冲，以提高读取速度。当创建一个 BufferedReader 对象时，该对象会生成一个用于缓冲的数组。BufferedReader 类有两个构造方法，如下所示：

```
public BufferedReader(Reader in)
public BufferedReader(Reader in,int sz)
```

BufferedReader 类其实是包装类，第一个构造方法的参数为现成的输入流对象，第二个构造方法则多了一个参数，用于指定缓冲区数组的大小。

BufferedReader 类还有一个派生类，名为 LineNumberReader。

LineNumberReader 类在 BufferedReader 类的基础上增加了对输入流中行的跟踪功能，它提供的主要方法如下：

```
public int getLineNumber()                        //获取行号
public void setLineNumber(int lineNumber)   //设置行号
public int read() throws IOException
public int read(char[] cbuf,int off,int len) throws IOException
public String readLine() throws IOException   //读取行
public long skip(long n) throws IOException
```

需要说明的是：行号是从 0 开始编号的，并且 setLineNumber()方法并不能修改输入流当前所处的行位置，而只能修改 getLineNumber()方法的返回值。

2) CharArrayReader

CharArrayReader 类是 Reader 抽象类的一种简单实现，功能是从一个字符数组中读取字符，同时支持标记/重读功能，内部成员变量有如下几个：

```
protected char[] buf;          //指向输入流(字符数组)
protected int pos;             //当前读指针位置
protected int markedPos;   //标记位置
protected int count;           //字符数
```

CharArrayReader 类的构造方法有如下两个：

```
public CharArrayReader(char[] buf)
public CharArrayReader(char[] buf,int offset,int length)
```

第一个构造方法用于在指定的字符数组的基础上创建 CharArrayReader 对象，第二个构造方法则需要同时指明字符输入流的起始位置和长度。创建好 CharArrayReader 对象后，就可以调用相应的方法进行字符数据的读取了，这些方法主要是 Reader 基类方法的覆盖实现，这里就不列举了。

3) FilterReader

FilterReader 类是从 Reader 基类直接派生的子类之一，FilterReader 类本身仍是抽象类，并且从构造方法看还是包装类。不过 Sun 的 JDK 设计人员并没有直接给 FilterReader 类增加功能，估计意图在于将其定位为中间类(类似于前面讲过的 FilterInputStream 类)。

真正具有新功能的是 FilterReader 类的子类 PushbackReader。PushbackReader 类可以实现字符的回读功能，它主要通过如下方法进行回读：

```
public void unread(int c)   throws IOException
public void unread(char[] cbuf,int off,int len)   throws IOException
public void unread(char[] cbuf)   throws IOException
```

4) InputStreamReader

InputStreamReader 类用于实现字节输入流到字符输入流的转换，它可以将字节输入流通过相应的字符编码规则包装成字符输入流，其构造方法如下：

```
public InputStreamReader(InputStream in)
public InputStreamReader(InputStream in,String charsetName)
throws UnsupportedEncodingException
public InputStreamReader(InputStream in,Charset cs)
public InputStreamReader(InputStream in,CharsetDecoder dec)
```

转换时既可以采用系统默认的字符编码，也可以通过参数明确指定。

InputStreamReader 类还有一个派生类——FileReader(字符文件输入流类)，后者的构造方法如下：

```
public FileReader(String fileName) throws FileNotFoundException
public FileReader(File file) throws FileNotFoundException
public FileReader(FileDescriptor fd)
```

需要特别说明的是：除了构造方法，FileReader 类并没有新定义其他任何方法，它的方法都是从父类 InputStreamReader 和 Reader 继承而来的。因此，FileReader 类的主要功能只是改变数据源，它通过构造方法可以直接将文件作为字符输入流。

Java 输入输出的一大特色就是可以组合使用(包装)各种输入输出流，从而形成功能更强的流，因此人们才设计了这么多各具功能的输入输出流类。下面看一下例 12-9。

【例 12-9】FileReader 和 BufferedReader 类的组合使用。素材

```
import java.io.*;
public class TestFileReader {
  public static void main(String args[])
  {
  try
  {
   FileReader fr = new FileReader("fuwa.dat");
   BufferedReader bfr = new BufferedReader(fr);
   String str=bfr.readLine();
   while (str!=null)
   {
     System.out.println(str);
     str=bfr.readLine();
   }
  }
  catch (IOException ioe)
  {
   System.out.println(ioe);
  }
  catch (Exception e)
  {
   System.out.println(e);
  }
  }
}
```

上述程序首先利用 FileReader 类将字节文件输入流转换为字符输入流，然后通过调用 BufferedReader 包装类的 readLine()方法一行一行地读取文件输入流中的数据，并按行输出显示。程序的运行结果如下：

```
Beijing
2008
福娃
贝贝
晶晶
欢欢
迎迎
妮妮
```

以上结果假设我们在程序运行前已经在

fuwa.dat 文件中录入了以上 8 行信息。

5) PipedReader

PipedReader 是管道字符输入流类，功能与 PipedInputStream 类似，其构造方法如下：

```
public PipedReader(PipedWriter src) throws IOException
public PipedReader()
```

第一个构造方法要求在创建 PipedReader 对象时就与对应的 PipedWriter 对象相连接。这样，只要有数据写到 PipedWriter 对象中，就可以从连接的 PipedReader 对象中进行读取。第二个构造方法只创建 PipedReader 对象，并不指定与哪个 PipedWriter 对象进行连接。但是，需要注意的是：PipedReader 对象在没有与 PipedWriter 对象相连之前是不能进行字符流读取的，否则就会抛出异常。

6) StringReader

StringReader 类很简单，它与 CharArrayReader 类相似，只不过数据源不是字符数组，而是字符串对象，这里不再赘述。

12.4.2 Writer

字符流输出基类 Writer 也是抽象类，本身不能被实例化，因此真正实现字符流输出功能的是其派生类，如 BufferedWriter、CharArrayWriter、FilterWriter、OutputStreamWriter、PipedWriter、PrintWriter 和 StringWriter 等，其中 OutputStreamWriter 类又进一步派生出 FileWriter 子类，它们之间的继承关系如下图所示。

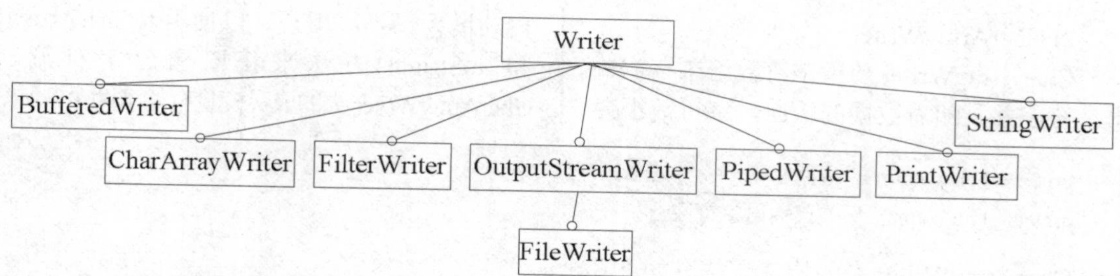

Writer 基类的构造方法如下：

```
protected Writer()
protected Writer(Object lock)
```

Writer 基类提供的其他方法主要有如下几个：

```
public void write(int c)    throws IOException            //将整型值 c 的低 16 位写入输出流
public void write(char[] cbuf)    throws IOException    //将字符数组 cbuf 写入输出流
public abstract void write(char[] cbuf,int off,int len)    throws IOException
            //将字符数组 cbuf 中从索引 off 处开始的 len 个字符写入输出流
public void write(String str)    throws IOException    //将字符串 str 中的字符写入输出流
public void write(String str,int off,int len)    throws IOException
            //将字符串 str 中从索引 off 处开始的 len 个字符写入输出流
```

```
public abstract void flush()   throws IOException      //刷新输出所有被缓存的字符
public abstract void close()   throws IOException      //关闭字符流
```

下面对 Writer 基类的各个子类分别进行简单的介绍。

1) BufferedWriter

BufferedWriter 与 BufferedOutputStream 类似，都对输出流提供了缓冲功能，其构造方法如下：

```
public BufferedWriter(Writer out)
public BufferedWriter(Writer out,int sz)
```

第一个构造方法对字符输出流对象进行了包装，输出缓冲区的大小为默认值。第二个构造方法则对输出缓冲区的大小做了设置。BufferedWriter 类提供的其他成员方法有如下几个：

```
public void write(int c)   throws IOException                        //覆盖基类方法
public void write(char[] cbuf,int off,int len)   throws IOException  //从基类继承
public void write(String s,int off,int len)   throws IOException     //覆盖基类方法
public void newLine()   throws IOException    //往输出流中写入行分隔符
public void flush()   throws IOException      //刷新输出流
public void close()   throws IOException      //关闭输出流
```

2) CharArrayWriter

CharArrayWriter 使用字符数组来存放输出字符，并且随着数据的输出，字符数组会自动增大。另外，用户可以使用 toCharArray() 和 toString() 方法来获取输出字符流。CharArrayWriter 类的成员变量有如下两个：

```
protected char[] buf      //存放输出字符的地方
protected int count       //已输出字符数
```

CharArrayWriter 类的构造方法有如下几个：

```
public CharArrayWriter()                    //创建字符数组为默认大小的输出流对象
public CharArrayWriter(int initialSize)     //创建字符数组为指定大小的输出流对象
```

CharArrayWriter 类提供的其他方法主要有如下几个：

```
public void write(int c)
public void write(char[] c,int off,int len)
public void write(String str,int off,int len)
public void writeTo(Writer out) throws IOException
public void reset()
public char[] toCharArray()      //返回输出字符数组
public int size()
public String toString()         //返回输出字符串
public void flush()
public void close()
```

3) FilterWriter

FilterWriter 是从 Writer 基类直接派生的子类，本身仍是抽象类，并且从构造方法角度看还是包装类。Sun 的 JDK 开发人员并没有给 FilterWriter 增加功能，估计是想把它设计为中间类。但是，JDK 1.4 中并没有出现 FilterWriter 的派生类，我们相信在以后的 JDK 版本中可能会出现，这也体现了 JDK 本身在设计时就充分考虑了将来的可扩展性，这些都是值得我们学习的地方。

4) OutputStreamWriter

OutputStreamWriter 可以根据指定的字符集将字符输出流转换为字节输出流，它还有一个派生类——FileWriter，FileWriter 是用来输出字符流到文件的。如果想输出字节流到文件中，则需要使用前面介绍的 FileOutputStream 类。FileWriter 类的构造方法有如下 5 个：

```
public FileWriter(String fileName) throws IOException    //文件名关联
public FileWriter(String fileName,boolean append) throws IOException
        //文件名关联，同时可以指定是否将输出插入文件末尾
public FileWriter(File file) throws IOException      //文件类对象关联
public FileWriter(File file,boolean append) throws IOException
        //文件类对象关联，同时可以指定是否将输出插入文件末尾
public FileWriter(FileDescriptor fd)                 //采用文件描述对象
```

FileWriter 类的其他方法都是从父类 Writer 继承而来的。在实际应用中，经常将 FileWriter 类对象包装为 BufferedWriter 对象，以提高字符的输出效率。请看例 12-10。

【例 12-10】FileWriter 和 BufferedWriter 类的组合使用示例。素材

```
import java.io.*;
public class TestFileWriter {
    public static void main(String[] args) {
        try
        {
            InputStreamReader isr = new InputStreamReader(System.in);
            BufferedReader br = new BufferedReader(isr);
            FileWriter fw = new FileWriter("out.dat");
            BufferedWriter bw = new BufferedWriter(fw);
            String str = br.readLine();
            while(!(str.equals("#")))
            {
                bw.write(str,0,str.length());
                bw.newLine();
                str = br.readLine();
            }
            br.close();
            bw.close();
        }
```

```
            catch(IOException e) {
                e.printStackTrace();
            }
        }
}
```

编译并运行程序，结果如下：

```
F:\me>java TestFileWriter(运行程序)
One World,One Dream!   (第一行输入)
2008 Olympic Games!    (第二行输入)
北京欢迎你!             (第三行输入)
#                      (第四行输入)
```

当输入符号#并按回车键时，程序就正常退出了。打开 out.dat 文件可以看到，上面输入的三行信息都已经被写入 out.dat 文件了。需要特别说明的是："bw.newLine();"语句在不同操作系统中实际输出的行分隔符是不同的：在 Windows 中是\r(回车)和\n(换行)；在 UNIX/Linux 中只有\n；而在 macOS 中则是\r。因此，如果在 Windows 中使用记事本程序打开你在 UNIX/Linux 中编写好的文本文件，将看不到分行效果。要想恢复原来的分行效果，可以将每个\n 转换为\r 和\n，这样就可以恢复 UNIX/Linux 中的分行效果了。例 12-11 展示了这一转换过程。

【例 12-11】将 UNIX 文本文件转换为 Windows 文本文件。素材

```
import java.io.*;
public class Unix_2_Win {
    public static void main(String[] args) {
        try {
            FileReader fileReader = new FileReader("unix.dat");
            FileWriter fileWriter = new FileWriter("win.dat");
            char[] line = {'\r', '\n'};
            int ch = fileReader.read();
            while(ch != -1)                     //直到文件结束
            {
                if(ch == '\n')
                    fileWriter.write(line);  //实施转换
                else
                    fileWriter.write(ch);       //不变
                ch = fileReader.read();         //读取下一个字符
            }

            fileReader.close();  //关闭输入流
```

```
            fileWriter.close();  //关闭输出流
        }
        catch(IOException e) {
            e.printStackTrace();
        }
    }
}
```

对于 UNIX 中编写好的文本文件 unix.dat，在 Windows 中使用记事本程序打开后的效果如下图所示。

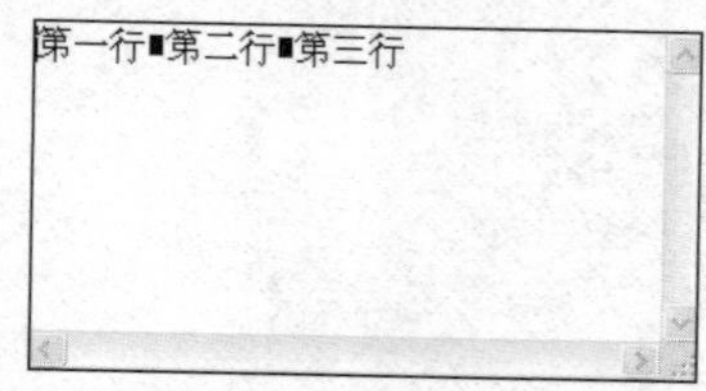

执行上述程序，打开 unix.dat 文件进行读取并转换后，保存为 win.dat 文件，再次使用记事本程序打开，效果如下图所示。

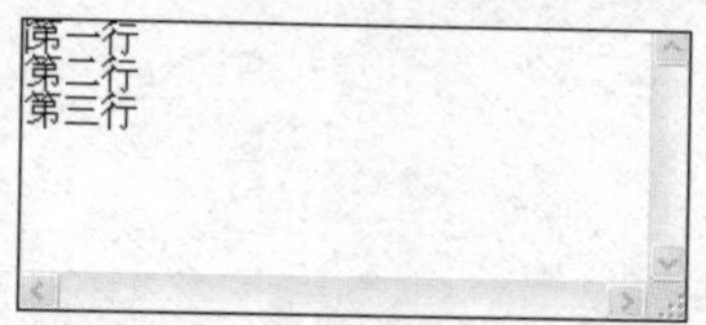

从运行结果可以看出，上述程序能够正确进行不同操作系统中行分隔符的转换。记事本程序由于是一款非常简单的程序，因此不具备上述转换功能。但是 Windows 中的其他文本编辑器，如写字板、UltraEdit 和 EditPlus 等，都具有上述转换功能。因此，当用户使用这些编辑软件打开 UNIX/Linux 中编写好的文本文件时，每个\n 都会自动被转换为\r 和\n，从而保持原有的分行效果。

5) PipedWriter

PipedWriter 是管道字符输出流类，并且必须与相应的 PipedReader 类一起工作，才能共同实现管道式的输入输出。PipedWriter 类的构造方法如下：

```
public PipedWriter(PipedReader snk) throws IOException
public PipedWriter()
```

第一个构造方法用于创建与管道字符输入流对象 snk 相连的管道字符输出流对象；第二个构造方法则用于创建未与任何管道字符输入流对象相连的管道字符输出流对象，并且在使用前必须与相应的字符输入流对象进行连接。PipedWriter 类的其他主要方法有如下几个：

```
public void connect(PipedReader snk) throws IOException
public void write(int c) throws IOException
public void write(char[] cbuf,int off,int len) throws IOException
public void flush() throws IOException
public void close() throws IOException
```

除以上方法外，还有一些方法是从父类继承而来的，这里不再列举。下面看一个关于 PipedWriter 和 PipedReader 的管道示例程序。

【例 12-12】管道示例程序。素材

```
import java.io.*;
 //生产者通过 PipedWriter 对象输出数据到管道
 class Producer extends Thread {
        PipedWriter pWriter;
        public Producer(PipedWriter w)
        {
            pWriter = w;
        }
        public void run(){
         try{
            pWriter.write("Olympic Games");        //输出数据到管道
         }catch(IOException e)
         {  }
        }
  }
 //消费者通过 PipedReader 从管道获取数据
 class Consumer extends Thread {
        PipedReader pReader;
        public Consumer(PipedReader r)
        {
            pReader = r;
        }
        public void run(){
           System.out.print("读取到管道数据：");
           try{
              char[] data = new char[20];
              pReader.read(data);                     //读取管道数据
              System.out.println(data);
           }catch(IOException ioe)
           {    }
        }
  }
public class TestPipe{
   public static void main(String args[]){
      try
      {
        PipedReader pr = new PipedReader();      //创建管道输入流对象
        PipedWriter pw = new PipedWriter(pr);    //创建管道输出流对象
        Thread p = new Producer(pw);             //创建生产者线程
```

```
        Thread c = new Consumer(pr);       //创建消费者线程
        p.start();                         //启动生产者线程
        Thread.sleep(2000);       //延时 2000 毫秒
        c.start();                         //启动消费者线程
     }catch(IOException ioe)
     { }
     catch(InterruptedException ie)            //捕获 Thread.sleep()方法可能抛出的 InterruptedException 异常
     { }
  }
}
```

上述程序的运行结果如下：

```
F:\me>java TestPipe
读取到管道数据：Olympic Games
```

6) PrintWriter

PrintWriter 与 PrintStream 类似，主要用于输出各种格式的信息，PrintWriter 类的构造方法如下：

```
public PrintWriter(Writer out)
public PrintWriter(Writer out,boolean autoFlush)
public PrintWriter(OutputStream out)
public PrintWriter(OutputStream out,boolean autoFlush)
```

前两个构造方法使用 Writer 对象来构造，而后两个构造方法则使用 OutputStream 对象来构造，autoFlush 参数用于指明是否支持字符输出流的自动刷新。其他常用方法主要有 write()、print()和 println()等，几乎所有的数据类型都提供了相应的输出方法，这里就不一一列举了。

7) StringWriter

StringWriter 使用字符串缓冲区来存储字符输出。因此，在字符流的输出过程中，可以很方便地获取已经存储的字符串对象，StringWriter 类的构造方法如下：

```
public StringWriter()
public StringWriter(int initialSize)
```

第一个构造方法创建的输出流对象的存储区使用默认大小，第二个构造方法则使用指定的 initialSize 大小。

StringWriter 类提供的其他方法有如下几个：

```
public void write(int c)
public void write(char[] cbuf,int off,int len)
public void write(String str)
public void write(String str,int off,int len)
public String toString()
public StringBuffer getBuffer()
public void flush()
public void close() throws IOException
```

12.5 文件

本节将介绍与文件相关的 File 类和 RandomAccessFile 类。

12.5.1 File 类

与 java.io 包中的其他输入输出类不同，File 类用于直接处理文件和文件系统本身。也就是说，File 类并不关心如何从文件读取数据流或向文件写入数据流，它主要用来描述文件或目录自身的属性。通过创建 File 对象，我们可以处理和获取与文件相关的信息，比如文件名、相对路径、绝对路径、上级目录、文件是否存在、是否是目录、是否可读、是否可写、上次修改时间以及文件长度等。此外，当 File 对象为目录时，还可以列举目录中的文件和子目录。一旦 File 对象被创建，其中的内容就不能再改变了，要想改变(进行文件读写操作)，就必须利用前面介绍的强大 I/O 流类对它们进行包装，或者使用后面即将介绍的 RandomAccessFile 类。在 Java 语言中，不管是文件还是目录，它们都使用 File 类来表示。File 类的构造方法如下：

```
public File(String pathname)
public File(String parent,String child)
public File(File parent,String child)
public File(URI uri)
```

下面看一个示例程序。

【例 12-13】File 类的示例程序。素材

```
import java.io.*;
import java.util.*;
public class TestFile {
  public static void main(String[] args) {
    try
    {
      File f = new File(args[0]);
      if(f.isFile()) {                //判断是不是文件
        System.out.println("该文件属性如下所示：");
        System.out.println("文件名->" +f.getName());
        System.out.println(f.isHidden()? "->隐藏" : "->没隐藏");
        System.out.println(f.canRead() ? "->可读  " : "->不可读  ");
        System.out.println(f.canWrite() ? "->可写  " : "->不可写  ");
        System.out.println("大小->" +f.length() + "字节");
        System.out.println("最后修改时间->" +new Date(f.lastModified()));
      }
      else {
          // 列出所有文件和子目录
          System.out.println("该目录结构如下所示：");
          File[] fs = f.listFiles();
          ArrayList   fileList = new ArrayList();
          for(int i = 0; i < fs.length; i++) {
              // 先列出文件
              if(fs[i].isFile())   //判断是不是文件
                  System.out.println("        "+fs[i].getName());
              else
```

```
                // 将子目录存入 fileList，后面再列出
                fileList.add(fs[i]);
            }
            // 列出子目录
            for(int i=0;i<fileList.size();i++) {
             f = (File)fileList.get(i);
               System.out.println("<DIR> "+f.getName());
            }
            System.out.println();
          }
      }
      catch(ArrayIndexOutOfBoundsException e) {
          System.out.println(e.toString());
      }
   }
}
```

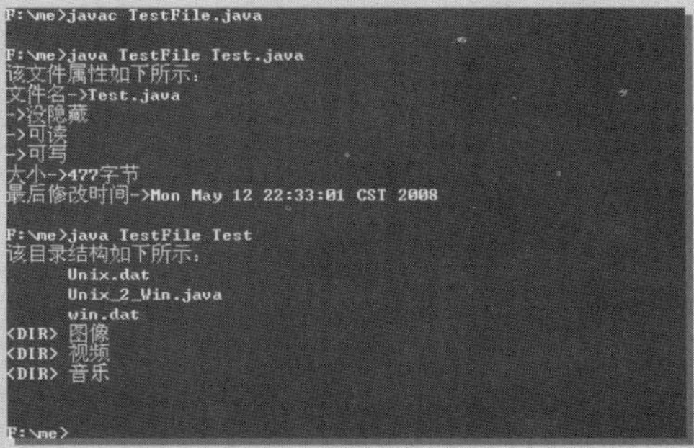

```
F:\me>javac TestFile.java

F:\me>java TestFile Test.java
该文件属性如下所示:
文件名->Test.java
->没隐藏
->可读
->可写
大小->477字节
最后修改时间->Mon May 12 22:33:01 CST 2008

F:\me>java TestFile Test
该目录结构如下所示:
       Unix.dat
       Unix_2_Win.java
       win.dat
<DIR> 图像
<DIR> 视频
<DIR> 音乐

F:\me>
```

编译并运行程序，效果如右上图所示。

下面再列举 File 类的几个常用方法：

```
public boolean delete()                                //删除文件或目录
public boolean createNewFile() throws IOException      //新建文件
public boolean mkdir()                                 //新建目录
public boolean mkdirs()                                //新建包括上级目录在内的目录
public boolean renameTo(File dest)                     //重命名文件或目录
public boolean setReadOnly()                           //设置可读属性
public boolean setLastModified(long time)              //设置最后修改时间
```

12.5.2　RandomAccessFile 类

前面介绍的 File 类不能进行文件的读写操作，而必须通过其他类来完成，RandomAccessFile 类就是其中之一。RandomAccessFile 类与前面介绍过的文件输入输出流类相比，文件存取方式更灵活，支持文件的随机存取(Random Access)：在文件中可以任意移动读取位置。RandomAccessFile 类对象可以使用 seek()方法来移动文件的读取位置，移动单位为字节。为了能正确地移动读取位置，开发人员必须清楚随机存取文件中各数据的长度和组织结构。

RandomAccessFile 类的构造方法如下：

```
public RandomAccessFile(String name,String mode)   throws FileNotFoundException
public RandomAccessFile(File file,String mode)   throws FileNotFoundException
```

其中，mode 参数的取值有如下几个。

- r：只读。
- rw：读写。文件不存在时会创建文件；文件存在时，文件原内容不变，可通过写操作来改变文件的内容。
- rws：同步读写。等同于读写，但是

写操作的任何文件内容都会被直接写入物理文件，包括文件内容和文件属性。

- rwd：数据同步读写。等同于读写，但写操作的任何文件内容都会被直接写入物理文件，但文件属性的变动不是这样。

需要特别指出的是，与文件输入输出流不同，RandomAccessFile 类同时支持文件的输入(读)输出(写)功能，这一点从它提供众多的读写方法就可以看出。由于篇幅受限，RandomAccessFile 类的读写方法就不一一列举了。下面来看一个使用 RandmAccessFile 类的示例程序。

【例 12-14】RandomAccessFile 类的示例程序。素材

```
import java.io.*;
import java.util.*;
import myPackage.MyInput;
//定义图书类 Book
class Book {
    private StringBuffer name;
    private short price;        //2 字节


    public Book(String n,int p) {
        name=new StringBuffer(n);
        name.setLength(7);   //限定为固定的 7 个字符(14 字节)
        price=(short)p;
    }
    public String getName() {
        return name.toString();
    }
    public short getPrice() {
        return price;
    }
    public static int size() {
        return 16;
    }
}
public class TestRandomAccessFile {
    public static void main(String[] args) throws IOException
    {
        Book[] books = {new Book("Java 教程", 22),new Book("操作系统", 38),
                        new Book("编译原理", 29),new Book("计算机网络", 32),
                        new Book("计算机图形学", 18),new Book("数据库原理", 12)};
        File f = new File("stock.dat");
        //以读写方式打开 stock.dat 文件
```

```
        RandomAccessFile raf = new RandomAccessFile(f, "rw");
        //将 books 数组中的书本信息写入文件
        for(int i = 0; i < books.length; i++) {
            raf.writeChars(books[i].getName());
            raf.writeShort(books[i].getPrice());
        }
        System.out.print("查询第几本书?");
        //利用自定义类 MyInput 进行数据的输入
        int n = MyInput.intData();
        //通过 seek()方法定位到第 n 本书的数据起始位置
        raf.seek((n-1) * Book.size());
        //bname 用于存放读取到的第 n 本书的书名
        char[] bname=new char[7];
        char ch;
        for(int i=0;i<7;i++){
            ch = raf.readChar();
            if (ch==0)
                bname[i]='\0';
            else
                bname[i]=ch;
        }
        System.out.print("书名:");
        System.out.println(bname);
        System.out.println("单价：" + raf.readShort());    //输出读取到的第 n 本书的单价
        raf.close();                                        //关闭文件
    }
}
```

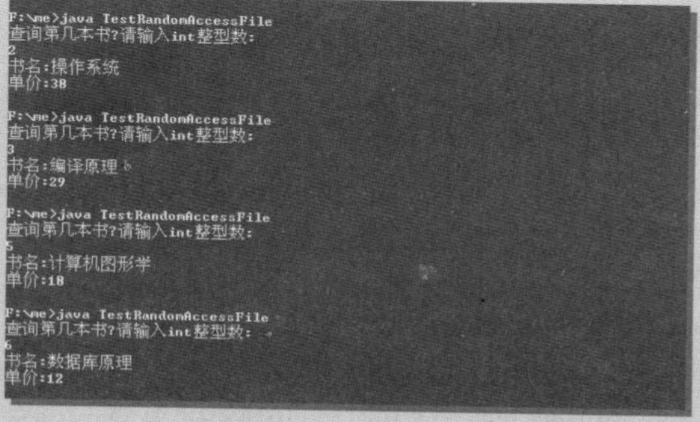

```
F:\me>java TestRandomAccessFile
查询第几本书?请输入int整型数:
2
书名:操作系统
单价:38

F:\me>java TestRandomAccessFile
查询第几本书?请输入int整型数:
3
书名:编译原理
单价:29

F:\me>java TestRandomAccessFile
查询第几本书?请输入int整型数:
5
书名:计算机图形学
单价:18

F:\me>java TestRandomAccessFile
查询第几本书?请输入int整型数:
6
书名:数据库原理
单价:12
```

程序的运行结果如右上图所示。

读者不妨打开 stock.dat 文件，研究一下其中的二进制数据。字符数据(书名)是使用 Unicode 进行编码的，非字符数据(单价)使用的是 2 字节的 short 类型，看一下这些二进制数据可以从某种程度上消除文件的神秘感。下页右上图就是使用 UltraEdit 打开(并切换至 HEX 模式)stock.dat 文件时的效果。

有的读者可能会问：“上述文件是文本文件还是二进制文件呢？”对于这个问题，可以这样理解：所有文件(当然包括上述文件)在本质上都是二进制文件，文本一般是指按照某种格式进行编码的字符(如 ASCII 字符或其他文字字符等)。因此，上述文件不是纯文本文件。另外，通常所说的文本文件是指内容均为字符的文件。所有文件都是二进制文件，至于文件中的二进制数据如何解读？取决于数据的组织方式或编码格式。总之，编码(以及相应的解码)是计算机能使用简单的 0、1 来表达信息的关键！

一般进行文件读写操作时应包括如下三个步骤：

(1) 以某种读写方式打开文件。

(2) 进行文件读写操作。

(3) 关闭文件。

需要特别注意的是：对于某些文件存取对象来说，关闭文件意味着将缓冲区中的数据全部写入磁盘文件。如果不进行(或忘记)文件关闭操作，某些数据可能就会因此而丢失。

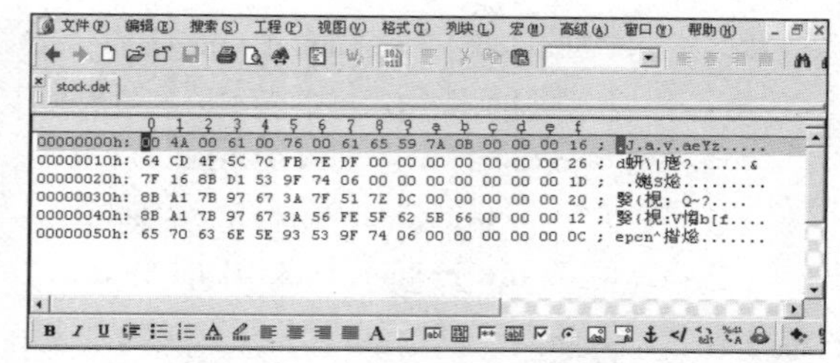

12.6 上机练习

目的：掌握 Java 流式输入输出的基本编程方法。

内容：以编程方式将 f1.txt 中的内容添加到 f2.txt 中(这两个文本文件需要事先建立)。

f1.txt 中的内容如下：

```
学海无涯苦作舟!
```

f2.txt 中的内容如下：

```
书山有路勤为径,
```

```
import java.io.*;
public class Test{
public static void main(String args[]) throws IOException{
FileReader in=new FileReader("f1.txt");
BufferedReader bin=new BufferedReader(in);
FileWriter out=new FileWriter("f2.txt",true);
String s;
while((s=bin.readLine())!=null){
System.out.println(s);          //将字符串 s 输出到屏幕
out.write(s+"\n");              //将字符串 s 写入 out 对象
}
in.close();
out.close();
}
}
```

运行上述程序，观察执行结果。

第 13 章

多线程

本章将介绍进程和线程的区别，阐述多线程的基本概念以及创建多线程程序的两种方法和应用实例。此外，读者还应掌握不同线程状态的转换关系和调用方法，理解控制线程的一些基本方法、线程的调度策略以及优先级的定义等。本章最后将简要介绍守护线程和线程组的相关知识。

13.1 多线程的概念

随着计算机的飞速发展，个人计算机中的操作系统已支持在同一时间执行多个程序，于是引入了“进程”的概念。进程就是动态执行的程序，当运行一个程序时，就相当于创建了一个用来容纳组成代码和数据空间的进程。例如，Windows 操作系统中运行的每一个程序都是一个进程，而且每一个进程都有自己的一块内存空间和一组系统资源，它们之间都是相互独立的。进程的引入使得计算机操作系统同时处理多个任务成为可能。

与进程相似，线程是比进程更小的单位。线程是进程中单一顺序的执行流，线程可以共享内存单元和系统资源，但不能单独执行，而且必须存在于某个进程之中。由于线程本身的数据通常只包含微处理器的寄存器数据和一个供程序执行时使用的堆栈，因此线程也被称作轻负荷进程。一个进程中至少要包括一个线程。

以前开发的很多程序都是单线程的，一个进程中都只包含一个线程。也就是说，程序中只有一条执行路线。但是，现实中的很多处理过程都是可以按照多条路线来执行的，比如我们使用的浏览器，就可以在下载图片的同时滚动页面以方便我们浏览不同的内容。这与多线程的概念是相似的，多线程意味着一个程序可以按照不同的执行路线同时工作。需要注意的是，计算机系统中的多个线程是并发执行的，因此，任意时刻只有一个线程在执行，但是由于 CPU 的速度非常快，给用户的感觉就像多个线程同时在运行。

下图描绘了单线程程序和多线程程序的不同之处。

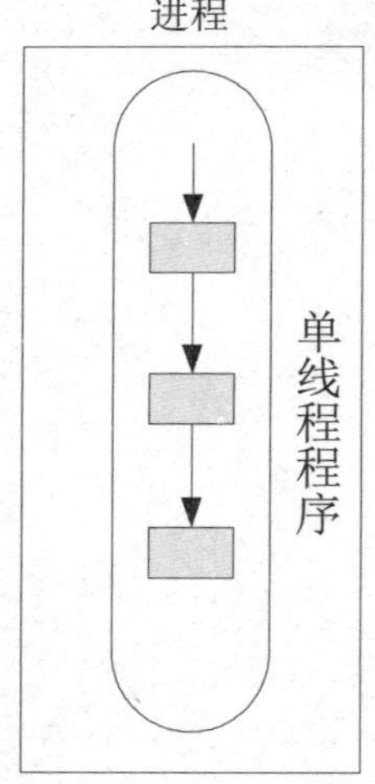

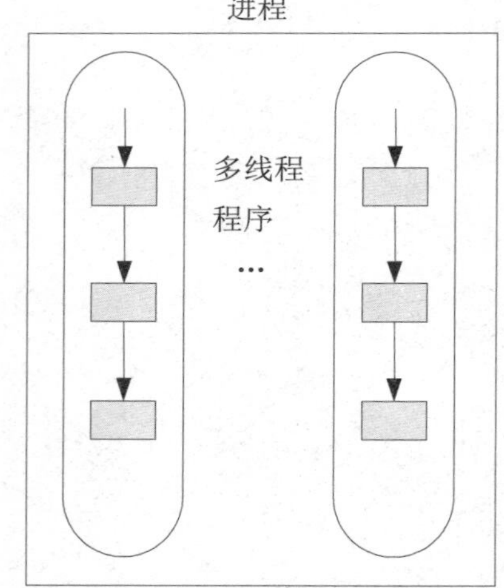

Java 语言本身就支持多线程。Java 中的线程由虚拟 CPU、CPU 执行的代码和 CPU 处理的数据三部分组成。虚拟 CPU 被封装在 java.lang.Thread 类中，有多少个线程就有多少个虚拟 CPU 在同时运行，从而对多线程提供支持。Java 中的多线程是指 Java 虚拟 CPU 在多个线程之间轮流切换，保证每个线程都能机会均等地使用 CPU 资源，不过，每个时刻只能有一个线程在运行。Java 是从 main()方法开始执行程序的，倘若 Java 程序中还有未运行结束的其他线程，那么即使 main()方法执行完最后一条语句，Java 虚拟 CPU 也不会结束程序，而是一直等到所有线程都结束后才停止。

13.2 线程的创建

在 Java 中，使用以下两种方式可以实现线程的创建：一种是直接继承 java.lang.Thread 类并重写其中的 run()方法；另一种是实现 Runnable 接口。这两种方式都是通过 run()方法来实现的，Java 语言把线程中真正执行的语句块称为线程体，方法 run()就是线程体，在一个线程被创建并初始化之后，系统就自动调用 run()方法。

13.2.1 使用 Thread 子类创建线程

要创建线程，可以通过继承 Thread 类并重写其中的 run()方法来实现。把线程的实现代码写在 run()方法中，线程将从 run()方法开始执行，直到执行完最后一行代码或线程消亡为止。

Thread 类的几个构造方法如下：

```
public Thread ();
public Thread (Runnable target);
public Thread (Runnable target, String name);
public Thread (String name);
public Thread (ThreadGroup group, Runnable target);
public Thread (ThreadGroup group, String name);
public Thread (ThreadGroup group, Runnable target, String name);
```

其中，target 是通过实现 Runnable 接口来指明实际执行线程体的目标对象；name 为线程名，Java 中的每个线程都有自己的名称，我们可以给线程指定名称，当然如果不特意指定的话，Java 也会自动提供唯一的名称给每个线程；group 用于指明线程所属的线程组，线程组的具体知识和用法将在后面的 13.7 节中进行介绍。

【例 13-1】利用 Thread 子类创建线程。素材

```
class SimpleThread extends Thread {
private String threadname;              //定义成员变量
public SimpleThread(String str) {       //定义构造方法
        threadname=str;
}
public void run() {                     //重写 run()方法
   for (int i = 0; i < 6; i++) {
      System.out.println(threadname+"被调用！");
      try {
            sleep(10) ;                 //让线程睡眠 10 毫秒
      } catch (InterruptedException e) { }
      }
      System.out.println(threadname+"运行结束");      //线程执行结束
      }
```

```
}
public class Test {
      public static void main (String args[]) {
      SimpleThread First_thread=new SimpleThread("线程 1");
      SimpleThread Second_thread=new SimpleThread("线程 2");
      First_thread.start();          //启动线程
      Second_thread.start();
   }
}
```

程序的运行结果如下：

```
线程 1 被调用
线程 2 被调用
线程 2 被调用
线程 1 被调用
线程 2 被调用
线程 1 被调用
线程 1 被调用
线程 2 被调用
线程 2 被调用
线程 1 被调用
线程 1 被调用
线程 2 被调用
线程 1 运行结束
线程 2 运行结束
```

以上代码通过 SimpleThread 类的构造方法定义了 First_thread 和 Second_thread 两个线程对象，然后通过 start()方法启动它们。我们调用了 SimpleThread 类的 run()方法，在 run()方法中使调用的线程循环输出 6 次，并且为了使每个线程都有机会获得调度，定期让线程睡眠 10 毫秒。由于这两个线程是独立的，而 Java 线程在睡眠一段时间被唤醒后，系统调用哪个线程又是随机的，因此得到上述执行结果。需要注意的是，上述程序的运行结果并不是唯一的。

13.2.2 使用 Runnable 接口创建线程

除了通过继承 Thread 类以外，还可以通过实现 Runnable 接口来创建线程。利用 Runnable 接口可以让其他类的子类实现线程的创建。不过，在使用 Runnable 接口创建线程时，还必须引用 Thread 类的构造方法，把实现了 Runnable 接口的类对象作为参数封装到线程对象中。

【例 13-2】利用 Runnable 接口创建线程。

```
class SimpleThread implements Runnable {
    public SimpleThread(String str) {     //定义构造方法
        super(str);
    }
    public void run() {               //重写 run()方法
        for (int i = 0; i < 10; i++) {
            System.out.println(getName()+"被调用！");
            try {
                    Thread.sleep(10) ; //让线程睡眠 10 毫秒
                } catch (InterruptedException e) { }
            }
            System.out.println(getName()+"运行结束");//线程执行结束
        }
}
public class Test {
        public static void main (String args[]) {
        Thread First_thread =new Thread(new SimpleThread("线程 1"));
        Thread Second_thread =new Thread(new SimpleThread("线程 2"));
        First_thread.start();       //启动线程
        Second_thread.start();
        }
}
```

上述程序的功能与例 13-1 相同，只是实现的方法有所不同。在例 13-1 中，我们通过定义成员变量来获得线程的名称；而在例 13-2 中，我们利用子类继承 Thread 类中的 super()方法，然后利用 Java 中的 getName()方法来获得线程的名称，这是获取线程名的另一种方式。在 main()方法中，我们通过 Thread 类的构造方法创建了 First_thread 和 Second_thread 两个线程对象，并把实现了 Runnable 接口的 SimpleThread 类对象封装到其中，完成线程的创建。

知识点滴

通过使用子类直接继承 Thread 类的方法来创建线程，可以在子类中增加新的成员变量和成员方法，使线程具有新的属性和功能，还可以直接操作线程。但由于 Java 不支持多继承，因此 Thread 子类不能扩展其他的类。利用 Runnable 接口，线程的创建则可以从其他类继承，从而使代码和数据分开，但你还是需要使用 Thread 对象来操纵线程。

13.3 线程的生命周期及状态

线程的生命周期是指从线程被创建开始到死亡的全过程，通常包括 5 种状态：新建、就绪、运行、阻塞、死亡。

13.3.1 线程的状态

在线程的生命周期内，线程的 5 种状态可通过线程的调度进行转换，转换关系如下图所示。

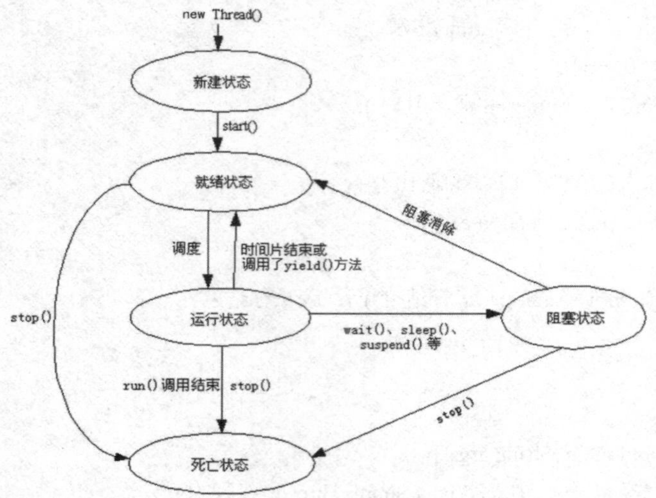

1) 新建状态

当使用 Thread 类或其子类创建一个线程对象时，该线程对象就处于新建状态，系统将为新线程分配内存空间和其他资源。

2) 就绪状态

如果系统资源不满足线程的调度要求，线程就开始排队等待 CPU 的调度，此时，线程就处于就绪状态。有三种情况会使线程进入就绪状态：一是新建状态的线程被启动，但不具备运行条件；二是正在运行的线程的时间片结束或调用了 yield()方法；三是引起阻塞的因素消除了，被阻塞的线程进入排队队列，等待 CPU 的调度。

3) 运行状态

当线程被调度且获得 CPU 控制权时，就进入运行状态。线程处在运行状态时会调用 run()方法，我们一般会在子类中重写父类的 run()方法以实现多线程。

4) 阻塞状态

当运行中的线程被人为挂起或由于某些操作使得资源不满足要求时，将暂时中止运行，让出 CPU，进入阻塞状态。以下 4 种原因会使线程进入阻塞状态：

- 在线程运行过程中调用了 wait()方法，使线程等待。等待中的线程并不会排队等待 CPU 的调度，必须调用 notify()方法，才能使线程重新进入排队队列并等待 CPU 的调度，也就是进入就绪状态。
- 在线程运行过程中调用了 sleep(int time)方法，使得线程休眠。休眠中的线程只有在经过指定的休眠时间 time 之后才会重新进入排队队列并等待 CPU 的调度，也就是进入就绪状态。
- 在线程运行过程中调用了 suspend()方法，使得线程挂起。挂起的线程需要调用 resume()方法恢复后，才能重新进入就绪状态。
- 在线程运行过程中，由于输入输出流而引起阻塞。被阻塞的线程并不会排队等待 CPU 的调度，只有当引起阻塞的原因消除后，线程才能重新进入排队队列并等待 CPU 的调度，也就是进入就绪状态。

5) 死亡状态

线程消亡(处于死亡状态)有两种情况：一种是线程的 run()方法在执行完所有的任

务后正常地结束线程；另一种是线程被 stop() 方法强制终止。

13.3.2 用于线程状态的 Thread 类方法

1. 线程状态的判断

isAlive()方法用于判断线程是否正在运行，如果正在运行，则返回 true，否则返回 false。不管线程未开启还是已经结束，isAlive()方法都会返回 false。

2. 线程的新建和启动

使用 new Thread()方式可以新建一个线程，不过此时 Java 虚拟机并不知道这个线程。因此，我们还需要通过 start()方法来启动线程。

【例 13-3】每隔一段时间检测一下线程是否在运行。

素材

```
class SimpleThread extends Thread{
   public void run() {
   System.out.println("线程开始");
   try{
        for(int i=0;i<3;i++) {
            System.out.println(Thread.currentThread().isAlive()?"线程在运行":"线程结束");
             Thread.sleep(100);
        }
   }catch(InterruptedException e){}
   }
}
public class Hello {
   public static void main (String[] args) {
   SimpleThread td=new SimpleThread();
   System.out.println(td.isAlive()?"线程开始":"线程未开始");
   td.start();
   try{
     Thread.sleep(1000);
   }catch(InterruptedException e){}
  System.out.println(td.isAlive()?"线程在运行":"线程结束"); }
}
```

上述程序的运行结果如下：

```
线程未开始
线程开始
线程在运行
线程在运行
线程在运行
线程结束
```

在上面的例 13-3 中，我们使用 new SimpleThread()方式创建了一个线程，接着使用 isAlive()方法进行判断。由于这个线程此时还没有启动，因此 isAlive()方法返回 false。然后我们通过 td.start()方法启动线程，并每隔 100 毫秒判断一次线程是否在运行，最后让线程等待 1000 毫秒并再次判断线程 td 是否结束，我们可以看到此时线程 td 已经结束了。

3. 线程的阻塞和唤醒

1) wait()方法

wait()方法能让线程等待并释放占有的资源。该方法可能会抛出 InterruptedException 异常，因此需要使用 try 语句捕获异常。wait()方法的定义如下：

```
public final void wait() throw InterruptedException;
public final void wait(long time) throw InterruptedException;
public final void wait(long time,int args) throw InterruptedException;
```

其中，参数 time 表示睡眠时间的毫秒数，args 表示睡眠时间的纳秒数。调用 wait()方法的线程必须通过调用 notify()/notifyAll()方法才能唤醒。notify/notifyAll()方法的定义如下：

```
public final void notify();
public final void notifyAll();
```

其中，notify()方法用于随机唤醒一个等待的线程，而 notifyAll()方法则用于唤醒所有等待的线程。wait()、notify()和 notifyAll()方法通常用于线程的同步，具体示例详见 13.4 节。

2) sleep()方法

sleep()方法能让线程睡眠一段时间后，再重新进入排队队列，等待 CPU 的调度。sleep()方法会抛出 InterruptedException 异常，因此需要使用 try 语句捕获异常。sleep()方法的定义如下：

```
public static void sleep(long time) throw InterruptedException ;
public static void sleep(long time,int args) throw InterruptedException ;
```

其中，参数 time 表示睡眠时间的毫秒数，args 表示睡眠时间的纳秒数，sleep()方法的应用可以参见例 13-1，这里不再介绍。

知识点滴

Thread 类的 sleep()方法能使线程进入睡眠状态，但不会释放线程持有的资源，线程不能被其他资源唤醒，不过在睡眠一段时间后会自动醒过来；而 wait()方法在让线程进入等待状态的同时也会释放线程持有的资源，线程能被其他资源唤醒。

3) join()方法

当需要让线程按照指定的顺序执行时，可以调用 join()方法。调用 join()方法的线程将被阻塞，直到 join()方法执行完之后，这个线程才能继续运行。join()方法的定义如下：

```
public final void join() throw InterruptedException;
public final void join(long time) throw InterruptedException;
public final void join(long time,int args) throw InterruptedException;
```

【例 13-4】利用 join()方法实现线程的等待。素材

```
class SimpleThread extends Thread
{
    SimpleThread(String s) {
        super(s) ;
    }
    public void run() {
        for(int i=0 ; i<3 ; i++) {
            System.out.println(getName()+"： "+ i) ;
        }
    }
}
public class Test
{
    public static void main(String args[]) {
        SimpleThread t1 = new SimpleThread("first") ;
        SimpleThread t2 = new SimpleThread("second") ;
        t1.start() ;
        try{
            t1.join() ;
        }catch(InterruptedException e) { }
        t2.start() ;
        try{
            t2.join() ;
        }catch(InterruptedException e) { }
        System.out.println("主线程运行！ ") ;
    }
}
```

程序的运行结果如下：

```
first： 0
first： 1
first： 2
second： 0
second： 1
second： 2
主线程运行！
```

上述程序启动了两个子线程 t1 和 t2，由于在子线程 t2 启动之前调用了子线程 t1 的 join()方法，因此 t2 需要等待 t1 运行结束才能启动。子线程 t2 启动后，又调用了自身的 join()方法，因此运行 main()方法的线程需要等待 t2 运行结束，才能继续往后执行。

4) yield()方法

yield()方法的作用是释放当前 CPU 的控制权。当线程调用 yield()方法时，如果系统中存在相同优先级的线程，线程将立刻停止并调用其他优先级相同的线程；如果不存在相同优先级的线程，那么 yield()方法将不产生任何效果，当前调用的线程将继续运行。

5) suspend()方法

在 Java 2 之前，可以使用 suspend()和 resume()方法对线程执行挂起和恢复操作，但这两个方法可能导致死锁，因此现在不提倡使用。Java 语言建议采用 wait()和 notify()来代替 suspend()和 resume()方法。

4. 线程的停止

在 Java 2 之前，可以使用 stop()方法停止线程，不过 stop()方法是不安全的，停止线程可能会使线程发生死锁，所以现在已不推荐使用。Java 建议使用其他的方法来代替 stop()方法，例如可以把当前 Thread 对象设置为空，或者为 Thread 类设置布尔标志，并定期检测该布尔标志是否为 True。如果想要停止线程，把该布尔标志设置为 true 即可。

【例 13-5】线程的停止示例。素材

```
public class ThreadStop {
  class SimpleThread extends Thread{
  private boolean stop_singal=false;
  public void run() {
    try{
        while(stop_singal==false&&t==Thread.currentThread()) {
                            System.out.println("Go on!");
                            Thread.sleep(100);
        }
    }catch(InterruptedException e){}
    }
  }
  SimpleThread t=new SimpleThread();
public void startThread(){
  t.start();
}
public void StopThread1(){
  System.out.println("使用方法 1 让线程 1 停止");
  t=null;
}
public void StopThread2() {
  System.out.println("使用方法 2 让线程 2 停止");
  t.stop_singal=true;
}
```

```
public static void main (String[] args) {
  ThreadStop t1=new ThreadStop();
  ThreadStop t2=new ThreadStop();
  t1.startThread();
  System.out.println("线程 1 开始");
  t2.startThread();
  System.out.println("线程 2 开始");
  try{
    Thread.sleep(500);
  }catch(InterruptedException e){}
  t1.StopThread1();
  t2.StopThread2();
  }
}
```

上述程序的运行结果如下：

```
线程 1 开始
Go on!
线程 2 开始
Go on!
Go on!
Go on!
Go on!
Go on!
Go on!
Go on!
Go on!
Go on!
使用方法 1 让线程 1 停止
使用方法 2 让线程 2 停止
```

上述代码通过 stopThread1() 和 stopThread2()两个方法实现了线程的停止。stopThread1()方法是通过把当前线程对象设置为空来实现的，而 stopThread2()方法是通过把停止标志 stop_singal 设置为 true 来实现的，这两个方法在本质上是一样的。

13.4 线程的同步

前面提到的线程都是独立的、异步执行的，不存在多个线程同时访问和修改同一个变量的情况。但是在实际应用中，经常发生一些线程需要对同一数据进行操作的情况。例如，假设有两个线程 Thread1 和 Thread2 需要同时访问变量 num，线程 Thread1 执行的是 num=num+1 操作，线程 Thread2 则把 num 加 1 后的结果赋给变量 data。线程 Thread1 执行的操作需要三步来完成：第一步，把 num 装入寄存器；第二步，对寄存器加 1；第三步，把寄存器中的内容写回 num。假设在第一步和第二步完成之后线程被切换，如果此时线程 Thread2 具有更高的优先级，线程 Thread2 将占用 CPU，紧接着就把 num 的值赋给变量 data。虽然 num 的值已经加 1，但是仍在寄存器中，于是数据出现不一致。为了解决共享数据的操作问题，Java 语言引入了线程同步的概念。线程同步的基本思想就是避免多个线程访问同一资源。

Java 使用关键字 synchronized 来实现线程的同步。当一个方法或对象使用 synchronized 关键字修饰时，就表明这个方法或对象在任意时刻只能由一个线程访问，其他线程只要调用这个方法或对象就会发生阻塞。阻塞的线程只有当正在运行同步方法或对象的线程交出 CPU 控制权，且引起阻塞的原因被消除后，才能调用同步的方法或对象。

当一个方法或对象使用 synchronized 关键字进行修饰时，系统将为之设置一个特殊的内部标记，称为锁。当一个线程调用这个方法或对象时，系统就会检查锁是否已经给其他线程了。如果没有，系统就把锁给它；如果锁已经被其他线程占用了，那么这个线程就需要等到锁被释放以后，才能访问这个方法或对象。有时，我们需要暂时释放锁，使得其他线程可以调用同步方法，这时可以利用 wait()方法来实现。wait()方法可以使持有锁的线程暂时释放锁，直到有其他线程调用 notify()方法使它重新获得锁为止。

Java 语言中的线程同步通常有方法同步和对象同步两种情况。下面详细阐述这两种不同的同步方式。

1. 方法同步

类中的任何方法都可以设计为同步方法。下面通过一个具体的例子来说明线程是如何实现同步的。

例 13-6 中有两个线程类：Company 和 Staff。职员(Staff)都有银行账户，公司(Company)每个月把工资存入职员的账户，职员可以从账户上领取工资，职员每次要等公司把钱存入账户以后，才能从账户上领取工资，这就涉及线程的同步问题。

【例 13-6】线程同步示例。素材

```
class Bank{
  private int[] month =new int[8];
  private int num=0;
  public synchronized void save(int mon){
    num++;
    month[num]=mon;
    this.notify();
  }
  public synchronized int take(){
    while(num ==0){
                try{
                        this.wait();
                }catch(InterruptedException e){}
    }
    num--;
    return month[num+1];
```

```
  }
}
class Company implements Runnable{
  Bank account;
    public Company(Bank s){
      account = s;
    }
public void run(){
  for(int i=1;i<7;i++){
    account.save(i);
    System.out.println("公司存:第"+i+"个月的工资");
       try{
       Thread.sleep((int)(Math.random()*10));
       }catch(InterruptedException e){}
   }
  }
}
class Staff implements Runnable{
  Bank account;
  public Staff(Bank s){
            account =s;
  }
     public void run(){
      int temp;
      for(int i=1;i<7;i++){
         temp=account.take();
         System.out.println("职员取：第"+temp+"个月的工资");
         try{
           Thread.sleep((int)(Math.random()*10));
         }catch(InterruptedException e){}
      }
     }
}
public class Test {
 public static void main(String args[]){
    Bank staffaccount = new Bank();
    Company com=new Company(staffaccount);
    Staff sta = new Staff(staffaccount);
    Thread t1 = new Thread(com); //线程实例化
    Thread t2 = new Thread(sta);
```

```
    t1.start();    //线程启动
    t2.start();
  }
}
```

上述程序的运行结果如下：

```
公司存：第 1 个月的工资
职员取：第 1 个月的工资
公司存：第 2 个月的工资
职员取：第 2 个月的工资
公司存：第 3 个月的工资
公司存：第 4 个月的工资
职员取：第 4 个月的工资
公司存：第 5 个月的工资
公司存：第 6 个月的工资
职员取：第 6 个月的工资
职员取：第 5 个月的工资
职员取：第 3 个月的工资
```

在例 13-6 中，Company 线程和 Staff 线程共享 Bank 对象。当 Company 线程调用 save()方法时，就获得了锁，锁定了 Bank 对象，这样 Staff 线程就不能访问 Bank 对象，也就不能使用 take()方法。当 save()方法运行结束后，Company 线程释放 Bank 对象上的锁。同样，对于 Staff 线程调用 take()方法也是类似的。在以上程序中，我们使用 wait()方法来保证当账户里没有工资时，职员不能取钱，此时 Staff 线程一旦调用 take()方法，就要进行等待，直到 Company 线程调用 save()方法，然后唤醒 Staff 线程为止。

2. 对象同步

Synchronized 关键字除了像上面所讲的那样放在方法的前面，从而表示整个方法为同步方法以外，还可以放在对象的前面以限制一段代码的执行，实现对象同步。例如，可以把上面的例 13-6 改写为下面的形式：

```
public void save(int mon){
  synchronized(this){
    num++;
    month[num]=mon;
    this.notify();
  }
}
public int take(){
  synchronized(this){
    while(num ==0){
            try{
```

```
                this.wait();
            }catch(InterruptedException e){}
        }
        num--;
    return month[num+1];
  }
}
```

以上对象同步实现的效果与方法同步实现的效果是等价的。

如果一个对象拥有多个资源，那么 synchronized(this)方法会为了只让一个线程使用其中一部分资源，而将所有线程锁在外面。由于每个对象都有锁，因此可以使用如下所示的 Object 对象来上锁：

```
class Bank{
  Object o1=new Object();
  Object o2=new Object();
  public void save(int mon){
   synchronized(o1){
     …
   }
  }
   public int take(){
   synchronized(o2){
    …
   }
  }
}
```

为什么要实现对象同步呢？这是因为，如果我们使得整个方法为同步的话，倘若该方法执行时间很长，而实现同步的关键数据却很短，抑或一个对象拥有多个共享资源，那么在这种情况下，将导致其他线程因无法调用该线程的其他同步方法而长时间无法继续运行，从而降低程序的运行效率。

3. 饿死和死锁

当程序中存在多个线程共享一部分资源时，必须保证公平。也就是说，每个线程都应该有机会获得资源而被 CPU 调度，否则就可能发生饿死和死锁，我们应该避免这种情况的发生。如果一个线程执行了很长时间，一直占用着 CPU 资源，而使得其他线程不能执行，就可能导致它们“饿死”。如果两个或多个线程互相等待对方持有的锁(唤醒)，那么这些线程都将进入阻塞状态，永远地等待下去，无法执行，程序就出现了死锁。Java 没有办法解决线程的饿死和死锁问题，所以程序员在编写程序时就要保证程序不会发生这两种情况。

【例 13-7】发生死锁的示例程序。素材

```
public class DeadLock implements Runnable {
    public boolean test = true;
    static Object r1 = "资源一";
    static Object r2 = "资源二";
    public void run() {
        if(test == true) {
            System.out.println("资源一被锁住" );
              synchronized(r1) {
                  try {
```

```
                    Thread.sleep(100);
                } catch (Exception e) {}
                    synchronized(r2) {
                    System.out.println("running2");
                }
            }
        }
        if(test == false) {
            synchronized(r2){
            System.out.println("资源二被锁住" );
                try {
                    Thread.sleep(100);
                } catch (Exception e) {}
                    synchronized(r1) {
                    System.out.println("running1");
                }
            }
        }
    }
    public static void main(String[] args) {
        DeadLock d2 = new DeadLock();
        DeadLock d2 = new DeadLock();
        d1.test = true;
        d2.test = false;
        Thread t1 = new Thread(d1);
        Thread t2 = new Thread(d2);
        t1.start();
        t2.start();
    }
}
```

程序的运行结果如下：

```
资源一被锁住
资源二被锁住
```

线程 t1 最先占用了资源一，继续执行时需要资源二，而此时资源二却被线程 t2 占用了，因此只能等待 t2 释放资源二才能执行。同时，t2 也在等待 t1 释放资源一才能执行。也就是说，t1 和 t2 在互相等待对方占用的资源，都无法执行，于是发生了死锁。

13.5 线程的优先级和调度

本节介绍线程的优先级和调度。

13.5.1 线程的优先级

在 Java 中，可以给每个线程设置一个 1～10 的整数值来表示线程的优先级，优先级决定了线程获得 CPU 调度执行的优先程度。其中，Thread.MIN_PRIORITY(通常为 1)的优先级最低，Thread.MAX_PRIORITY(通常为 10)的优先级最高。Thread.NORM_PRIORITY 表示默认优先级，默认值为 5。对优先级进行操作的方法有以下两种：

(1) 获取线程的优先级。

```
int getPriority();
```

(2) 改变线程的优先级。

```
void setPriority(int newPriority);
```

其中，newPriority 是想要设置的优先级。

13.5.2 线程的调度

Java 实现了一个线程调度器，用于监控某一时刻是哪个线程在占用 CPU。这个线程调度器遵循以下原则：优先级高的线程先于优先级低的线程被调度，优先级相等的线程按照排队顺序进行调度，先进入队列的线程先被调度。一个优先级低的线程在执行过程中，如果来了一个高优先级的线程，那么在时间片方式下，这个优先级高的线程需要等之前那个优先级低的线程执行完毕后才能被调度；而在抢占式调度方式下，优先级高的线程可以立刻获得 CPU 的控制权。由于优先级低的线程只有等优先级高的线程运行完毕或优先级高的线程进入阻塞状态时才有机会执行，因此为了让优先级低的线程也有机会执行，系统通常会不时地让优先级高的线程进入睡眠或等待状态，让出 CPU 的控制权。

【例 13-8】设置线程的优先级。素材

```
class SimpleThread extends Thread {
    String name;
    SimpleThread ( String threadname ) {
        name = threadname;
    }
    public void run() {
      for ( int i=0; i<2; i++ )
        System.out.println( name+"的优先级为： "+getPriority() );
    }
}

class Test{
    public static void main( String args [] ) {
        Thread t1 = new SimpleThread("c1");
        t1.setPriority( Thread.MIN_PRIORITY );
        t1.start( );
        Thread t2 = new SimpleThread ("c2");
```

```
        t2.setPriority( Thread.MAX_PRIORITY );
        t2.start( );
        Thread t3 = new SimpleThread ("c3");
        t3.start( );
        Thread t4 = new SimpleThread ("c4");
        t4.start( );
    }
}
```

程序的运行结果如下：

```
c2 的优先级为：10
c2 的优先级为：10
c3 的优先级为：5
c3 的优先级为：5
c4 的优先级为：5
c4 的优先级为：5
c1 的优先级为：1
c1 的优先级为：1
```

13.6 守护线程

setDaemon(boolean on)方法用于把调用该方法的线程设置为守护线程。线程默认为非守护线程，也就是用户线程。当我们把一个线程设置为守护线程时，守护线程在所有非守护线程执行完毕后，即使自己的 run()方法没有执行完，守护线程也会立刻结束。把一个线程设置为守护线程的方式如下：

```
thread. setDaemon(true);
```

需要注意的是：一定要在调用 start()方法之前调用 setDaemon()方法以设置守护线程，一旦线程执行之后，setDaemon()方法就无效了。

【例 13-9】设置守护线程。素材

```
class Thread1 extends Thread {
 public void run() {
    if(this.isDaemon()==false)
      System.out.println("thread1 is not daemon");
    else
      System.out.println("thread1 is    daemon");
    try {
      Thread.sleep(500);
    }catch (InterruptedException e){}
    System.out.println("thread1 done!");
```

```
    }
  }

class Thread2 extends Thread {
  public void run() {
    if(this.isDaemon()==false)
      System.out.println("thread2 is not daemon");
    else
      System.out.println("thread2 is    daemon");
    try {
        for(int i=0;i<15;i++){
          System.out.println(i);
          Thread.sleep(100);
        }
    }catch (InterruptedException e){}
    System.out.println("thread2 done!");
    }
 }
public class Test {
   public static void main (String[] args) {
     Thread t1=new Thread1();
     Thread t2=new Thread2();
     t2.setDaemon(true);
     t1.start();
     t2.start();
   }
}
```

程序的输出结果如下：

```
thread1 is not daemon
thread2 is    daemon
0
1
2
3
4
thread1 done!
```

上述程序在 main()方法中定义了 t1 和 t2 两个线程，接着把线程 t2 设置为守护线程。由于未对线程 t1 进行任何设置，因此 t1 为系统默认线程，也就是用户线程。然后启动线程 t1 和 t2。线程 t1 启动后，睡眠了 500 毫秒后结束。在这段时间内，线程 t2 循环输出 0~4。在线程 t1 结束时，虽然线程 t2 还有 10 个数字未输出，但由于线程 t2 为守护线程，因此即使还没运行结束也要立刻停止，于是得到上述运行结果。

13.7 线程组

线程组可以把多个线程集成到一个对象中并且可以同时管理这些线程。每个线程组都有名称以及相关的一些属性。每个线程都属于某个线程组。在创建线程时，可以将线程放在某个特定的线程组中，也可以放在默认的线程组中。如果创建线程时不明确指定属于哪个线程组，那么线程就会自动归属于系统默认的线程组。线程一旦加入某个线程组，就将一直是该线程组的成员，而不能再归到其他的线程组中。Thread 类的以下 3 个构造方法实现了在创建线程的同时指定线程属于哪个线程组：

```
public Thread (ThreadGroup group，Runnable target);
public Thread (ThreadGroup group，String name);
public Thread (ThreadGroup group，Runnable target，String name);
```

当 Java 程序开始运行时，系统将生成一个名为 main 的线程组。如果创建线程时没有指定线程组，那么线程就属于 main 线程组。需要注意的是，线程可以访问自己所在的线程组，却不能访问父线程组。对线程组进行操作相当于对线程组中的所有线程同时进行操作。

Java 中的线程组由 ThreadGroup 类实现，ThreadGroup 类提供了如下方法来对线程组进行操作：

```
activeCount()                          //返回线程组中当前所有已激活线程的数目
activeCountGroupCount()                //返回将当前激活的线程作为父线程的线程组的数目
getName()                              //返回线程组的名称
getParent()                            //返回线程的父线程组的名称
setMaxPriority(int priority)           //设置线程组的最高优先级
getMaxPriority()                       //获得线程组中包含的线程的最高优先级
getTheradGroup()                       //返回线程组
isDestroyed()                          //判断线程组是否已经被销毁
destroy()                              //销毁线程组及其包含的所有线程
interrupt()                            //向线程组及其子线程组中的线程发送中断信息
parentOf(ThreadGroup group)            //判断线程组是否是线程组 group 或其子线程组的成员
setDaemon(booleam daemon)              //将线程组设置为守护状态
isDaemon()                             //判断是不是守护线程组
list()                                 //显示当前线程组的信息
toString()                             //返回一个用于表示线程组的字符串
enumerate(Thread[ ] list)              //将当前线程组中的所有线程复制到 list 数组中
enumerate(Thread[ ] list,boolean args) //将当前线程组中的所有线程复制到 list 数组中。若 args 为 true，
                                       //则把所有子线程组中的线程复制到 list 数组中
enumerate(ThreadGroup[ ] group)//将当前线程组中的所有子线程组复制到 group 数组中
```

```
enumerate(ThreadGroup[ ] group,boolean args) //将当前线程组中的所有子线程组复制到 group 数组中。
                    //若 args 为 true，则把所有子线程组中的子线程组复制到 group 数组中
```

【例 13-10】演示线程组的常用方法。素材

```
public class Test {
  public static void main(String[] args) {
    ThreadGroup group = Thread.currentThread().getThreadGroup();
    group.list();
    ThreadGroup g1 = new ThreadGroup("线程组 1");
    g1.setMaxPriority(Thread.MAX_PRIORITY);
    Thread t = new Thread(g1, "线程 a");
    t.setPriority(5) ;
    g1.list();
    ThreadGroup g2 = new ThreadGroup(g1, "g2");
    g2.list();
    for (int i = 0; i < 3; i++)
      new Thread(g2, Integer.toString(i));
    group.list();
    System.out.println("Starting all threads:");
    Thread[] all_thread = new Thread[group.activeCount()];
    group.enumerate(all_thread);
    System.out.println(group.getParent());
    for(int i = 0; i < all_thread.length; i++)
      if(!all_thread[i].isAlive())
        all_thread[i].start();
    System.out.println("all threads started");
    group.destroy();
  }
}
```

编译并运行程序，结果如下：

```
java.lang.ThreadGroup[name=main,maxpri=10]
    Thread[main,5,main]
java.lang.ThreadGroup[name=线程组 1,maxpri=10]
java.lang.ThreadGroup[name=g2,maxpri=10]
java.lang.ThreadGroup[name=main,maxpri=10]
    Thread[main,5,main]
java.lang.ThreadGroup[name=线程组 1,maxpri=10]
java.lang.ThreadGroup[name=g2,maxpri=10]
```

```
Starting all threads:
java.lang.ThreadGroup[name=system,maxpri=10]
all threads started
```

13.8 上机练习

目的：掌握多线程编程技术。

内容：假设某家银行接受客户汇款，并且可以通过每一次汇款计算出汇款总额。现有三位客户，每人都分三次，每次将 10 000 元人民币汇入这家银行。上机编写用于模拟实际汇款过程的程序。

(1) 参考程序如下。

```
class Bank
{
    private static int total=0;
    public static void remit(int n){
        int temp= total;
        temp=temp+n;                                    // 累加汇款总额
        try{
            Thread.sleep((int)(6000*Math.random()));   // 让线程睡眠几秒时间
        }
        catch(InterruptedException e){}
        total =temp;
        System.out.println("total = "+ total);
    }
}

class Client extends Thread    //继承自 Thread 类的 Client 类
{
    public void run(){
        for(int i=1;i<=3;i++)
            Bank. remit(10000);
    }
}

public class Simulation
{
    public static void main(String args[])
    {
        Client c1=new Client ();
        Client c2=new Client ();
```

```
Client c3=new Client ();
        c1.start();
        c2.start();
c3.start();
    }
}
```

(2) 运行程序三次，观察每次运行结果和运行时间是否相同，为什么？

(3) 为了使程序的每一次运行结果都相同，可以怎样修改程序？